无人装备可靠性系统工程

陈志伟　兑红炎　洪东跑　马晓东　**编著**

国防工业出版社

·北京·

内 容 简 介

本书以系统工程与可靠性设计为基础,以无人装备设计为应用对象,系统地介绍了无人装备可靠性系统工程的基础知识和方法,涵盖了可靠性、维修性、保障性、测试性、安全性、环境适应性和韧性等特性概念,系统工程过程和工作流程,并给出"六性"设计分析方法的使用流程。同时,本书关注无人装备及集群领域的最新研究成果和工程实践,涵盖了可靠性工程的前沿技术和最新发展,并创新性地增加了当前无人集群可靠性、重要度和韧性相关内容,对实际集群建设和安全稳定运行具有重要的科学意义和应用价值。

本书可作为高等院校安全工程与质量可靠性、系统工程、管理科学与工程等专业本科生和研究生教材,亦适合相关领域的科研人员阅读。

图书在版编目(CIP)数据

无人装备可靠性系统工程/陈志伟等编著. -- 北京：国防工业出版社，2025.3. -- ISBN 978-7-118-13512-1

Ⅰ.TH16

中国国家版本馆 CIP 数据核字第 2025QV6798 号

※

国防工业出版社出版发行

(北京市海淀区紫竹院南路23号 邮政编码100048)
三河市天利华印刷装订有限公司印刷
新华书店经售

*

开本 710×1000 1/16 印张 21¼ 字数 357 千字
2025 年 3 月第 1 版第 1 次印刷 印数 1—1500 册 定价 128.00 元

(本书如有印装错误,我社负责调换)

国防书店：(010)88540777   书店传真：(010)88540776
发行业务：(010)88540717   发行传真：(010)88540762

前言

随着人工智能技术大量应用于军事领域，无人化与智能化的有机结合将彻底改变现有无人装备形态，无人装备的通用质量特性对其性能的发挥至关重要。

本书注重介绍工程实践中的方法和工作流程，旨在帮助读者掌握无人装备可靠性系统工程的实际应用。通过学习本书，读者可了解掌握无人装备设计的立项论证、工程研制、试验鉴定等系统工程过程及无人装备设计过程中所用到的可靠性设计方法。读者可以从整体的角度了解无人装备通用质量特性工程设计，获得全面的知识，并在实际工程项目中应用所学知识。

本书共分为 10 章：第 1 章介绍了无人装备及集群可靠性系统工程概述；第 2 章介绍了无人装备通用质量特性概论；第 3 章介绍了无人装备或集群可靠性分析中需用到的概率、图与复杂网络等基础知识；第 4 章介绍了无人装备可靠性系统工程过程；第 5 章给出了无人装备在系统工程过程的通用质量特性工作项目；第 6 章介绍了无人装备通用质量特性工作与监督管理流程；第 7 章介绍了无人装备设计过程中主要使用的可靠性工程技术；第 8 章给出了无人集群可靠性与无人集群任务可靠性建模与评估方法；第 9 章给出了无人集群重要度概念与分析方法；第 10 章给出了无人集群韧性分析与优化设计方法。

参与本书统稿和审校工作的有唐矗、昌敏、白俊强、尹斯源、魏旭星、张罗庚、张雨露、马梓瑞、王晨晨、张铠垒、刘欣等，在此一并致谢。本书在撰写过程中，得到了许多专家的指导和帮助，在此致以衷心的感谢。

本书在编写过程中参考了国内外相关著作，主要包括李良巧主编的《可靠性工程师手册》、康锐主编的《可靠性维修性保障性工程基础》等。本书主要讲述通用质量特性概念，以及设计方法的使用阶段和流程，对各类通用质量特性设计与分析方法未作过多介绍，具体内容可参考其他方法类教材。

本书的出版得到了国家自然科学基金项目（72471192、72101270、U2341213、72071182），中国博士后科学基金面上资助（2023M732834），以及西北工业大学高水平教材建设基金的资助，在此表示感谢。由于作者水平有限，疏漏在所难免，欢迎广大读者批评指正。

作者

2024 年 8 月

目 录

- 第1章 概述 ··· 1
- 第2章 无人装备通用质量特性概论 ······································· 5
  - 2.1 无人装备与无人集群 ·· 5
  - 2.2 可靠性概论 ··· 8
    - 2.2.1 可靠性基本概念 ·· 8
    - 2.2.2 可靠性要求 ··· 10
    - 2.2.3 可靠性工作内容 ··· 11
  - 2.3 维修性概论 ··· 21
    - 2.3.1 维修性基本概念 ·· 21
    - 2.3.2 维修性函数 ··· 21
    - 2.3.3 维修性要求 ··· 22
    - 2.3.4 维修性工作内容 ··· 24
  - 2.4 保障性概论 ··· 27
    - 2.4.1 保障性基本概念 ·· 27
    - 2.4.2 保障系统 ·· 28
    - 2.4.3 综合保障 ·· 29
    - 2.4.4 保障性要求 ··· 29
    - 2.4.5 保障性工作内容 ··· 32
  - 2.5 测试性概论 ··· 36
    - 2.5.1 测试性基本概念 ·· 36
    - 2.5.2 测试性要求 ··· 38
    - 2.5.3 测试性工作内容 ··· 42
  - 2.6 安全性概论 ··· 47
    - 2.6.1 安全性基本概念 ·· 47
    - 2.6.2 安全性要求 ··· 54
    - 2.6.3 安全性工作内容 ··· 55

V

2.7 环境适应性概论 … 56
2.7.1 环境适应性基本概念 … 56
2.7.2 环境效应 … 58
2.7.3 环境适应性与可靠性的关系 … 60
2.7.4 环境适应性要求 … 60
2.7.5 环境适应性工作内容 … 61
2.8 无人集群通用质量特性概念 … 66

第3章 可靠性数学基础 … 68
3.1 概率论基础 … 68
3.1.1 可靠性概率分布 … 68
3.1.2 参数估计方法 … 74
3.2 图与复杂网络基础 … 75
3.2.1 图与复杂网络基本概念 … 76
3.2.2 矩阵描述 … 77
3.2.3 度、平均度和度分布 … 78
3.2.4 路径和距离 … 79
3.2.5 连通性 … 80
3.2.6 中心度和中心化 … 81
3.2.7 集聚系数 … 82

第4章 无人装备可靠性系统工程过程 … 83
4.1 无人装备系统工程研制阶段 … 83
4.1.1 论证阶段 … 83
4.1.2 方案阶段 … 84
4.1.3 工程研制阶段 … 84
4.1.4 试验鉴定阶段 … 85
4.2 无人装备可靠性系统工程研制阶段 … 86
4.2.1 可行性论证阶段 … 86
4.2.2 方案阶段 … 87
4.2.3 工程研制阶段 … 87
4.2.4 试验鉴定阶段 … 87
4.2.5 批产及售后服务阶段 … 87
4.3 通用质量特性指标要求论证 … 91

        4.3.1 总体论证程序 ·· 92
        4.3.2 立项阶段论证程序 ·· 93
        4.3.3 方案阶段论证程序 ·· 94
        4.3.4 六性定量要求论证过程 ·· 95
        4.3.5 典型装备通用六性指标体系 ···································· 97

第5章 无人装备通用质量特性工作项目分析 102
    5.1 可靠性工作项目 ·· 102
        5.1.1 可靠性管理 ·· 105
        5.1.2 可靠性建模 ·· 107
        5.1.3 可靠性分配 ·· 107
        5.1.4 可靠性预计 ·· 108
        5.1.5 故障模式影响分析 ·· 108
        5.1.6 可靠性试验 ·· 109
    5.2 维修性工作项目 ·· 110
        5.2.1 维修性管理 ·· 112
        5.2.2 维修性建模 ·· 114
        5.2.3 维修性分配 ·· 115
        5.2.4 维修性预计 ·· 116
        5.2.5 维修性分析 ·· 116
        5.2.6 抢修性分析 ·· 117
        5.2.7 维修性试验 ·· 117
    5.3 测试性工作项目 ·· 118
        5.3.1 测试性管理 ·· 121
        5.3.2 测试性建模 ·· 123
        5.3.3 测试性分配 ·· 124
        5.3.4 测试性预计 ·· 124
        5.3.5 诊断设计 ·· 125
        5.3.6 测试性验证 ·· 126
    5.4 保障性工作项目 ·· 127
        5.4.1 保障性管理 ·· 130
        5.4.2 以可靠性为中心的维修性分析 ·································· 131
        5.4.3 维修级别分析 ·· 132
        5.4.4 使用与维修工作分析 ·· 133

  5.4.5 制定维修保障方案 ·········· 134
  5.4.6 保障资源规划 ············ 135
  5.4.7 保障性设计特性试验 ········· 136
 5.5 安全性工作项目 ············· 136
  5.5.1 安全性管理 ············· 139
  5.5.2 初步危险分析表 ··········· 142
  5.5.3 初步危险分析 ············ 143
  5.5.4 系统危险分析 ············ 144
  5.5.5 使用和保障危险分析 ········· 145
  5.5.6 安全性试验 ············· 145
 5.6 环境适应性工作项目 ··········· 146
  5.6.1 环境适应性管理 ··········· 148
  5.6.2 环境分析 ·············· 149
  5.6.3 环境适应性设计 ··········· 150
  5.6.4 环境适应性验证与评价 ········ 150

第6章 可靠性系统工程工作与监督管理流程 ·· 152
 6.1 可靠性工作与监督管理流程 ········ 152
  6.1.1 论证阶段 ·············· 152
  6.1.2 方案阶段 ·············· 154
  6.1.3 工程研制阶段 ············ 155
  6.1.4 试验鉴定阶段 ············ 157
  6.1.5 批产及售后服务阶段 ········· 158
 6.2 维修性工作与监督管理流程 ········ 159
  6.2.1 论证阶段 ·············· 159
  6.2.2 方案阶段 ·············· 161
  6.2.3 工程研制阶段 ············ 162
  6.2.4 试验鉴定阶段 ············ 164
  6.2.5 批产及售后服务阶段 ········· 165
 6.3 保障性工作与监督管理流程 ········ 166
  6.3.1 论证阶段 ·············· 166
  6.3.2 方案阶段 ·············· 168
  6.3.3 工程研制阶段 ············ 170
  6.3.4 试验鉴定阶段 ············ 171

        6.3.5 批产及售后服务阶段 173
    6.4 测试性工作与监督管理流程 173
        6.4.1 论证阶段 175
        6.4.2 方案阶段 175
        6.4.3 工程研制阶段 177
        6.4.4 试验鉴定阶段 179
        6.4.5 批产及售后服务阶段 180
    6.5 安全性工作与监督管理流程 181
        6.5.1 论证阶段 181
        6.5.2 方案阶段 183
        6.5.3 工程研制阶段 185
        6.5.4 试验鉴定阶段 187
        6.5.5 批产及售后服务阶段 188
    6.6 环境适应性工作与监督管理流程 189
        6.6.1 论证阶段 189
        6.6.2 方案阶段 191
        6.6.3 工程研制阶段 193
        6.6.4 试验鉴定阶段 194
        6.6.5 批产及售后服务阶段 196

第7章 无人装备可靠性工程技术 197
    7.1 可靠性工作计划 197
        7.1.1 可靠性工作目标 197
        7.1.2 可靠性工作基本原则 198
        7.1.3 可靠性工作项目及实施要求 198
        7.1.4 可靠性设计与分析 200
        7.1.5 可靠性试验 202
    7.2 可靠性建模、分配与预计分析 203
        7.2.1 建立可靠性模型 203
        7.2.2 可靠性指标分配 204
        7.2.3 无人装备可靠性预计 205
    7.3 故障模式、影响及危害性分析 206
        7.3.1 一般要求 206
        7.3.2 分析方法 207

7.3.3 实施步骤 ………………………………………………… 208
7.3.4 FMECA 表填写要求及注意事项 ………………………… 215
7.4 故障树分析 …………………………………………………………… 219
7.4.1 故障树建树与分析的准备工作 …………………………… 220
7.4.2 故障树建造 ………………………………………………… 221
7.4.3 故障树定性分析 …………………………………………… 227
7.4.4 故障树定量分析 …………………………………………… 229
7.4.5 确定改进措施 ……………………………………………… 230
7.5 可靠性研制试验与增长试验 ………………………………………… 231
7.5.1 可靠性研制试验 …………………………………………… 232
7.5.2 可靠性增长试验 …………………………………………… 236
7.5.3 成立试验组织 ……………………………………………… 239
7.5.4 试验前准备工作检查与评审 ……………………………… 240
7.5.5 试验的实施 ………………………………………………… 241
7.5.6 试验结束及评审 …………………………………………… 242
7.5.7 编制试验报告 ……………………………………………… 244

第 8 章 无人集群可靠性 ……………………………………………… 245
8.1 无人集群可靠性概念与要素分析 …………………………………… 245
8.1.1 无人集群结构及要素分析 ………………………………… 245
8.1.2 OODA 环与杀伤链理论 …………………………………… 248
8.1.3 无人集群可靠性概念 ……………………………………… 249
8.2 无人集群可靠性建模与评估 ………………………………………… 250
8.2.1 无人集群有效 OODA 网络模型 …………………………… 250
8.2.2 考虑动态重构的无人集群可靠性建模与评估 …………… 254
8.2.3 案例研究 …………………………………………………… 258
8.3 无人集群任务可靠性建模与评估 …………………………………… 262
8.3.1 无人集群有效杀伤网模型 ………………………………… 262
8.3.2 无人集群任务可靠性建模与评估 ………………………… 268
8.3.3 案例研究 …………………………………………………… 273

第 9 章 无人集群重要度 ……………………………………………… 279
9.1 重要度概述 …………………………………………………………… 279
9.1.1 重要度定义 ………………………………………………… 279

  9.1.2 经典重要度方法 282
 9.2 基于序贯表决模型的无人集群重要度分析 283
  9.2.1 基于一维序贯表决模型的集群重要度分析 283
  9.2.2 基于二维序贯表决模型的集群重要度分析 285
 9.3 基于任务可靠性的无人集群重要度分析 288
  9.3.1 多阶段任务特征分析 288
  9.3.2 基于连续 n 中取 $k:F$ 系统的多阶段任务可靠性分析 291
  9.3.3 无人集群重要度与规模优化方法 295
  9.3.4 案例分析 299

第 10 章 无人集群韧性 304

 10.1 韧性概述 304
  10.1.1 韧性定义 304
  10.1.2 无人集群韧性定义 305
  10.1.3 韧性评价方法 306
 10.2 无人集群韧性分析 310
 10.3 无人集群韧性优化设计 317
  10.3.1 无人集群关键节点防护 317
  10.3.2 基于韧性的无人集群结构优化 319
 10.4 案例分析 321
  10.4.1 无人集群韧性分析 321
  10.4.2 基于损失重要度的关键节点防护 323
  10.4.3 基于恢复重要度的集群结构优化 324

参考文献 327

第1章 概述

未来战争将是无人、无形、无声的"三无"战争。无人装备是指由无人驾驶平台及若干辅助部分组成具有感知、交互和决策等能力或者按预编程序自主运作，携带侦察载荷、进攻性或防御性武器遂行作战任务的一类武器平台，主要包括无人机、导弹、无人车、无人潜航器、水面无人艇等。同时，无人装备/无人系统已广泛应用于影视拍摄、环境监测、交通运输、灭火救灾等民用领域。随着人工智能、群体智能、无线数据链等技术的不断进步，无人装备向着智能化、集群化方向发展。然而，在战场环境中，无人装备及其集群应用过程中面临着多维度威胁、高烈度对抗、快时变任务等复杂多变的战场环境考验，且无人装备还需完成多种动态的协同任务，进行集群对抗，并在损失部分无人装备的条件下保证任务成功率与作战效能。

由于无人装备的智能化、自主化和规模化程度不断加深，通用质量设计特性会影响其研制周期、作战使用和全寿命周期费用，致使发生故障或事故的代价大，甚至会引发社会性问题。同时，无人装备的功能性能与可靠性犹如人体的双腿，二者皆不可或缺。无人装备以其明确而具体的专用质量特性而形成，然而，如果其通用质量特性不佳，导致频繁发生故障和高昂的维修成本，将严重影响其正常运用和作战效率。由于无人装备通常在执行任务时不需要人员直接操控，因此，提高其可靠性对安全性、任务成功和维护成本都具有重要意义。考虑到无人装备通常应用于危险、复杂或难以进入的环境中，其一旦发生故障，就可能导致严重事故或任务失败。因此，高度可靠的无人装备能够有效降低上述潜在风险，并保障人员和财产安全。此外，维护无人装备通常比有人装备更具挑战性，提高其可靠性有助于减少维护成本和停机时间，提升可用性和作战效率。

无人装备的设计研制是一个复杂系统工程，是一个在分析、设计、评估等环节中不断循环的迭代过程，分析环节是预估备选方案与需求契合程度的过程，设计环节是将现有的产品进行重组，形成更加合理、具有创新性新事物的过程，评估环节是具体的性能指标运算，对备选的可行性方案进行评估以判断其优劣的过程。可靠性系统工程工作流程、标准规范以及管理要求是推动无人装备通用质量特性工作落实的基础，完善的工作机制能够提升装备通用质量特性工作的规范性与协调性。按照系统与并行工程思想，通用质量特性工作应全面纳入无人装备研制程序，通用质量特性与其他性能指标一样由设计赋予，因此在无人装备设计过程中必须考虑通用质量特性相关定性、定量要求，同步开展通用质量特性设计分析，将通用质量特性工作纳入研制程序。为了将通用质量特性工作融入总体研制程序，在无人装备研制过程中，从装备全寿命、全过程和全系统等角度出发，通过对总体层次流程中的局部流程进行改进和完善，形成融合通用质量特性的无人装备研制流程，包含可行性论证阶段、方案阶段、工程研制阶段和试验鉴定阶段等研制流程。

可靠性系统工程是基于系统科学与工程，研究故障的发生、发展及其预防与维修保障规律，应用科学的工程原理与准则，综合多学科理论与技术，系统性识别、消除或降低故障风险，从而获得最佳系统效能的一个工程学科。可靠性系统工程以效能提升为目标、以故障降低为核心、以安全运行为底线，主要涵盖装备可靠性、维修性、测试性、保障性、安全性、环境适应性（通常简称"通用质量特性""六性"）等特性。具体概念如下：

（1）可靠性是指装备在规定条件下和规定时间内，完成规定功能的能力，是一种评价装备是否容易发生故障的特性，着眼于减少或消灭故障，可通过设计赋予，并在生产中给予保证。

（2）维修性是指装备在规定的条件下和规定的时间内，按规定的程序和方法进行维修时，保持或恢复其规定状态的能力，是一种评价装备是否容易进行维护和修理的特性。维修性着眼于以最短的时间、最低限度的保障资源及最省的费用，使装备保持或迅速恢复到良好状态。维修性是可靠性的重要补充和延续，维修系统必须把保持和恢复装备可靠性摆在首要位置，从该角度来看，可靠性是维修性的基础。

（3）测试性是指装备（系统、子系统、设备或组件）能够及时而准确地确定其状态（可工作、不可工作或性能下降），并隔离其内部故障的能力，是一种评价产品故障预测和故障诊断效率的特性。由于维修依赖测试，需要测试检测并隔离故障，因此测试性也可作为维修性的附属特性。

（4）保障性是指装备的设计特性和计划的保障资源满足平时战备和战时使用需求的能力。主装备在正常使用、维修、测试过程中又必须依赖保障予以支持，要求其易于保障，需要设计的"好保障"，也需要由保障设备、备件、技术资料、保障设施、保障人员等各种保障资源和一套运行管理制度组成的保障系统，运行时要实现"保障好"的目标。

（5）安全性是指装备不造成人员伤亡、系统毁坏、重大财产损失或不危及人员健康和环境的能力，是一种评价装备能否在可接受的事故风险范畴内完成规定功能的特性，并在实施上述过程中应避免安全事故发生。安全性是一种特殊的可靠性，当故障导致装备不安全时，可靠性问题转变为安全性问题。

（6）环境适应性是指装备（产品）在其寿命期内预期在各种环境的作用下，能实现其所有预定功能与性能和（或）不被破坏的能力，是装备/产品设计的约束（边界）条件，其有效性是通过设计、试验和管理得到保证的。产品的环境适应性主要取决于选用的材料、构件、元器件耐环境的能力及其设计时采取的耐环境措施是否有效，以装备是否失效或有故障为判据。环境适应性是可靠性的前提和基础，若装备不能很好地适应环境，其可靠性就失去保证。

综上所述，装备通用质量特性的本质如下：

（1）可靠性代表了装备无故障工作的能力：高可靠；

（2）维修性代表了装备便于预防和修复故障的能力：好维修；

（3）测试性代表了装备快速诊断、定位故障的能力：快诊断；

（4）保障性代表了装备与使用和维修相关的保障能力：好保障与保障好；

（5）安全性代表了装备不出事故的能力：保安全；

（6）环境适应性代表了装备适应各种极端环境的能力：强适应。

利用可靠性系统工程方法可有效提升无人装备设计与使用过程中的通用质量特性。同时，本书积极探索了无人集群可靠性/任务可靠性、重要度与韧性等概念与分析方法，为无人集群的设计与运维提供参考。

由于无人集群/装备体系具有复杂性、涌现性、整体性、协同性与开放性等复杂特性，应用现有面向复杂系统的可靠性工程方法已经无法有效解决与处理集群相关问题。集群可靠性是体系维持战斗力的重要基础，不仅直接影响着装备的作战模式、作战规模、持续作战能力，装备效能的发挥和提高，以及装备的全寿命周期费用，而且直接反映了集群战备完好性和执行作战任务的成功率，对战争进程具有重要的影响。因此，为提升集群作战能力，本书给出集群可靠性/任务可靠性建模与分析方法，为提升装备体系作战效能提供有力支持。

重要度理论是系统可靠性理论的重要分支，是可靠性工程的重要基础理论之一，其伴随着可靠性理论和可靠性工程的发展得到了长足的进步，并在航空、航天、核能、交通等领域的可靠性优化、风险分析中得到了广泛应用。重要度是保持无人集群可靠性和提高装备效能的重要手段，其贯穿装备全寿命周期，是装备保障工程的重要内容之一，在无人装备和集群领域发挥重要作用。本书给出无人集群重要度概念与分析方法，为集群运维与韧性管理提供有效工具。

韧性指装备对干扰做出反应并从干扰中恢复的能力，韧性因其重要性已成为众多领域研究的焦点。然而，由于无人集群结构复杂、内外部干扰因素过多，集群的韧性研究面临巨大的挑战。而且，虽然无人集群韧性与其组成系统及其可靠性紧密相关，但传统的可靠性和风险评估方法无法直接应用于体系韧性的评估与量化。本书以韧性理论为基础，在无人装备和集群发生内外部扰动而失效的情况下，给出集群建模、分析与优化设计方法，为集群韧性分析与优化配置工作提供理论与技术支持。

第 2 章
无人装备通用质量特性概论

本章对无人装备的可靠性、维修性、测试性、保障性、安全性和环境适应性分别进行概述，给出其概念、要求和工作内容，并给出无人集群相关通用质量特性概念内涵。

2.1 无人装备与无人集群

随着新军事变革的迅猛发展，人类战争正向信息化战争形态转变，战争无人化成为重要的发展趋势之一。各种无人作战平台在局部战争中开始崭露头角，显示出巨大的发展潜力和光明的应用前景，日益受到各国的重视，发展势头十分强劲。无人装备在多次现代战争中已有很多成功案例，比如无人机、无人潜航器和水面无人艇均协助美军在伊拉克战争中完成重要任务。随着无人技术和人工智能的不断发展，无人装备智能化和自主性将进一步提升，为各个领域带来更多的应用和创新，在未来战争中将会显示出更加巨大的发展潜力。

无人机是利用无线电遥控设备和自备的程序控制装置操纵的不载人飞机。在军事领域，无人机被广泛用于侦察、监视、打击和搜索救援等任务，大幅提升了军队的作战能力和战场情报获取能力。在民用和商业领域，无人机在航空摄影、航拍、地质勘探、植物保护、环境监测等领域扮演着至关重要的角色。军用无人机具有极高的技术含量和研发难度，其在全寿命周期内都必须严格按照相关军事标准设计生产。除了要满足作战任务所需的性能参数指标外，还必须在可靠性、测试性、安全性等方面进行针对性设计。

无人车是一种能够在没有人类驾驶员的情况下，通过自主导航和控制技术完成各种任务的车辆。随着人工智能和自动驾驶技术的不断进步，无人地面车有望成为未来智能城市和智能交通系统的关键组成部分。在军事领域，作为陆地作战的一种新型作战力量，其发展潜力巨大，世界各国纷纷看好其前景，预计将成为未来陆战场的主要无人装备。

无人潜航器是一种能够在水下环境中自主运行和执行任务的无人装备，具备探测、勘测、监测等功能。水面无人艇是一种能够在水面上自主行驶的无人船艇，具备自主导航、侦察探测和火力打击等功能，还可以自主或远程操控多艇编队，实现合作任务和协同行动。

无人集群是指多个无人装备协同，无人装备之间通过数据组网进行信息共享，扩大对环境态势的感知，协同完成任务分配、搜索、侦察与攻击等任务，具有一定的涌现特性的多种无人装备的集合。随着科学技术的发展与战争形式的演化，以无人集群的形式执行任务是未来作战的重要实现形式。无人集群因在军事领域的巨大潜在应用价值，成为国内外无人系统和人工智能领域研究的新热点。近年来，美国和英国推出了多个低成本无人机集群编队研究项目，如图2.1所示，部分项目已经进行了室外飞行实验验证（图2.1中加灰色底纹部分）。作战环境的动态不确定性和任务的复杂性决定了无人机势必朝着集群化、自主化和智能化方向发展。2018年8月，美国国防部发布了《无人系统综合路线图（2017—2042）》，强调自主性对于无人系统的重要性，即自主性技术的发展可极大提高无人系统的

图2.1 美国和英国无人机集群编队研究项目

效率和效能，是重要的力量倍增器。为落实国务院印发的《新一代人工智能发展规划》，2020年我国科技部启动实施的"新一代人工智能"重大项目，将无人集群系统自主协同控制技术列为共性关键技术之一。

上述内容主要以陆上与水面无人集群为主，而水下无人集群同样是现代化无人作战体系重要的组成部分之一。为完成水下军事任务要求，功能上相互联系、相互作用，性能上相互补充的各种水下无人装备可组成更高层次的水下无人作战集群，一般情况下由机动/固定无人搭载平台、水下预警探测系统、指挥控制系统、水中攻防武器系统、综合保障系统等组成。水下无人系统在现代海军中扮演着关键角色，包括水下无人攻击、防御和战场支持等多个方面。美国在水下无人系统领域的发展经验表明，早在1994年就正式将无人潜航器发展纳入计划，并于2000年和2004年发布了《无人潜航器主计划》的两个版本，明确了无人潜航器的多项任务，包括情报监视侦察、反水雷、海洋调查、通信导航、反潜战、武器平台、后勤补给与支援等。中国海军水下无人系统的发展需要有清晰的总体规划，明确各阶段的发展目标，遵循渐进推进的原则。目前，国内水下无人系统已基本具备以水下情报/监视/侦察为主的功能。同时，考虑到反水雷的需求，具备探测/猎雷功能的水下无人系统也具备了开发条件。从军民共用的角度，用于海洋环境测量和调查的水下无人系统具有广泛应用前景，可与水下情报/监视/侦察相结合，进一步推动水下无人系统的功能和应用领域的拓展。

在未来的战场上，无人集群应用过程中任务多变、功能时变，面临着多维度威胁、高对抗等复杂多变的战场环境考验，且无人集群还要在这种环境下完成动态变化的多种协同任务，进行集群对抗，并在损失部分无人装备的条件下保证任务成功率，这对无人集群的可靠性、维修性、保障性、测试性等通用质量特性相关工作提出了更高的要求。通用质量特性指标体系和建模方法是指导、管理、贯彻通用质量特性工作的重要抓手与前提基础，通过它可准确有效开展无人集群通用质量特性的论证与顶层设计，将通用质量特性工作有效地融入无人集群功能实现的决策过程中，并在系统的设计、生产、使用及相关管理等全寿命周期中将通用质量特性工作具体落实到系统工程实现的各个方面。

无人集群的通用质量特性具有继承性和涌现性两方面特点：一方面，它由若干无人装备单机系统组成，无人装备的通用质量特性相关工作相对成熟，具备一定的理论与实践基础，上升到集群的各层次亦随之继承了其通用质量特性的内涵与外延，它对集群通用质量特性的建设具有重要的支撑作用；另一方面，无人集群并不是各单机系统的简单组成。集群主要特点如下：①集群根据其任务不同，具有多种集群方式，它们在要素、层次、结构、功能及其逻辑关系等方面存在多样性差异；②集群复杂程度高，具有物理系统层、通信层和任务层等多维度层次结构，且不同层次之间以及同一层次之间存在复杂的逻辑交联关系；③集群在任务过程中随时空不断变化，集群与个体存在多个状态；④集群中个体的故障或风险会在集群中传播、放大并引发多米诺效应。

无人集群具有节点易损毁、时间强约束、任务高动态、拓扑快演化等特征，其局部异常情况（包括节点故障、功能退化、结构拓扑失效等内部扰动，以及任务变化、对抗干扰、环境冲击、拦截破坏等外部扰动）可能诱发集群任务链条断开、拓扑结构崩溃、信息传输中断、杀伤网络瘫痪等全局性异常或失效，增加其整体运行的内在风险，使集群性能发生降级，降低任务执行效率，甚至导致顶层任务失败。为适应战争需求，针对集群任务受强对抗环境影响大、可靠性动态影响难以评价等问题，开展集群可靠性建模与预计方法研究，对确保集群在跨域、捷变、强干扰等复杂作战条件下安全可靠地完成各项任务具有重要作用。

2.2 可靠性概论

2.2.1 可靠性基本概念

1. 可靠性

可靠性（reliability）是指产品在规定条件下和规定时间内完成规定功能的能力，也就是产品各项功能和性能符合制造验收规范要求的合格水平在规定条件下所能保持的时间，合格水平保持的时间越长，说明产品越可靠。常用的评价指标有反映产品故障发生频次的故障率、平均故障间隔时间（mean time between failure，MTBF）和反映装备完成规定功能的概率，如任务可靠度、发射可靠度等。

产品是一个非限定性的术语，泛指任何元器件、零部件、组件、设备、分系统或系统，也可以指硬件、软件或两者的结合。由于产品什么时候发生故障或失效，即产品由合格水平变为不合格水平是一种随机事件，因此通用质量特性是一个不确定的事件，规定的可靠性定量要求不能像专用质量特性那样可以用测量仪器测量其真值，可靠性的定量要求是一个统计量。产品按发生故障后是否能维修，分为可修复产品和不可修复产品

（也称一次性使用产品），可修复产品是指发生故障后可以通过修复性维修恢复到规定状态并值得修复的产品，否则称为不可修复产品。

产品可靠性是产品质量的一个重要组成部分。可靠性技术是提高产品质量的一种重要手段，它本身已形成一门独立的学科。可靠性工程已从电子产品可靠性发展到机械产品和非电子产品的可靠性；从硬件的可靠性发展到软件的可靠性；从重视可靠性统计试验发展到强调可靠性工程试验，通过环境应力筛选及可靠性强化试验来暴露产品故障，进而通过设计达到提高产品可靠性的目的；从基于统计的可靠性发展到基于故障物理的可靠性；从可靠性工程发展为包括维修性工程、测试性工程、保障性工程在内的可信工程；从军事装备可靠性发展到民用产品可靠性。

理解可靠性定义要抓住"三个规定"：①"规定条件"包括使用时的环境条件和工作条件。产品可靠性与其工作的条件密切相关。同一个产品在不同的条件下表现出的可靠性水平有很大差别，例如工具在阴冷潮湿处和正常环境下可靠性是明显不同的，使用条件越恶劣，产品可靠性水平越低。②"规定时间"和产品可靠性的关系也极为密切。可靠性定义中的时间是广义的，亦称寿命单位，它是对产品使用持续期的度量，如小时、年、千米、次数等。同一辆汽车行驶 1 万 km 时发生故障的可能性肯定比相同条件下行驶 1000km 时发生故障的可能性大，也就是说，工作时间越长，产品的可靠性越低，产品的可靠性随着使用时间的延长肯定会逐渐降低。产品的可靠性是随时间延长的递减函数。③"规定功能"是指产品规格说明书规定的正常工作的性能指标，它是用于判断产品是否发生故障的标准。在评价产品可靠性时一定要给出故障的判据，例如电视机图像的清晰度低于多少就判为故障，否则会引起争议。在工程实践中，产品发生的异常算得上是一个困扰可靠性评价的重要问题，所以必须具体明确地规定功能和性能。这与人生病一样。要明确究竟身体异常到什么水平才能称为生病，因此，在规定产品可靠性指标要求时，一定要对规定条件、规定时间和规定功能予以详细具体的描述和规定，如果规定不明确、不具体，仅仅给出一个可靠性指标要求是难以验证的，或在验证中产品研制方和订购方会因各自利益与理解的不同而发生争议。

2. 故障/失效

故障（fault）：产品或产品的一部分不能或将不能完成预定功能的事件或状态。故障的表现形式，称为故障模式。引起故障的物理化学变化等内在原因，称为故障机理。故障发生后引发的后果，称为故障影响。

失效（failure）：产品丧失完成规定功能的能力的事件。在实际应用中，特别是对硬件产品而言，故障与失效很难严格区分。一般对于不可修复的产品习惯采用失效，如弹药、电子元器件等。而对可修复产品一般用故障表示，如汽车、电视机、飞机等。

可靠性是一门与故障做斗争的学问，因此必须对故障的定义与内涵有深刻的理解。可以按不同的方法对故障进行分类，这对故障机理的认识、应采取的措施和统计计算产品可靠性特征量等方面有着重要意义。若按故障规律分类，则故障可分为早期故障、偶然故障、耗损故障。早期故障是指产品在寿命的早期因设计、制造、装配缺陷等原因发生的故障，一般可以采取环境应力筛选、加强质量管理等方法解决。偶然故障是指由偶然因素引起的故障，其发生概率由产品本身的材料、工艺、设计决定，可以采取可靠性设计分析、可靠性研制/增长试验、事前检测和预防性维修加以解决。耗损故障是指由疲劳、磨损、老化等原因引起的故障，可以采取定时维修、耐久性分析设计、寿命（加速寿命）试验、大修等方法解决。

按故障性质分类，则故障可分为关联故障与非关联故障。前者是由产品自身设计、工艺、制造等缺陷引起的故障，它是解释试验结果及计算产品可靠性特征量时必须计入的故障。而后者是指经证实未按规定的条件使用而引起的故障，或已证实的仅属某项将不采用的设计所引起的故障，它在计算产品可靠性特征量时，不应计入。

2.2.2　可靠性要求

可靠性要求是进行可靠性设计、分析、试验和验收的依据。正确、科学地确定各项可靠性要求是一项重要而复杂的系统工程工作。设计人员只有在透彻地了解了这些要求后，才能将可靠性正确地设计到产品中。

1. 定性要求

主要的可靠性定性要求：

1）制定和贯彻可靠性设计准则

将可靠性要求及使用中的约束条件转换为设计条件，对设计人员规定了专门的技术要求和设计原则，以提高产品可靠性。

2）简化设计

减少产品的复杂性，提高其基本可靠性。

3）余度设计

用多于一种的途径来完成规定功能，以提高产品的任务可靠性和安全性。

4）降额设计

降低元器件、零部件的故障率，提高产品的基本任务可靠性和安全性。

5）元器件、零部件的选择与控制

对电子元器件、机械零部件进行正确的选择与控制提高产品可靠性，降低保障费用。

6）确定关键件和重要件

把有限的资源用于提高关键产品的可靠性。

7）环境防护设计

选择能减轻环境作用或影响的设计方案和材料，或提出一些能改变环境的方案，或把环境应力控制在可接受的范围内。

8）热设计

通过元器件选择、电路设计、结构设计、布局来减少温度对产品可靠性的影响，使产品能在较宽的温度范围内可靠地工作。

9）包装、装卸、运输、储存等设计

通过对产品在包装、装卸、运输、储存期间性能变化情况的分析，确定应采取的保护措施，从而提高其可靠性。

2. 定量要求

当产品寿命服从指数分布时：

（1）$R(t)$、MTBF、$\lambda(t)$ 之间的关系为

$$\begin{cases} \lambda(t) = \lambda \\ T_{BF} = 1/\lambda \\ R(t) = e^{-\lambda t} = e^{-t/T_{BF}} \end{cases} \quad (2-1)$$

式中：$R(t)$ 为可靠度；$\lambda(t)$ 为故障率（1/h）；T_{BF} 为平均故障间隔时间（MTBF）（h）。

（2）$R_m(t_m)$ 与 MTBCF 之间的关系为

$$R_m(t_m) = \exp(-t_m/T_{BCF}) \quad (2-2)$$

式中：$R_m(t_m)$ 为任务可靠度；t_m 为产品的任务时间（h）；T_{BCF} 为平均严重故障间隔时间（MTBCFD）（h）。

2.2.3 可靠性工作内容

可靠性工作主要包括：

（1）可靠性要求论证。以作战需求为牵引，统筹权衡装备性能、安全

性、维修性、保障性、费用等因素，开展可靠性要求论证，确定装备可靠性要求及可靠性工作项目要求。

（2）可靠性管理。对装备寿命周期内各项可靠性活动进行规划、组织、协调与监督，以实现既定的可靠性目标。工作内容包括：制订可靠性工作计划，对承制方、转承制方和供应方的监督和控制，可靠性评审，建立故障报告、分析和纠正措施系统（FRACAS），建立故障审查组织，可靠性增长管理，可靠性设计核查等。

（3）可靠性设计与分析。通过开展规定的工作项目和运用工程技术，达到在进度和费用等约束条件下满足装备的可靠性要求。工作内容包括：建立可靠性模型，可靠性分配，可靠性预计，故障模式、影响及危害性分析，故障树分析，潜在分析，电路容差分析，可靠性设计准则的制定和符合性检查，元器件、零部件和原材料的选择与控制，确定可靠性关键产品，确定功能测试、包装、储存、装卸、运输和维修对产品可靠性的影响，振动仿真分析，热仿真分析，电应力仿真分析，耐久性分析，软件可靠性需求分析与设计，可靠性关键产品工艺分析与控制。

（4）可靠性试验与评价。通过开展可靠性相关试验评价剔除产品早期失效，暴露产品可靠性薄弱环节并改进设计，对装备可靠性水平进行验证评价。工作内容包括环境应力筛选、可靠性研制试验、可靠性鉴定试验、可靠性验收试验、可靠性分析评价、寿命试验、软件可靠性测试等。

（5）使用可靠性评估与改进。通过有计划地收集装备使用期间的各项有关数据，评估装备的可靠性水平，对装备使用中暴露的可靠性问题采取改进措施，提高装备的使用可靠性水平。工作内容包括使用可靠性信息收集、使用可靠性评估、使用可靠性改进。

高可靠长寿命装备的出现，对传统可靠性设计分析方法提出了新的挑战，在装备设计阶段催生了一系列新的分析方法用于发现装备设计的薄弱环节，最典型的方法是可靠性仿真试验和可靠性强化试验方法。目前，相关方法已经在装备研制过程中得到应用。

1. 可靠性仿真试验

可靠性仿真试验技术是以失效物理技术为基础的一种可靠性分析技术，是一种基于确定性理论的可靠性分析技术，是目前可靠性分析的一个重要分支。该技术从失效机理的角度出发，通过分析产品故障模式产生的机理，了解故障变化微观层面的过程，建立材料、结构等性能参数与环境应力之间的关系模型，从而揭示故障发生和发展的过程。该方法基于故障的确定性理论，认为故障具有确定性，可以用失效物理模型来描述，同时认为产品会随着时间的推移而逐渐退化至故障，即产品寿命是有限的。该方法通过产品数字样机和失效物理模型，将产品工作环境应力与潜在故障发展过程联系起来，结合相关失效物理模型预测出产品的平均首次故障时间或理论寿命，从而定量地评估产品设计的可靠性，发现薄弱环节并采取有效的改进措施。

可靠性仿真试验技术，以仿真技术为手段，在装备研制过程中发现设备可靠性薄弱环节并指导设计改进，从而不断提高设备固有可靠性。它是传统的以故障统计为基础的可靠性设计方法的有益补充。该技术目前已经较为普遍地应用于航空装备的设计阶段，在航空、航天、兵器、船舶等领域也开始推广应用。

基于失效物理的可靠性仿真是一项系统性工作，主要包括五方面的内容：仿真剖面的制定、热应力仿真分析、振动应力仿真分析、故障预测仿真分析及可靠性仿真评估，每方面工作的质量和完整性，都与仿真结果的精度有密切关系。其主要内容如图 2.2 所示。

1) 仿真剖面的制定

基于失效物理的电子产品可靠性仿真认为产品的失效最终是由某一失效机理引发的，而失效机理在作用过程中与产品的实际承受应力相关，即电子产品在给定的环境剖面下故障发生时间是确定的。因此，为了能够准确地评估电子产品的平均首发故障时间，需要制定合理的仿真剖面。根据电子产品所在装备对象的任务剖面及其工作环境，合理制定相应的仿真剖面。

2) 热应力仿真分析

热应力仿真分析是利用数学手段，通过计算机模拟，在电子设备的设计阶段获得温度分布的方法。电子产品过热引起的可靠性问题目前已成为影响产品可靠性的主要因素。解决电子产品的热问题，首先要对电子产品进行良好的热设计。热设计之后应进行热评估，判断热设计是否取得实效。热应力仿真分析希望能够通过合理的热设计与热评估工作，尽早发现热设计薄弱环节并及时改进，从而保证电子产品能正常可靠地工作。通过热仿真得到整机和各模块的温度场分布与边界条件，给出了热薄弱环节和发现的问题，热应力仿真主要流程如图 2.3 所示。

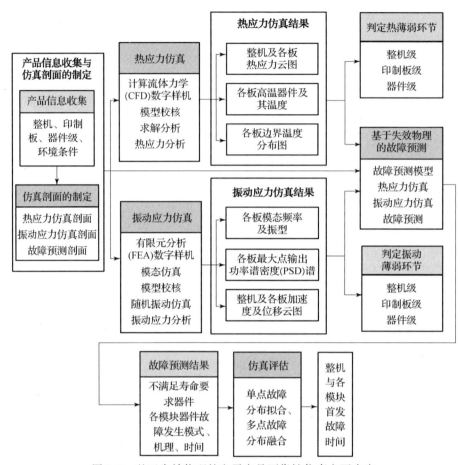

图 2.2 基于失效物理的电子产品可靠性仿真主要内容

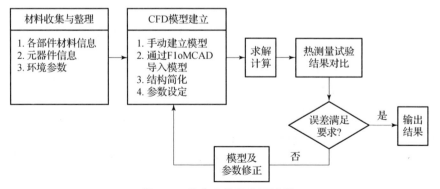

图 2.3 热应力仿真主要流程

3）振动应力仿真分析

振动应力仿真分析是以故障物理为基础，以计算力学为手段，在计算机上建立产品的几何特性、材料特性、边界条件，用振动剖面作为激励信号，计算出产品各节点/单元的位移、加速度、应力和应变等。目的是获得产品的振动模态及给定振动激励条件的响应分布，用于发现设计薄弱环节以指导设计改进，提供产品耐振动设计的合理性，同时在获得了加速度响应均方根值及应力响应值等相关参数后，可结合失效物理模型给出首次失效时间，为产品可靠性预计提供参考。通过振动仿真获得整机及各模块的模态分析结果、加速度响应云图、位移响应云图、应力、应变响应云图和各模块固定点处响应的功率谱曲线等。振动应力仿真主要流程如图 2.4 所示。

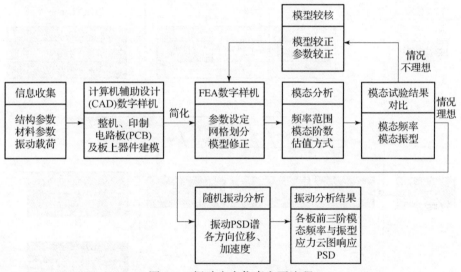

图 2.4　振动应力仿真主要流程

4）故障预测仿真分析

故障预测仿真分析是基于失效物理的方法，对产品的失效机理进行分析，并根据产品相应失效机理的失效物理模型进行计算，对产品在给定应力条件下潜在故障点的故障时间进行分析，给出产品的故障信息矩阵，发现产品的可靠性薄弱环节，为定量评价产品的可靠性水平提供依据。开展故障预测的一般流程如图 2.5 所示。

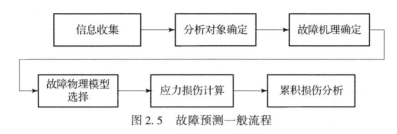

图 2.5 故障预测一般流程

5) 可靠性仿真评估

在故障预测仿真过程中引入材料和工艺的离散情况，通过蒙特卡罗仿真获得各失效机理的寿命样本，进而通过单点故障分布拟合、多点故障分布融合等方法，确定元器件、模块、设备等的首次故障时间分布，评估设备平均首发故障时间。可靠性仿真评估的流程如图2.6所示。

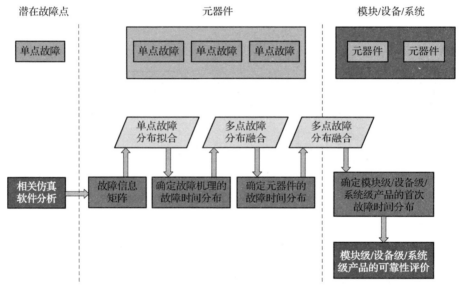

图 2.6 可靠性仿真评估的流程

具体步骤如下：

（1）对得到的蒙特卡罗大样本量故障数据进行预处理。

（2）根据某一潜在故障点的蒙特卡罗仿真大样本量故障时间数据，采用统计数学方法拟合该潜在故障点的故障时间分布。

（3）采用蒙特卡罗仿真方法进行故障分布融合，得到设备有用寿命期内的故障时间分布与设备有用寿命后期和耗损期的故障时间分布。

(4) 由设备的故障密度分布函数求解设备在规定置信度下的可靠性仿真评估值，或解出组成模块的可靠性仿真评估值后计算设备的可靠性仿真评估值。

2. 可靠性强化试验

可靠性强化试验是通过系统地施加逐步增大的环境应力和工作应力，激发和暴露产品设计中的薄弱环节，以改进设计和工艺，提高产品可靠性。可靠性强化试验并不强调试验环境的真实性，而是强调试验的激发效率，以及实现研制过程中产品可靠性水平的快速增长。国内在可靠性强化试验领域从 20 世纪 90 年代中后期开始进行跟踪研究。国防科技大学和北京航空航天大学等都针对可靠性强化试验的理论问题开展了专项研究，基本上明晰了可靠性强化试验环境描述、可靠性强化试验失效机理，并借鉴国外可靠性强化试验相关技术，针对典型产品进行了试验方法的应用研究。经过不断地应用与发展，已经形成普遍认可的基本流程，如图 2.7 所示。

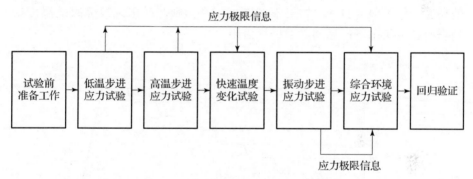

图 2.7 可靠性强化试验流程（示例）

1）低温步进应力试验

低温步进应力试验剖面如图 2.8 所示。当在某温度下产品出现故障时，将温度应力恢复至上一量级，待温度稳定后进行全面测试，若受试产品的功能和性能恢复正常，则产品出现故障时的温度就是当前技术状态下产品的低温工作极限（TL），如果不能恢复正常，则产品出现故障时的温度就是当前技术状态下产品的低温破坏极限。

2）高温步进应力试验

高温步进应力试验剖面如图 2.9 所示。当在某温度下产品出现故障时，将温度应力恢复至上一量级，待温度稳定后进行全面测试，若受试产品的

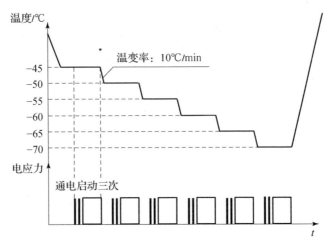

图2.8　低温步进应力试验剖面

功能和性能恢复正常,则产品出现故障时的温度就是当前技术状态下产品的高温工作极限(TU),如果不能恢复正常,则产品出现故障时的温度就是当前技术状态下产品的高温破坏极限。

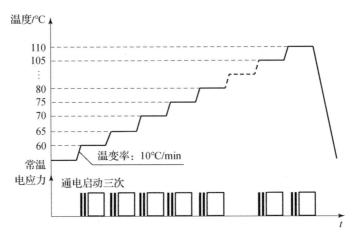

图2.9　高温步进应力试验剖面

3) 快速温度变化试验

快速温度变化试验剖面如图2.10所示。温变率一般不低于15℃/min,试验过程中可以固定温变率,也可采用变温变率,采用变温变率时温度变化率步长为10℃/min。

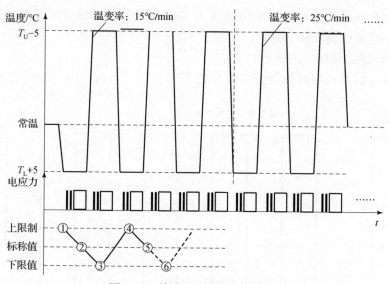

图 2.10 快速温度变化试验剖面
（图中 1~6 表示 1~6 阶段电应力在试验中的变化）

4）振动步进应力试验

振动步进应力试验剖面如图 2.11 所示。试验时，当振动量值大于 A_U（振动工作极限，根据各产品试验情况确定）后，在每个振动量级台阶结

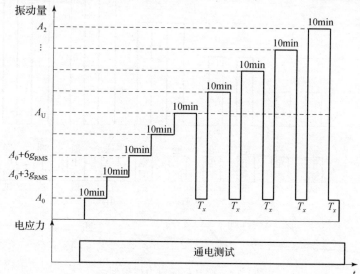

图 2.11 振动步进应力试验剖面（g_{RMS} 为加速度均方根值）

束后将振动量值降至初始振动量值 A_0 进行测试，振动维持时间 T_x 以能够完成一个完整的测试为准。

5) 综合环境应力试验

综合环境应力试验剖面如图 2.12 所示。

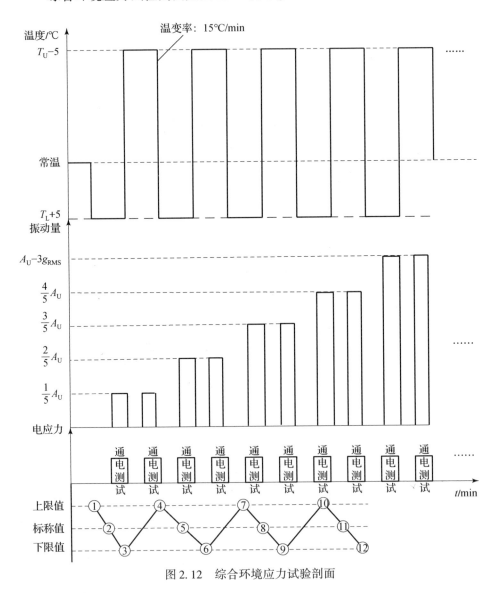

图 2.12 综合环境应力试验剖面

2.3 维修性概论

2.3.1 维修性基本概念

维修性(maintainability)是指产品在规定的条件下和规定的时间内,按规定的程序和方法进行维修时,保持或恢复到规定状态的能力。维修性包括维护保养特性和修理特性。维护保养是使产品保持在规定状态,而修理是产品发生故障后使其恢复到规定状态,维修性关注的焦点是尽量减少维修人力、时间和费用。常用的评价指标包括反映产品从装备上拆装快慢的拆装时间、反映产品故障后修复时间快慢的平均修复时间(mean time to repair, MTTR)和反映维修工作量大小的维修工时等。

维修性也可以说是在规定的约束条件(维修条件、时间、程序和方法)下能够完成维修的可能性,这里,规定条件主要是指维修的场所(如是现场维修还是专门的维修中心)及相应的人员、设备、设施、工具,备件、技术资料等资源。规定的程序和方法是指按技术条件规定采用的维修工作类型、步骤、方法等。显然,能否完成维修与规定的维修时间有关,规定的维修时间越长,完成维修任务的可能性就越大。总之,维修的目的是使产品保持或恢复到产品规定的状态。

2.3.2 维修性函数

维修性水平主要反映在维修时间上,而完成每次维修的时间 T 是一个随机变量,通常用维修性函数研究维修时间的各种统计量。

常用的维修性函数如下。

1. 维修度 $M(t)$

维修性用概率来表示,就是维修度 $M(t)$,即产品在规定的条件下和规定的时间内,按照规定的程序和方法进行维修时,保持或恢复其规定状态的概率,可表示为

$$M(t) = P\{T \leq t\} \quad (2-3)$$

式(2-3)表示维修度是在一定条件下,完成维修时间 T 小于或等于规定维修时间 t 的概率。

$M(t)$ 也可表示为

$$M(t) = \lim_{n \to \infty} \frac{n(t)}{N} \quad (2-4)$$

式中：N 为维修的产品总（次）数；$n(t)$ 为 t 时间内完成维修的产品（次）数。

在工程实践中，试验或统计现场数据 N 为有限值，用估计量来近似表示 $M(t)$，则有

$$\hat{M}(t) = \frac{n(t)}{N} \tag{2-5}$$

2. 维修时间密度函数 $m(t)$

维修度 $M(t)$ 是时间 t 内完成维修的概率，它的概率密度函数即维修时间密度函数可表达为

$$m(t) = \frac{\mathrm{d}M(t)}{\mathrm{d}t} = \lim_{\Delta t \to 0} \frac{M(t+\Delta t) - M(t)}{\Delta t} \tag{2-6}$$

维修时间密度函数的估计量可表示为

$$m(t) = \frac{n(t+\Delta t) - n(t)}{N\Delta t} = \frac{\Delta n(t)}{N\Delta t} \tag{2-7}$$

式中：$\Delta n(t)$ 为从 t 到 $t + \Delta t$ 时间内完成维修的产品（次）数。

维修时间密度函数的工程意义是单位时间内产品预期完成维修的概率，即单位时间内修复数与送修总数之比。

3. 修复率 $\mu(t)$

修复率 $\mu(t)$ 是在 t 时刻未能修复的产品，在 t 时刻后单位时间内修复的概率，可表示为

$$\mu(t) = \lim_{\substack{\Delta t \to 0 \\ N \to \infty}} \frac{n(t+\Delta t) - n(t)}{[N - n(t)]\Delta t} = \lim_{\substack{\Delta t \to 0 \\ N \to \infty}} \frac{\Delta n(t)}{N_s \Delta t} \tag{2-8}$$

其估计量为

$$\hat{\mu}(t) = \frac{\Delta n(t)}{N_s \Delta t} \tag{2-9}$$

式中：N_s 为 t 时刻尚未修复数（正在维修数）；确切地说，$\mu(t)$ 为一种修复速率。

2.3.3 维修性要求

维修性要求一般分为定性要求和定量要求两部分。维修性定性要求反映了那些无法或难以定量描述的维修性要求，是满足定量要求的重要基础。维修性定量要求是通过对用户需求与约束条件的分析，选择适当的维修性参数，并确定对应的指标提出的。维修性定性要求应转化为维修性设计准则，维修性定量要求应明确选用的维修性参数和确定维修性指标。

1. 维修性定性要求

维修性定性要求一般包括以下内容：
（1）良好的可达性；
（2）提高标准化和互换性程度；
（3）具有完善的防差错措施及识别标记；
（4）保证维修安全；
（5）良好的测试性；
（6）符合维修的人因工程要求等。

2. 维修性定量要求

维修性定量要求是选择适当的维修性参数并确定其对应的量化指标。

1）维修性参数

维修性参数是描述维修性的特征量，常用的维修性参数有以下几种。

（1）平均修复时间。平均修复时间（MTTR 或 $\bar{M}_{ct}$）是产品维修性的一种基本参数，其度量方法为：在规定的条件和规定的时间内，产品在任意规定的维修级别上，修复性维修总时间与在该级别上被修复产品的故障总数之比。简单地说，其就是排除故障所需实际时间的平均值，即产品修复一次平均需要的时间。由于修复时间是随机变量，$\bar{M}_{ct}$是修复时间的均值或数学期望，即

$$\bar{M}_{ct} = \int_0^\infty t m(t) \, \mathrm{d}t \qquad (2-10)$$

式中：$m(t)$为维修时间密度函数。

（2）最大修复时间。确切地说，应当给定百分位或维修度的最大修复时间，通常给定的维修度 $M(t) = p$ 是 95% 或 90%。最大修复时间通常是平均修复时间的 2~3 倍，具体比值取决于维修时间的分布和方差及规定的百分位。

（3）修复时间中值。修复时间中值（$\tilde{M}_{ct}$）是指维修度 $M(t) = 50\%$ 时的修复时间，又称中位修复时间。在不同分布情况下，中值与约值的关系不同，即 $\tilde{M}_{ct}$ 与 $\bar{M}_{ct}$ 不一定相等。

在使用以上 3 个修复时间参数时应注意：修复时间是排除故障的实际时间，而不计管理及保障资源的延误时间；不同的维修级别，修复时间不同，给定指标时，应说明维修级别。

（4）预防性维修时间。预防性维修时间（M_{pt}）同样有均值（$\bar{M}_{pt}$）、

中值（$\tilde{M}_{pt}$）和最大值（M_{maxpt}）。其含义和计算方法与修复时间相似。但应用预防性维修频率代替故障率，预防性维修时间代替修复性维修时间。

在选择维修性参数时，应全面考虑产品的使用情况、类型特点、复杂程度及参数是否便于度量及验证等因素，参数之间应相互协调。

2）维修性指标的确定

选定维修性参数后就要确定相应的指标：一方面，过高的指标可能需要采用更先进的技术和设备来实现，这将会对设计、生产等方面提出更高的要求，不仅费用高昂，有时还难以实现；另一方面，过低的指标将使产品停用时间过长，降低产品的可用性，不能满足其使用要求。因此，在确定维修性指标时，应全面考虑产品的使用需求、现有的维修性水平、预期采用的技术可能使该产品达到的维修性水平以及现行的维修保障体制和维修等级的划分等因素，而且要与可靠性、寿命周期费用、产品研制进度等因素进行综合权衡，使确定的维修性指标具有可操作性、可比性、适用性和可验证性。

2.3.4 维修性工作内容

维修性主要工作包括：

1. 维修性要求论证

论证维修性设计要求和工作要求，以明确基本的设计目标和需要开展的工作项目，工作内容包括维修性要求论证和维修性工作项目要求论证等。

2. 维修性管理

从计划、监督、控制等角度开展维修性管理，对维修性工作实施过程控制，工作内容包括维修性计划制订，维修性工作计划制订，对承制方、转承制方和供应方的监督和控制，维修性评审，维修性数据收集、分析和纠正措施系统构建，维修性增长管理等。

3. 维修性设计与分析

针对定量设计目标和定性设计目标，提出维修性设计与分析技术途径，确定合适的维修性设计措施，工作内容包括维修性建模、维修性分配、维修性预计、故障模式及影响分析——维修性信息、维修性分析、抢修性分析、维修性设计准则制定、维修性设计、维修保障计划和保障性分析信息准备等。

4. 维修性试验与评价

检验维修性设计问题与验证设计目标的实现程度，工作内容包括维修性核查、维修性验证、维修性分析评价等。

5. 使用期间维修性评价与改进

根据装备在真实环境下的维修性表现进行必要的改进设计，实现装备维修性的持续增长，工作内容包括使用期间维修性信息收集、使用期间维修性评价、使用期间维修性改进等。

无人装备结构紧凑、复杂、工作环境多变，基层级承担了很多故障的修理任务，在基层级有限的维修条件下，装备需要具备高维修性才能排除大部分故障。然而通过对国内外装甲装备的维修性工作分析发现装甲装备的维修性设计工作存在一定问题：维修性设计工作滞后，维修性设计与功能结构设计脱离，装甲装备的维修性设计往往要等到装甲装备样机形成之后，才通过维修性评估的技术手段对装甲装备的维修性进行分析与验证，使维修性设计工作被动地融入产品设计当中，导致一些维修性问题无法得到解决。

目前，装备维修性工程的研究内容主要体现在如下几个方面：

1. 维修性建模技术

维修性模型是为预计或估算产品的维修性所建立的文字描述、框图、数学和计算机仿真模型。由于维修性的定量指标已经纳入装备的战术技术指标或研制任务书中，为了保证这些定量指标的落实，必须在产品的研制过程中对维修性进行定量分析，而定量分析的前提就是建模。

维修性建模技术中的关键在于：

（1）分析建模对象，明确是部件、结构，还是系统；

（2）明确定量指标，一般为维修时间、维修工时或维修费用；

（3）明确建模的约束，即确立有关的维修性合同参数、维修保障条件及方案；

（4）明确建模方法，根据信息来源的不同，建模方法通常有演绎法、归纳法及目标法三种，实际中为达到最佳效果，常将这些方法加以综合利用。

2. 维修性一体化设计技术

面向维修性综合优化设计需求，从研制工作流程综合、数据综合与技术综合的角度，建立功能结构设计与可靠性、维修性、测试性、保障性及安全性相融合的一体化设计架构，研究基于关联模型的维修性设计综合评估与方案改进权衡方法，重在建立装备功能结构设计特征与维修性要求之间的关系，实现维修性与功能结构特征设计直接联系，从而提高装甲装备的维修性。

3. 虚拟维修技术

20世纪90年代中后期以来，迅速发展的计算机仿真和虚拟现实技术为产品的维修性设计提供了一种新的手段和方法，即虚拟维修。从本质上说，虚拟维修指的是利用现有的产品数字样机和相关维修信息，创建虚拟维修环境，在虚拟环境中仿真维修过程，从而在设计早期就能对产品的维修性设计及维修工作进行分析评价，达到为系统设计提供帮助的目的。由于虚拟现实技术能够提供具有真实感的交互式仿真环境，用户在该虚拟环境下能够模拟进行各种动作与操作，具有在维修性分析领域的潜在应用前景。

虚拟维修技术改变传统维修性设计依赖实物样机造成周期长、费用高、更改困难的缺陷与不足，也满足产品研制时间性和经济性需求。将虚拟现实技术引入维修性工程领域突破了传统维修性设计在时空上的局限性。虚拟维修技术可在产品设计早期，具有数字样机的研制阶段将维修性设计同产品性能设计并行开展，显著地提高了产品设计"一次成功率"；借助虚拟环境可开展维修任务的仿真，维修过程规划、维修训练等工作，将传统的"设计空间"提升到了"试验空间"，丰富了设计手段。虚拟维修仿真的这些特点以及技术上的日渐可行性，使其越来越成为维修性工程设计中的先进技术手段。

4. 自修复技术

使用传统的可靠性设计方法的目的是使产品少出故障，而一旦发生故障就可能影响到任务的完成及安全性。于是，人们便开始有了是否能使故障产品自行恢复功能而避免灾难性后果的设想，并在此基础上形成了自修复技术（SMM）。其基本思想是通过冗余设计、故障自动诊断和控制策略使设备发生故障时一方面能够自动诊断故障，另一方面通过结构或功能的重组达到修复的目的，以改进设备的可靠性、维修性、生存性及降低寿命周期成本（LCC）等。

5. 改进性维修

传统的"维修"指的是在系统设计和生产完成并交付后，为保证经验可靠性和固有可靠性相匹配而进行的预防性和修复性维修工作，而"改进性维修"指的是通过产品交付后的设计变更来提高固有可靠性和维修性的工作，即通过使用改进的设计或材料，或通过更换系统、部件，达到减少故障和减少未来修复性维修费用的目的。

推行"改进性维修"的主要原因是：一方面对于一些在役装备，由于生产的时间较早，受传统设计思想的限制，其固有可靠性和维修性都较低；另一方面对于一些新装备，当新的制造计划受到预算约束时，计划管理者可能被迫接受一个比较便宜但可靠性低一些的初始系统设计。这样，这些老的或新的装备都将成为使用方维修的负担，并随着装备的可用性降低而增加了寿命周期费用。推行改进性维修有利于解决这一问题。

2.4 保障性概论

2.4.1 保障性基本概念

保障性（supportability）是指装备的设计特性和计划的保障资源满足平时战备和战时使用需求的能力。理解保障性要抓住以下三个内涵：

1. 装备保障性设计特性

装备保障设计特性是指与装备的保障相关的设计特性。这些设计特性可以分为两类。一类是与装备故障相关的维修保障特性，主要受到可靠性、维修性和测试性等因素的影响。另一类是与装备的功能相关的使用保障特性，是用于衡量维持装备正常功能的保障特性，其中包括使用保障的及时性和装备的可运输性等方面。无论是使用保障特性还是维修保障特性，都是在装备设计阶段赋予的，因此在进行装备设计时必须充分考虑这些特性。

2. 保障资源

保障资源是指用于支持保障装备的各种资源，不仅包括人力资源、备件、工具和设备、训练器材、技术资料、保障设施以及与装备嵌入式计算机系统相关的专用保障资源（如软件和硬件系统），还包括与装备包装、装卸、储存和运输相关的资源等。然而，仅仅拥有这些保障资源还不能直接形成有效的保障能力。只有将这些分散的资源有机结合起来，并相互配合形成一个协调的保障系统，才能充分发挥每种资源的作用，并具有一定的保障能力。

3. 平时战备和战时使用需求

在平时战备要求中，经常使用战备完好性来衡量装备的能力。战备完好性指的是装备在实际使用环境下能够执行任务的完好状态的程度或能力。它更多地强调装备在平时的完好能力，即计划中的保障资源能够使装备随时执行训练任务的能力。战备完好性与装备的可靠性、维修性、测试性等设计特性及保障系统的运行特性密切相关。一般使用战备完好率来度量装备的战备完好性,也可以使用可用度等指标进行度量。

在战时使用要求中常使用持续性(也称任务持续性)来衡量装备的能力。持续性指的是装备保持达到实现军事目标所必需的作战水平和持续时间的能力。持续性可以通过计划的保障资源和预计的保障活动保证装备达到要求的作战水平(如出动强度或任务次数)和持续时间的概率来进行度量。持续性的衡量考虑了装备在战时环境中的实际需求和使用条件,以确保装备持续地执行任务并保持所需水平的能力。

2.4.2 保障系统

1. 保障系统的构成

保障系统是指使用和维修装备所需的所有保障资源及其管理的有机组合。它可以视为由保障活动、保障资源和保障组织构成的相互联系的有机整体。

其中,保障活动包括使用保障、维修保障、训练保障和供应保障,保障资源包括物资资源、人力/人员资源以及资料/信息资源,保障组织包括军方、承制方、第三方(按照责任主体划分)。

2. 保障系统的特性

保障系统作为一类特殊的工程系统,具有一些独特的系统特性,主要包括以下几个方面:

(1) 及时性:保障系统需要能够及时响应和满足装备的需求。它应具备快速响应能力,能够在装备需要保障支持时提供及时的服务和资源,以确保装备按时完成任务。

(2) 有效性:保障系统应具备高效的运作机制和管理流程,以确保保障资源的有效利用和高效执行保障活动。有效性体现在保障系统能够在最短的时间和最低的资源成本下实现装备的维修、支持和训练等需求。

(3) 部署性:保障系统需要能够适应不同的部署环境和条件。它应具备灵活性和适应性,能够根据不同装备的部署需求进行调整和配置,以适应各种复杂的使用环境。

(4) 经济性:保障系统的设计和运作应具备经济性,即在保证装备可靠性和可用性的前提下,尽可能降低维护成本和资源消耗。它应考虑成本效益,合理配置和管理保障资源,以提高整体的经济效益。

（5）可用性：保障系统应具备高可用性，即保障资源和服务能够在需要时可靠地提供。它应具备良好的可靠性和可恢复性，以确保装备的连续可用性，减少由故障或其他问题导致的停机时间。

（6）通用性：保障系统的设计和组织应具备通用性，即能够适用于不同类型和规模的装备。它应具备可扩展性和适应性，能够适用于不同装备的保障需求，而不局限于特定的装备类型或型号。

2.4.3 综合保障

综合保障是指在装备的寿命周期内，综合考虑装备的保障问题，确定保障性要求，影响装备设计，规划保障并研制保障资源，进行保障性试验与评价，建立保障系统等，以最低费用提供所需保障而进行的一系列管理和技术活动。

一般意义上的综合保障是一种工作理念，其实质就是把保障系统的论证、工程研制、生产等寿命周期内的工作尽早落实到装备的论证、工程研制、生产过程中，以一种专业化和一体化的迭代过程，建立保障系统设计与装备设计并行、迭代和反馈的关系，最终实现保障系统各要素与装备的设计特性在全寿命周期中协调发展，以达到好维修、好保障的目的。综合保障的一系列管理和技术活动可用综合保障要素进行描述。综合保障要素是指综合保障的各组成部分，一般包括规划维修、人力和人员、供应保障、保障设备、技术资料、训练保障、计算机资源保障、保障设施、包装、装卸、贮存和运输保障、设计接口等要素。

2.4.4 保障性要求

保障性是装备设计特性和计划的保障资源满足平时战备和战时使用要求的能力。它的实现既依赖装备本身的保障性设计水平，也依赖保障系统的能力。因此，保障性包括一系列不同层次、不同方面的与装备保障有关的特性。这意味着无法仅通过单一的参数或指标来描述保障性要求，而需要使用一组定量指标和一组定性要求来综合表述。在保障性工作中，提高系统的战备完好性和可用性是起点和落脚点。

1. 保障性定性要求

保障性定性要求大致可以分为以下三类：

第一类是与装备保障性设计有关的定性要求。其主要包括与装备故障无关的使用保障特性要求和与装备保障相关的维修保障特性要求，主要是可靠性、维修性、测试性等定性设计要求。

第二类是与保障系统及资源有关的定性要求。这些要求是规划保障过程中需要考虑和遵循的各种原则和约束条件。例如，对维修方案的考虑。在保障系统中，保障资源的定性要求主要涉及资源规划的原则和约束条件。这些原则是根据装备的使用和维修要求、经费限制、精度等因素确定的，如尽量减少保障设备的品种和数量、优先采用通用的标准化保障设备和采用综合测试设备等。

第三类是特殊保障要求。其主要是指装备在执行特殊任务或在特殊环境中执行任务时对装备保障的特殊要求。例如，水下航行器在执行潜航任务时的特殊要求，或者装备在"核、生、化"等极端环境下执行任务时对设计与保障的要求等。

2. 保障性定量要求

保障性定量要求主要是对装备系统战备完好能力以及持续能力的度量。其中，主要用战备完好率和使用可用度度量装备的战备完好能力，用持续概率来度量装备持续能力。

1）战备完好率

战备完好率（operational readiness rate）是指当要求装备投入作战或使用时，装备准备好能够执行任务的概率。战备完好率模型的建立必须考虑装备的使用与维修情况。当装备在执行任务前能够完成必需的使用准备（如充气、加油、挂弹、测试等），并且没有发生需要修理的故障时，装备即可立即投入作战或使用。或者，当装备在执行任务前发生故障，但修理时间短于装备再次投入作战和使用所需的时间时，即装备有足够的时间进行修理以投入下一次作战。该情况下，装备的战备完好率为

$$P_{OR} = P_{op}(t_{op} < t_c) \times [R(t) + Q(t) \cdot P(t_m < t_d)] \quad (2-11)$$

式中：P_{OR} 为战备完好率；t_{op} 为装备完成使用准备工作的总时间；t_c 为从接到任务命令到任务开始时间；$P_{op}(t_{op} < t_c)$ 为完成使用准备工作的概率；$R(t)$ 为装备执行任务前不发生故障的概率；$Q(t)$ 为装备在执行任务前发生故障的概率；t 为接到任务到任务开始的时间；t_m 为装备的修理时间；t_d 为从发现故障到任务开始的时间；$P(t_m < t_d)$ 为维修概率。

2）可用度

可用度是指装备在任意随机时刻需要开始执行作战和使用任务时，处于可工作或可使用状态的概率。可用度主要通过计算装备的可工作时间与总时间（包括可工作时间和不能工作时间）的比值来确定。

$$A = \frac{UT}{UT + DT} \qquad (2-12)$$

式中：A 为可用度；UT 为可工作时间，包括工作时间、不工作时间（能工作）、待命时间；DT 为不能工作时间，包括预防性维修时间、修复性维修时间、管理和保障资源延误时间。

在工程实际中，能工作时间一般用平均故障间隔时间（MTBF）或平均维修活动间隔时间（MTBMA）表示。不能工作时间受很多因素的影响，必须进行具体分析：一是产品使用中发生故障需进行修复性维修，一般用平均修复时间 MTTR 表示；二是产品经过一定时间使用后必须按规定进行维护保养，即预防性维修，一般用平均预防性维修时间（MTTP）表示；三是在维修活动过程中可能会遇到管理和保障资源不到位的延误，一般用平均管理和保障资源延误时间（MTMLD）表示。根据考虑的因素不同，可用度可以分为固有可用度、可达可用度和使用可用度。

（1）固有可用度 A_i（inherent availability）。固有可用度是指在理想条件下，不考虑任何外部因素干扰和故障的情况下，装备能够正常工作或使用的概率。它反映了装备本身的设计和制造质量，以及在正常运行状态下的可靠性和维修性能，表示为

$$A_i = \frac{MTBF}{MTBF + MTTR} \qquad (2-13)$$

（2）可达可用度 A_a（achieved availability）。可达可用度是指在给定条件下，装备在特定时间内能够达到的可用状态的概率，表示为

$$A_a = \frac{MTBMA}{MTBMA + MTTR + MTTP} \qquad (2-14)$$

（3）使用可用度 A_o（operational availability）。使用可用度是指在给定时间段内，装备在实际使用任务中处于可用状态的概率，表示为

$$A_o = \frac{MTBMA}{MTBMA + MTTR + MTTP + MTMLD} \qquad (2-15)$$

固有可用度仅与装备的可工作时间和修复性维修引起的不能工作时间有关，因此提高固有可用度只能从延长 MTBF（提高可靠性）与缩短 MTTR（提高维修性）两方面努力；可达可用度是在固有可用度基础上考虑了预防性维修时间的因素；使用可用度在可达可用度的基础上又考虑了管理和保障资源延误时间的因素，是产品在实际使用条件下表现出的真实可用性水平。因此使用可用度是保障性的一个完整度量参数。

3) 持续概率

持续概率基于任务强度要求的模型表达如下：

$$R = P(t \geq T) = P(O_1 \cdots O_i \cdots O_n)$$
$$= P(O_n | O_{n-1} O \cdots O_2 O_1) \cdots P(O_{n-i} | O_{n-i-1} \cdots O_2 O_1) \cdots P(O_2 | O_1) P(O_1)$$
(2-16)

式中：t 为装备任务中断前的时间；T 为规定的装备任务持续时间；O_i 为装备任务持续时间内第 i 个单位时间装备的任务强度 $S_{\text{GR}i}$ 或能执行任务率 $R_{\text{MC}i}$ 满足装备任务要求的事件，即

$$P(O_i) = P(S_{\text{SG}i} \geq S_{\text{GR}i}^0) \text{ 或 } P(O_i) = P(R_{\text{MC}i} \geq R_{\text{MC}i}^0) \quad (2-17)$$

式中：$S_{\text{GR}i}^0$ 为持续任务要求的第 i 个单位时间装备的任务强度；$R_{\text{MC}i}^0$ 为持续任务要求时间的第 i 个单位时间装备的能执行任务率。

当然，在实际情况中，应当根据装备类型等实际条件给出战备完好率、使用可用度和持续概率的不同度量模型。

2.4.5 保障性工作内容

装备综合保障工程是在装备寿命周期内，为满足装备战备完好性要求，降低寿命周期费用，综合考虑装备的保障问题，确定保障性要求，进行保障性设计，规划并研制保障资源，及时提供装备所需保障的一系列管理和技术活动，主要工作包括：

1. 保障性要求论证

以作战需求为牵引，统筹权衡装备性能、可靠性、维修性、测试性、保障系统、费用等因素，开展保障性要求论证，确定装备保障性要求及保障性工作项目要求。

2. 综合保障的规划与管理

全面规划装备寿命周期的综合保障工作，保证其顺利进行，以达到规定的装备战备完好性要求，工作内容包括制订综合保障工作计划、综合保障评审、对转承制方和供货方的监督与控制等。

3. 规划保障

确定装备的使用与维修保障方案，并对平时和战时的保障资源需求进行协调、优化和综合，工作内容包括规划使用保障、规划维修、规划保障资源等。

4. 研制与提供保障资源

同步研制使用与维修装备所需的保障资源，并及时提供使用与维修装

备所需的保障资源，建立经济有效的保障系统。

5. 保障性试验与评价

验证装备的设计特性与保障资源是否满足规定的装备战备完好性要求，并评价保障系统的保障能力，工作内容包括保障性设计特性试验与评价、保障资源试验与评价及装备战备完好性评估等。

装备保障性工作的重点是保障特性设计和保障方案规划。装备的保障特性可进一步分为维修保障特性和使用保障特性，其中维修保障特性包括可靠性、维修性和测试性等，维修保障特性设计结合可靠性、维修性、测试性设计实施，使用保障特性设计需结合装备战术技术指标及部队实际使用需求开展设计，目的在于降低对部队的保障要求和保障资源需求。装备的保证特性设计是目前保障性工作面临的主要问题，随着装备的战术技术性能大幅提升，装备的技术含量越来越高，多数装备保障的要求越来越高，难度也越来越大，装备的保障性设计问题影响了装备正常训练战备工作，装备出现故障后，受限于维修技术水平，排除故障耗时长，甚至无法排除故障。目前，装备保障性工作以保障方案规划为重点，装备自身保障性设计不足为交付使用后的保障工作带来一定困难，保障方案的规划以"面向作战使用流程和平战结合"思想为指导，主要包括使用与维修保障流程分析、以可靠性为中心的维修分析、保障活动分析和基于仿真的保障资源规划。

1）使用与维修保障流程分析

根据无人装备作战使用要求，在生产交付后至完成作战任务期间，装备主要经历战备、值班、作战及维修/维护等任务剖面。以某飞行器为例，在交付后典型任务剖面如图2.13所示。

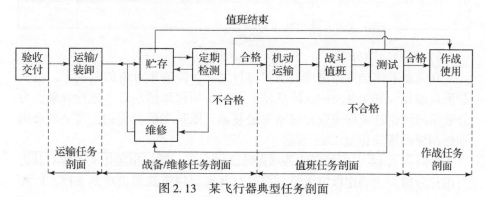

图2.13 某飞行器典型任务剖面

2)以可靠性为中心的维修分析

以可靠性为中心的维修分析（RCMA）的目的是确定武器系统的预防性维修工作项目，预防性维修工作项目是装备交付部队后保持战备完好性和任务成功性的重要工作项目。因此，需要在工程研制阶段，以耗费最少的保障资源为目标，确定适用而有效的预防性维修工作项目，从而保持和恢复装备的可靠性和安全性水平，并通过改进装备的设计方案来消除难以通过预防性维修以保持装备状态的问题。同时，通过确定的预防性维修工作项目，也可为装备保障方案的规划和保障资源的确定提供必要的输入条件。

在装备研制过程中，以失效模式和效应分析（FMEA）结果为基础，通过以可靠性为中心的维修分析，应用逻辑决断的方法，确定武器系统全寿命周期内需要开展的预防性维修工作项目。以武器系统发射平台液压系统为例，其预防性维修工作项目如表2.1所列。

表2.1 发射平台液压系统预防性维修工作项目

产品名称	故障模式	预防性维修工作项目	维修级别
发射平台液压系统	液压油缸无法正常工作	每月检查油箱中液面是否高于"注油下限"	基层级
		每年给油缸关节轴承、传动器等加注涂润滑脂	
		每年对液压油做一次污染度检测	
	无法准确获取液压系统输出压力	每×年校正一次压力传感器	基层级
	……	……	……

3) 保障活动分析

在武器系统全寿命周期典型使用与维修保障流程分析的基础上，将典型流程细化分解为独立的保障活动，并对各项保障活动逐项进行分解，为开展保障性设计及保障资源规划奠定基础。以某飞行器为例，其全寿命周期典型保障活动如图2.14所示。

针对图2.14中所规划的各项保障活动，逐一通过拟定作业工作对其进行细化分解，为确定保障人员、保障时间和保障资源需求提供支撑。以年度通电测试活动为例，其分解结果如表2.2所列。

第 2 章　无人装备通用质量特性概论

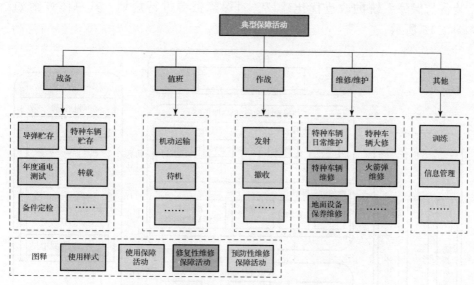

图 2.14　某飞行器全寿命周期典型保障活动

表 2.2　某飞行器年度通电测试活动分解结果

序号	保障活动执行环节	保障资源需求
1	外观检查	无
2	测试状态准备	被测装备、地面综合测试设备
3	惯组标定	地面综合测试设备
4	一键式测试	地面综合测试设备、信号模拟器
5	测试数据及结果采集管理	地面综合测试设备、信息管理系统

4）基于仿真的保障资源规划

通过建立装备保障仿真模型来模拟装备在各类任务中的使用、部件的维修、保障资源的供给等活动，采用离散事件仿真方法，抽取作训任务、装备通用质量特性、保障资源、保障组织、使用维修活动之间的逻辑关联关系，模拟装备在各类任务中使用与维修等保障活动。通过对保障活动的长时间或多次模拟执行，统计计算出整个保障系统的效能，对装备使用可用度、装备需求数量、任务成功率、备件/保障设备/人员的满足率和利用率等进行评估分析，同时可以通过敏感性分析找出其中的薄弱环节，提出装备与保障系统的改进优化建议，对保障资源进行规划，其总体方案如图 2.15 所示。

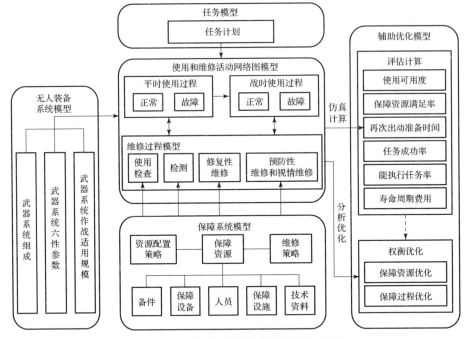

图 2.15　基于仿真的保障资源优化流程

2.5　测试性概论

2.5.1　测试性基本概念

测试性（testability）是指产品能及时准确地确定其状态（可工作、不可工作或性能下降程度）并隔离其内部故障的一种设计特性。常用的评价指标包括反映装备有多少故障可以被检测和隔离的故障检测率、故障隔离率，反映装备出故障后能否快速发现和定位的故障检测时间、故障隔离时间，反映检测错误的虚警率和反映产品有多少故障可以准确预测的故障预测率、剩余故障（寿命）时间准确率。

理解测试性时应当特别注意，测试性是产品的一种设计特性，是通过设计赋予产品的一种固定属性，也是产品通用质量特性的一种。也可以将测试性理解为设计产品时为故障诊断提供方便的特性。测试性的设计可以使产品具备固有的测试属性,便于通过自动测试设备或人工测试进行故障诊断和状态确定,从而缩短故障检测和隔离的时间。随着产品复杂性的增加,特别是在电子产品领域,测试性的重要性越发凸显。集成电路技术的发展使故障检测和隔离时间成为影响修复时间的主要因素之一。为了提高产品的可用性,必须在产品设计阶段考虑测试性,并结合机内测试、自动测试设备和中央测试系统等诊断工具,以实现快速准确的故障检测和隔离。机内测试(BIT)和自动测试设备(ATE)等技术在电子产品中得到广泛应用,也逐渐应用于机械或机电系统和设备。这些技术和工具的使用可以进一步提高产品的可测试性,并为故障诊断和隔离提供支持,从而提高产品维修的效率和可靠性。

测试性常用术语包括:

1. 被测单元

被测单元(unit under test,UUT)是被测试的任何系统、分系统、设备、机组、单元体、组件、部件、零件或元器件等的总称。

2. 测试点

测试点(test point,TP)是被测单位中用于测量或注入信号的电气连接点。

3. 故障检测

故障检测(fault detection,FD)是发现故障存在的过程。

4. 故障定位

故障定位(fault localization)是确定故障大致部位的过程。

5. 故障隔离

故障隔离(fault isolation,FI)是把故障确定到实施修理所需要的产品层次的过程。

6. 固有测试性

固有测试性(inherent testability)是指产品在设计阶段考虑和集成测试的能力和特性。它是一种设计属性,旨在使产品易于进行测试、故障诊断和维修。具有良好的固有测试性的产品可以通过自动测试设备或人工测试方法进行有效的测试,以准确确定其状态、识别潜在故障,并隔离问题。

7. 机内测试

机内测试(built–in test,BIT)是一种集成在电子设备或系统内,提供检测和隔离故障的自动测试功能。

8. 虚警

虚警（false alarm，FA）是指在机内测试或其他检测系统中发生的错误报警或误报情况，即系统错误地判断为存在某种故障的警报信号。虚警可能导致不必要的紧急响应、资源浪费和用户困扰，降低了系统的可靠性和可信度。

9. 诊断策略

诊断策略（diagnostic strategy）是面对故障或问题时，对被测单位（UUT）所采取的一系列的测试步骤和顺序。

10. 诊断方案

诊断方案（diagnostic concept）是指对诊断对象进行故障诊断的总体构想。它主要包括诊断的对象、范围、功能、使用方法、诊断要素和诊断能力，以及对应的维修级别等。

11. 嵌入式诊断

嵌入式诊断（embedded diagnostics）是装备内部提供的故障诊断能力，实现这种能力的硬件和软件包括机内测试设备（BITE）、性能监测装置、故障信息的存储和显示设备、中央测试系统等，它们安装在装备的内部，或在结构或电气上与装备永久性连接，是装备的一部分。

12. 综合诊断

综合诊断（integrate diagnostics）是通过分析和综合测试性、自动和人工测试、维修辅助手段、技术信息、人员和培训等构成诊断能力的所有要素，使系统诊断能力达到最佳的结构化设计与管理过程。其目的是以最少的费用，最有效地检测、隔离系统内已发生的或预期发生的所有故障，以满足系统任务要求。

13. 中央测试系统

中央测试系统（central test system，CTS）是指装备内用于采集有关测试信息，进行分析、处理和储存，提供状态监控、诊断故障预测和维修等信息的系统，是各类装备内的测试系统的统称。

2.5.2 测试性要求

测试性要求是在产品设计和开发过程中设定的关于产品可测试性的具体要求。确定适当的测试性要求是一项非常重要的工作，它应该与确定诊断方案相协调，并基于任务需求和使用要求进行科学、合理的确定。测试性要求可以分为定性要求和定量要求,用于明确产品或系统的测试性能和特征。

1. 定性要求

测试性定性要求是指那些无法或难以用具体数值或指标来描述的测试性设计要求。它们从多个方面规定了在进行产品设计时需要注意采取的技术途径和设计措施,以便于测试过程的进行,并确保测试性指标的实现,如表 2.3 所列。

表 2.3 测试性定性要求

序号	项目	主要内容
1	合理规划	在准确隔离故障的能力的基础上,根据产品的功能和结构将产品划分为多个可更换单元(LRU)或多个车间更换单元(SRU)
2	性能检测	对于那些影响关键任务完成和涉及使用安全的功能部件,应及时进行性能监测;对于那些对安全具有重要影响的部件,应在需要时提供报警信号
3	机内测试和中央测试系统	依据诊断方案确定嵌入式诊断具体配置和功能。例如,对中央测试系统、系统机内测试、现场可更换单元机内测试、传感器等的配置和功能要求。机内测试应具有监控关键任务的功能。为使用人员或维修人员设计利用率最高的机内测试指示器
4	故障信息	应存储性能监测与故障诊断信息,并按规定将相关数据传输到中央测试系统或其他显示和警报装置
5	测试点	为了提高故障检测和隔离的水平,应在产品中设置足够多的内部和外部测试点
6	诊断能力	在每个维修级别上,应综合运用机内测试、自动测试设备和人工测试,以提供一致且全面的诊断能力。同时测试自动化程度应与维修人员的技能水平和维修性要求相匹配

2. 定量要求

测试性定量要求是指选用测试性参数,并对参数确定具体量值,也就是测试性指标。一般用故障检测率(fault detection rate,FDR)、故障隔离率

(fault isolation rate，FIR) 和虚警率（fault alarm rate，FAR）规定测试性指标。

1）故障检测率

故障检测率是用规定的方法正确检测到的故障次数与被测产品发生的故障总数的比值，用百分数表示为

$$\text{FRD} = \left(\frac{N_\text{D}}{N_\text{T}}\right) \times 100\% \qquad (2-18)$$

式中：N_D 为用规定方法正确检测出的故障数；N_T 为产品发生的故障总数。

2）故障隔离率

故障隔离率是用规定的方法正确隔离到不大于规定模糊度的故障数与检测到的故障数之比，用百分数表示为

$$\text{FIR} = \left(\frac{N_\text{L}}{N_\text{D}}\right) \times 100\% \qquad (2-19)$$

式中：N_L 为用规定的方法正确隔离到不大于规定模糊度的故障数。

3）虚警率

虚警率是在规定工作时间内，发生的虚警数与同一时间内发生的故障指示总数之比，用百分数表示为

$$\text{FAR} = \left(\frac{N_\text{FA}}{N}\right) \times 100\% \qquad (2-20)$$

式中：N_FA 为规定时间内发生虚警的次数；N 为同一时间内的故障指示总数。

4）平均虚警间隔时间

平均虚警间隔时间（MTBFA）是产品运行总时间与在此时间内发生的虚警总次数之比，即

$$\text{MTBFA} = \frac{T}{N_\text{FA}} \qquad (2-21)$$

式中：T 为系统累计工作时间。

当应用故障检测率、故障隔离率和虚警率 3 个参数作为测试性定量要求时，需要明确以下几点：

(1) 测试性指标是针对特定的测试对象和测试方法而言的，要明确是产品运行中的指标还是某一维修级别的指标。测试对象可以是系统、分系统、设备、现场可更换单元等；测试方法有机内测试、自动测试设备等。

(2) 为了准确评估这些参数的量值，统计被测对象发生故障的总数、检测和隔离故障的次数以及虚警的次数的时间应足够长。只有这样，才能

更接近这些参数的真实值。

(3) 统计的是产品发生的故障总数（而不是可检测故障数），以及正确检测和正确隔离的故障数。在故障隔离方面有一定的模糊限定，即隔离到产品组成的某个范围的单元。一般情况下，规定的模糊度大，隔离相对容易，相应的指标要求高；模糊度小则隔离困难，指标要求相对降低。

(4) 当没有规定错误隔离率要求时，统计的虚警数应包括两种情况：一是"误报"，即产品未发生故障但被错误地报告为有故障；二是"错报"，即某个单位发生了故障，但被错误地指示为其他单位有故障。

在当前的系统中，大多数采用虚警率（FAR）来衡量 BIT 的虚警情况。FAR 表示 BIT 指示中虚警发生的百分比，但它没有给出虚警发生的频率，也没有直接显示虚警对系统可靠性的影响。与之相比，平均虚警间隔时间（MTBFA）能够反映虚警对系统可靠性的影响。在实际运行中，相同条件下，可靠性较高的系统会发生较少的真实故障，而在 BIT 指示中，虚警所占比例较大。因此，这会导致可靠性较高的系统具有较高的 FAR 值。换句话说，实际统计的 FAR 值会受到系统可靠性的影响。而 MTBFA 的数值不受系统可靠性的影响。因此，在选择 FAR 或 MTBFA 时，应根据关注的重点来确定。如果重点是关注 BIT 指示中虚警发生的百分比，那么选择 FAR 作为指标更合适；如果重点是关注虚警对系统可靠性的影响，那么选择 MTBFA 更为适当。这样能够更全面地评估虚警情况对系统可靠性的影响程度。

3. 测试性指标范围

测试性指标是针对选定的测试性参数所确定的具体量值。这些量值的确定主要基于系统的任务要求和类似产品的测试性水平。同时，还需要考虑到新产品采用新技术等因素可能带来的影响，并对其可能达到的新的测试性水平进行估计。最终，需要综合考虑新产品的可用性要求，对这些因素进行权衡，估计其可能达到的测试性水平。通常情况下，电子产品的测试性指标范围如下：

1) 运行中和基层级维修，测试系统和 BIT 的指标

(1) FDR：一般是 80%~98%。

(2) FIR：一般是 85%~99%［隔离到一个现场可更换单元（LRU）或现场可更换组件（LRM）］。

(3) FAR：一般是 1%~5%（或平均虚警间隔时间，取决于虚警对可靠性影响的限制）。

2) 中继级维修，使用 ATE 测试的指标

（1）FDR：一般是 90%~98%。

（2）FIR：一般是 85%~90%，隔离到 1 个 SRU；90%~95%，隔离到≤2 个 SRU；95%~100%，隔离到≤3 个车间可更换单元（SRU）。

（3）FAR：一般是 1%~2%。

3) 各维修级别使用所有检测手段的指标

（1）FDR：一般是 100%。

（2）FIR：一般是 100%。

通常情况下，电子设备的测试性指标高于非电子设备的测试性指标。

4. 注意事项

（1）测试性指标应清楚地定义测试对象和采用的检测方法，例如针对某个系统（或设备）使用 BIT 或 ATE 进行测试的指标。

（2）隔离率要求应明确隔离到的产品层次和相应的模糊度。例如，是隔离到现场可更换单元/可更换组件还是车间可更换单元，以及规定的模糊度是多少。需要注意的是，在隔离率的定义中，"不大于规定模糊度"意味着符合规定模糊度以内的隔离率，例如规定模糊度为 3 时，指标等于模糊度为 1、2、3 的隔离率之和。

（3）测试性指标应明确是规定值还是最低可接受值。即确定是具体规定一个数值作为目标，还是只要求达到最低可接受水平。

（4）测试性指标应考虑置信度或双方风险，以便进行验证试验。这意味着在制定指标时应考虑到结果的可靠性，或者评估双方在测试性指标达成上的风险。

（5）定性要求通常只规定那些在定量要求中未包括但需要明确的项目。定性要求用于规定无法用具体数值描述的测试性要求，而这些要求在定量要求中没有包含。

2.5.3 测试性工作内容

装备测试性工程是为了达到装备的测试性要求所进行的一系列管理、设计、研制生产和试验工作等活动的总称，主要工作包括：

1. 测试性要求论证

协调并确定装备的诊断方案和论证测试性要求，选择并确定测试性工作项目。工作内容包括确定诊断方案和测试性要求、确定测试性工作项目要求。

2. 测试性管理

对装备寿命周期内各项测试性活动进行规划、组织、协调与监督，以实现既定的测试性目标。工作内容包括制定测试性计划，制订测试性工作计划，对承制方、转承制方和供应方的监督和控制，测试性评审，测试性数据收集、分析和管理，测试性增长管理。

3. 测试性设计与分析

通过开展规定的工作项目和运用工程技术，达到在进度和费用等约束条件下装备的测试性要求。工作内容包括建立测试性模型，测试性分配，测试性预计，故障模式、影响及危害性分析——测试性信息，制定测试性设计准则，固有测试性设计和分析、诊断设计。

4. 测试性试验与评价

在研制阶段通过测试性试验与分析评价，支撑设计改进与鉴定考核，为产品的使用和保障工作提供支持。工作内容包括测试性核查、测试性验证试验和测试性分析评价。

5. 使用期间测试性评价与改进

通过有计划地收集使用期间的测试性信息，评价装备实际的测试性水平，对于发现的有关测试性的问题和缺陷，采取改进措施，提高装备的使用测试性水平。工作内容包括使用期间的测试性信息收集、测试性评价和测试性改进。

6. 系统级测试性设计

测试性设计是实现装备测试性要求的基本工作，目前，部分无人装备测试性设计工作已经全面开展，在分系统和单机等测试性设计方面，进行了大量的研究和应用。但由于缺少系统级的策划和设计，测试和诊断功能重叠，资源浪费，难以发挥整体的效能。为了解决这一问题，从系统层面开展测试性设计工作，顶层规划测试性设计，开展权衡优化，有效整合各类测试与诊断资源，为提高装备的测试性水平奠定坚实的基础。结合当前型号研制流程，系统级测试性设计应从两个方面开展——诊断方案设计和系统级机内测试设计。

诊断方案是对产品诊断的总体设想，主要包括诊断对象、范围、功能、要求、方案、维修级别、诊断要素和诊断能力等几个方面。诊断方案明确了系统或设备的机内测试、性能监测、测试系统、测试信息传输等与每个维修级别的人工和自动测试、提交的技术资料、人员技能等级及训练方案的各种组合。诊断方案是顶层规划典型装备测试/诊断资源的文件，并对诊断资源进行相应的权衡优化。简言之，诊断方案回答测试性设计在方案论证和设计阶段最重要的问题之———"用什么测？"合理的诊断方案，可以改善典型装备研制的经济性，精简诊断设备，提高不同维修级别的故障检测和隔离能力，减少故障诊断时间，将诊断效能发挥到最大。

在典型装备研制过程中，系统和设备的故障诊断通常采用嵌入式诊断和外部诊断的方法。以现役装备的三级维修体制为例，在装备运行期间，通常采用嵌入式诊断（如中央测试系统、机内测试、性能监测）周期地或连续地监测装备各组成部分的性能、运行状态，实现故障检测和隔离，并分析处理和存储有关测试信息、显示或报警。因此，在基层级维修时，通常采用嵌入式诊断来实现检测和隔离故障。在中继级和基地级维修级别，主要使用外部诊断（自动和半自动测试、人工测试）来提供需要的故障检测和隔离能力。由于机内测试和外部自动测试等自动诊断方法往往不能达到百分之百的故障检测和隔离能力，因此，人工测试用于那些难以实现自动检测的故障模式或部件。

为实现机内测试、中央测试系统、外部自动测试和人工测试等诊断手段，需要一定的硬件和软件资源，这些组成了诊断方案的基本要素，如图2.16所示。

根据诊断方案确定的主要依据，诊断方案确定的基本过程如图2.17所示，具体内容如下：

（1）分析任务需求和使用要求、产品特性、类似产品诊断/测试性要求；

（2）分析各种测试方法、诊断方案组成要素的特点，依据使用和维修要求选出适用的测试方法和组成要素，构成初步的备选方案；

（3）估计初步备选方案的诊断能力，确定备选方案；

（4）对各个备选方案进行费用分析；

（5）比较各个备选方案的费用，选出可达到诊断要求且费用最少的方案，获得最佳费效比的方案。

7. 机内测试总体设计

机内测试是系统或设备内提供实现故障检测和测试的自动化测试能力。目前机内测试设计主要集中在对单机和分系统的设计和研究上，对单机间、分系统间发生的故障模式难以有效识别和定位。因此有必要对机内测试整体功能、模式和布局等内容进行规划，形成机内测试总体设计的文件，指导机内测试总体设计，以合理利用各单机、分系统机内测试资源，

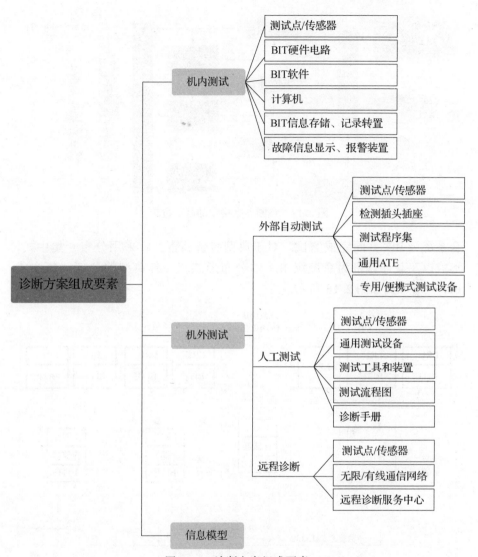

图 2.16 诊断方案组成要素

提高系统级机内测试能力。通过开展机内测试总体设计,为回答"怎么测"的问题提供有力支撑。

机内测试总体设计内容包括 BIT 设计要求、系统功能设计、系统工作模式设计、系统结构布局设计和系统信息处理设计。分布–集中式 BIT 是分布式与集中式的综合,在分布–集中式 BIT 设计中产品各单元的 BIT 配

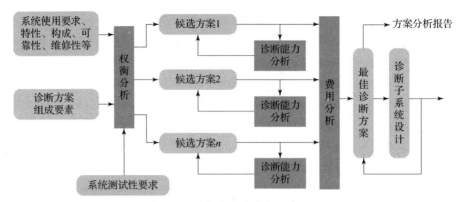

图 2.17 诊断方案确定的基本过程

合系统级 BIT 共同完成测试。对于典型装备而言,宜采用分布-集中式,形成以车载计算机为系统级 BIT 的分布形式。一种典型的分部-集中式 BIT 分布形式如图 2.18 所示。

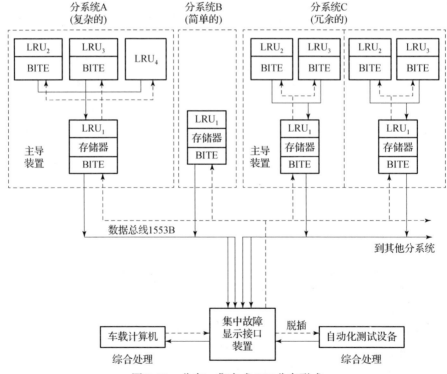

图 2.18 分布-集中式 BIT 分布形式

3. 故障诊断设计

系统的可靠性和安全性再高,也不能保证系统永远不发生故障或危险,一旦发生故障,系统应当具备对故障的检测和隔离的能力。因此,可以简单地认为,故障诊断是故障检测和隔离的过程。故障可以理解为系统中至少有一个重要变量或特性偏离了正常范围。广义而言,故障是使系统表现出所不期望的特性的任何异常现象,对于不可修复产品,也可以称为失效。从本质上讲,故障诊断是指利用被诊断系统运行中的各种状态信息和已有的各种知识进行信息的综合处理,最终得到关于系统运行状况和故障状况的综合评价的过程。

若无人装备系统测试项出现参数超差的情况,则意味着装备的某些部件存在故障,故障诊断功能就是根据这些表征来识别定位故障。故障诊断功能的实现借助故障诊断系统,本报告在调研故障诊断系统的基础上,给出了一种基于贝叶斯网络(BN)的诊断系统,如图 2.19 所示。测试数据库中的测试数据经数据处理提取故障特征作为证据注入推理引擎,推理引擎从测试诊断知识库中载入相应的诊断贝叶斯网络模型知识,通过 BN 推理机推理得出诊断结论,并将其输出到诊断结果数据库。

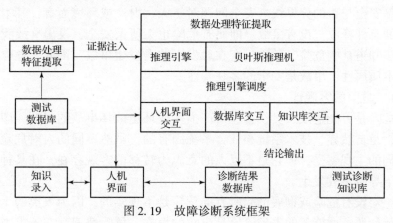

图 2.19 故障诊断系统框架

2.6 安全性概论

2.6.1 安全性基本概念

1. 安全性与安全

安全性(safety)是指产品具有的不导致人员伤亡、装备损坏、财产损失或不危及人员健康和环境的能力。安全性是通过设计赋予的并由生产实现的一种产品固有特性，是产品所有固有特性中最重要的一种质量特性。常用的评价指标包括事故概率、损失率、安全可靠度等。安全性定义中的"能力"用概率表示为可靠度，因为产品在运输、贮存或使用过程中是否会发生安全性问题是一种随机事件。安全是指不发生可能造成人员伤亡、职业病、设备损坏、财产损失或环境损害的状态。安全是产品研制、生产、使用和保障的首要要求。"安全第一"是我们各项工作都必须遵守的一条基本原则。产品的安全是随着时间和空间的改变而变化的。安全是一个相对的概念，世界上没有绝对安全的产品。例如，绝对安全的飞机是没有的，多年来飞机失事的事件偶有发生，但由于其发生的可能性很小，对于其存在的风险人们可以接受，因此，人们还是很喜欢选择这种快捷的交通工具。安全性一般可用事故发生概率与严重程度来度量，目前常用的有事故率/概率、平均事故间隔时间、安全可靠度、损失率/概率、事故风险等，最终归结为事故风险来综合评价。

安全是针对事故而言的，危险是事故的根源，没有危险即安全，但有危险不一定不安全，就像高压电是危险，人不靠近，则不可能发生事故，事故是安全与否的分界线。安全问题对于人、财产或环境而言，其本质是能量的意外释放。没有事故、即便有危险也无所谓安全，没出事故我们可能无法知道某些危险，危险只有在触发下才会发生事故。因此，危险是安全的本质属性、事故是安全的客观属性。

1）危险的客观性

危险是可能造成人员伤害、财产损失或环境破坏事故的根源，即必要条件，是自然界、技术系统和社会系统固有的，虽然不同的人对危险可能有不同的主观感受，但它是不以人的意志为转移的客观存在，在某种触发条件下导致事故发生。

绝对没有危险或彻底消除所有的危险是不现实的，因为人类的生存必须依赖能源，而能量的失控恰恰是事故的根本，危险普遍存在于人类活动的一切领域与时空域，不同的场合或时间与空间，危险的固有程度不同。

2）事故的随机性

安全是一种状态，其对立面就是事故，在存在危险、并有触发条件的特定的时间、地点出现，事故才发生。触发事故发生的原因主要是系统/产品的故障、行为的意外失控等，事故的发生是人、机、环等综合因素导致。这些触发因素是随着系统的运行/产品的使用而动态变化的，其状态，特别是其异常状态具有随机性，体现出事故具有偶然性。一方面，事故发生的时间、地点和规模具有随机性；另一方面，事故后果的严重性是不确定的，对何时、何地发生事故，其后果如何，都不可能准确预测。

3）事故的必然性

危险是客观存在的，由某种触发导致事故发生是安全的本质，没有危险或消除所有危险是不可能的，人机环系统完美无缺也是不可能的，必然潜藏着触发危险而导致事故发生。在安全中，存在危险与触发的可能，必然导致事故发生。

事故的偶然性并非无章可循，偶然中必有必然性，事故发生于意料之外，但必然发生于其机理之中。通过大量事故资料统计，可以找出事故发生的规律，预测事故发生的概率和可能的严重程度。通过危险/事故机理分析，可以消除某些危险或其触发条件，或降低事故发生的概率，或减少事故的损失。

1）安全的相对性

危险的客观存在、事故的必然性与随机性，说明绝对的安全是不存在的，或者说是可以无限逼近的理想状态，安全是相对的，与事故是辩证统一的关系。随着科技的发展，通过持续的设计改进，可以不断提高抵御事故风险的固有能力——安全性，同时不断提高使用安全、降低事故风险，但不可能杜绝事故的发生，只能降低事故发生概率和减少事故损失。

2）安全的系统性

安全问题是系统或产品整体层面的问题。事故是在特定的时间、空间与环境下，危险在受到触发时导致的，是人、机、环多因素综合的结果。特别是随着技术的不断发展，复杂社会技术系统的安全问题，不仅与系统/产品的系统性、复杂性相关，而且与运行管理模式，甚至法规及文化相关。

3）安全的事理性

在技术系统中，能量的利用是必然的，事故是能量的意外释放。事故的发生或如何科学、安全地利用能量而避免事故的发生，都与我们利用能量的手段或方法，以及运行管理的模式相关。所有技术系统都是按照人们的功用目的而设计的，表征系统/产品抵御事故风险能力的安全性，是产品的固有属性，是设计出来的，即具有设计性和可控性。系统/产品是以主观功用为目标，依据客观物理规律，以设计的逻辑为载体，依靠信息而控制运行的，产品研制也是系统工程事理的应用。因此，系统/产品研制与使用的科学性、事理性直接影响其安全性和运行使用的安全。

2. 故障安全、本质安全与功能安全

故障安全、本质安全和功能安全都是与安全性相关的概念，但它们在应用领域、目标和方法上有所不同。以下是它们的区别与联系：

1）故障安全

故障安全（fail-safe）是一种工程设计和控制系统的理念，旨在确保系统在发生故障时能够进入一个安全状态，防止危险事件的发生。故障安全通常涉及系统监测和故障检测机制，以及相应的应对措施，以确保当系统的某个组件或部分发生故障时，系统可以自动或半自动地切换到安全状态。

举例：汽车的刹车系统通常设计成故障安全，即使刹车系统的某个部分出现故障，仍然可以保持安全刹车。

2）本质安全

本质安全（inherent safety）是一种化学工程和工业设计的理念，旨在通过减少或消除危险物质或过程，从而降低事故发生的概率和危害。本质安全强调在设计阶段考虑安全性，减少危险物质的使用或替代危险物质，以降低潜在事故的风险。

举例：在固体火箭发动机研制生产中，需要选用较为稳定的固体推进剂，确保其在撞击、跌落、快烤、慢烤和枪击等情况下不发生安全事故；在化学工厂中，可以选择使用较为稳定和不易泄漏的化学品，而不是危险性较高的化学品，从而实现本质安全。

3）功能安全

功能安全（functional safety）是旨在确保系统在执行安全功能时，能够预防或适当地应对系统故障，防止危险事件的发生。功能安全通常涉及硬件和软件的设计，通过严格的验证，确保系统在故障情况下仍然能够安全操作。

举例：长征2F火箭逃逸塔是专门在火箭发射阶段保障航天员安全的设备，它能在火箭出现故障时在3s时间内帮助航天员逃离火箭；汽车的气囊系统是一个功能安全的例子，它必须在碰撞发生时正确地充气，并不受电子系统故障的影响。

4）联系和重要性

故障安全和功能安全都关注在系统故障或事件发生时如何保持安全。本质安全则关注在设计阶段减少危险性，从而降低事故发生的概率。这些概念可以在不同的领域和应用中结合使用,以创建更安全的系统。例如,在工业化学过程中,可以采用本质安全的原则来设计化学工厂,然后使用功能安全的原则来确保控制系统能够在发生故障时保持安全。

3. 危险

一些经典的定义如下:

(1) 可能导致伤害或疾病、财产损失、工作环境破坏或这些情况组合的根源或状态。(GB/T 2800—2001)

(2) 可能导致事故的状态。(GJB 900A—2012,GJB/Z 99—97)

(3) 可能导致事故的产品现有或潜在的情况。(ISO 14620 - 1)

(4) 发生事故的必要条件。(MIL - STD - 882C)

综上所述,危险是可能导致事故的状态或情况。危险是与安全相对的概念,是指系统中存在导致不期望后果的可能性超过了人们的承受程度,从危险的概念可以看出,危险是人们对事物的具体认识,必须指明具体研究对象,如危险环境、危险条件、危险状态、危险物质、危险场所、危险人员和危险因素等。

危险源不是一个严格意义上的术语,它被用来进一步说明危险的来源。危险源是指系统中具有潜在能量和物质释放危险的,可造成人员伤害、财产损失或环境破坏的,在一定触发因素作用下可转化为事故的部位、区域、场所、空间、岗位、设备和其他位置。危险源的实质是具有潜在危险的源点或部位,是爆发事故的源头,是能量、危险物质集中的核心。

危险源由3个要素构成:潜在危险性、存在条件和触发因素。危险源的潜在危险性是指一旦触发事故,可能带来的危害程度或损失大小,或者说危险源可能释放的能量强度或危险物质量的大小;危险源的存在条件是指危险源所处的物理、化学状态和约束条件状态;触发因素不属于危险源的固有属性,是危险源转化为事故的外因。

危险源是引发危险的根本原因,它们通常来源于(GJB/Z 99—97):

(1) 物质或产品固有的危险特性(如能量或毒性);

(2) 有害的环境;

(3) 产品(硬件或软件)的故障或失效;

(4) 人员行为失误(包括由心理、生理等因素所引起的行为失误)。

4. 事故

事故是造成人员伤亡、职业病、设备损坏或财产损失的一个或一系列意外事件。事故描述已经发生的事件，也是危险导致的结果。

人们对事故作了种种定义，其中伯克霍夫（Berckhoff）的定义较为著名。按伯克霍夫的定义，事故是人在为实现某种意图而进行的活动过程中，突然发生的、违反人的意志的、迫使活动暂时或永久停止的事件。该定义对事故作了全面的描述。

事故是一种发生在人类生产、生活活动中的特殊事件，人类的任何生产、生活活动过程中都可能发生事故。因此，人们若想把活动按自己的意图进行下去，就必须采取措施防止事故发生。

事故是一种突然发生的、出人意料的意外事件。这是由于事故发生的原因非常复杂，往往是由许多偶然因素引起的，因而事故的发生具有随机性质。在一起事故发生之前，人们无法准确地预测什么时候、什么地方、发生什么样的事故。由于事故发生的随机性质，认识事故、弄清事故发生的规律及防止事故发生成为一件非常困难的事情。

事故是一种迫使进行着的生产、生活活动暂时或永久停止的事件。事故中断、终止活动的进行，必然给人们的生产、生活带来某种形式的影响。因此，事故是一种违背人们意志的事件（event），是人们不希望发生的事件。

根据事故后果的严重程度，不同的国家、不同的行业均对事故做出了不同的规定，把事故划分为不同的等级。我国《生产安全事故报告和调查处理条例》将事故严重性划分为特别重大事故、重大事故、较大事故和一般事故。具体规定如下：

（1）特别重大事故是指造成30人以上死亡，或者100人以上重伤，或者1亿元以上的直接经济损失的事故；

（2）重大事故是指造成10人以上30人以下死亡，或者50人以上100人以下重伤，或者1亿元以下5000万元以上的直接经济损失的事故；

（3）较大事故是指造成3人以上10人以下死亡，或者10人以上50人以下重伤，或者1000万元以上5000万元以下的直接经济损失的事故；

（4）一般事故是指造成3人以下死亡，或者10人以下重伤，或者1000万元以下的直接经济损失的事故。

5. 风险

一些经典的定义如下：

（1）用危险可能性和危险严重性表示的发生事故的可能程度。（GJB 900A—2012）

(2) 用危险可能性和危险严重性表示的事故发生的可能性和影响。(GJB/Z 99—97，MIL-STD-882C)

(3) 某一特定危险情况发生的可能性和后果的组合。(GB/T 28001—2001)

通俗地说，风险就是损失（或伤害）的机会，由可能性与严重性共同表示。风险是通过事故现象和损失事件表现出来的。

就安全而言，风险是描述系统危险程度的客观量，大体有两种考虑：一是把风险看成一个系统内有害事件或非正常事件出现可能的量度，例如，美国核管理委员会（Nuclear Regulation Commission）WASH-1400 定义风险为在规定的时期内某种后果发生的概率；二是把风险定义为发生一次事故的后果大小与该事故出现概率的乘积。一般意义上的风险 R 具有概率和后果的二重性，即可用损失程度 C 和发生概率 P 的函数来表示：

$$R = f(P, C)$$

简单起见，在大多数文献中将风险表达为概率与后果的乘积：

$$R = P \cdot C$$

上述风险定义中，无论损失或者后果，均是针对事故而言的，包括已发生的事故和将会发生的事故。然而，风险既然是对系统危险性的度量，则仅仅以事故来衡量系统的风险是很不充分的，除非能够辨识所有可能的事故形式。从整个系统的角度出发，风险是系统危险影响因素的函数，即风险可表示为如下形式：

$$R = f(R_1, R_2, R_3, R_4, R_5)$$

式中：R_1 为人的因素；R_2 为设备因素；R_3 为环境因素；R_4 为管理因素；R_5 为其他因素。此风险函数并非精确的函数表达式，只是对风险的一种概括性描述。

6. 安全性与可靠性的关系

安全性与可靠性都是产品的固有特性，都是产品通用质量特性，产品是否可靠、是否安全都是一种随机事件，其可靠的程度和安全的程度都可以用概率来度量。产品的可靠性与产品的安全性关系十分密切，但又有区别，不能把两者混为一谈。

可靠性关注的是产品失效或故障，即规定的功能是否完成；安全性关注的是危险和风险，即产品是否安全。

注意，产品不安全或发生事故很多情况下是产品发生故障导致的，也就是说产品的许多故障是影响安全的危险源。例如，飞机发动机发生故障可能会导致空难事故。因此,提高产品的可靠性可以提高产品的安全性。在可靠性工作中,一定要把这类故障消除,这样既能提高可靠性,同时也能提高安全性。但不能说产品可靠就一定安全。例如,地铁车站增设屏蔽门不是原来的设施不可靠,而是车厢和站台之间有间隙,存在安全隐患,或称为有危险源存在,所以才增加安全设施,即屏蔽门。又如,光滑地板很可靠,一旦有水行人就可能摔伤。还应注意,产品不可靠也不能简单地说不安全,因为产品不可靠而发生的许多故障并不会导致不安全。例如,汽车发动机启动时发生故障,汽车不能行使,但车上的人员是安全的。此外,还应特别注意,在一些特殊的情况下,产品的安全性与可靠性是矛盾的。例如,为了保障客机的安全性,飞机采用双发动机,即采用冗余设计,使飞机的安全性大大提高。但是,飞机的基本可靠性降低了,因为动力系统变得复杂了。

总的来说,产品的安全性与可靠性关系十分密切,又有明显的差别,应该根据工程实际情况,具体问题具体分析。

2.6.2 安全性要求

安全性定量要求通常采用安全性参数和指标进行度量。常用的安全性参数有事故率、年平均死亡人数、安全可靠度等。

(1) 事故率(事故概率)。事故率是指在规定的条件下和规定的时间内系统的事故总次数与寿命单位总数之比:

$$P_A = \frac{N_A}{N_T} \quad (2-22)$$

式中:P_A 为事故率(次/单位时间或%);N_A 为事故总次数,包括由产品或设备故障、人为因素和环境因素等引起的事故;N_T 为寿命单位总数,用产品总使用持续期度量,如工作小时、飞行小时、飞行次数、工作循环等。注意:当寿命单位总数 N_T 用工作小时、飞行小时等时间表示时,P_A 称为事故率;当 N_T 用次数、工作循环次数等表示时,P_A 一般称为事故概率。

(2) 年平均死亡人数。年平均死亡人数是指 3 年内事故死亡人数不能超过规定的人数。

(3) 安全可靠度。安全可靠度是与产品故障有关的安全性参数,是指在规定条件下和规定时间内产品执行任务过程中不发生由设备或部件故障造成的灾难事故的概率:

$$R_S = \frac{N_1}{N_2} \qquad (2-23)$$

式中：R_S 为安全可靠度（%）；N_1 为由设备或部件故障造成灾难事故的任务次数；N_2 为用使用次数、工作循环次数等表示的寿命单位总数。

上述事故率、年平均死亡人数和安全可靠度都属于安全性度量参数。产品安全性定量要求首先根据产品的特点选择度量的参数，然后给选定的参数赋予量值，即安全性指标。指标的确定应根据任务的要求、产品的特点、相似产品的安全性水平等。

例如，美国军用飞机常用事故次数/10^5 飞行小时表示飞机机队的事故率；国际民航组织常用事故次数/10^6 离站次数表示民航飞机的事故概率。如果 N_A 表示的是灾难事故数，而 N_T 表示工作时间，P_A 便为灾难性事故率，例如，P_A 不能超过 10^{-6}/工作小时。又如，中国军用标准中规定的引信安全性定量要求是事故率为百万分之一，即 10^{-6}。

2.6.3 安全性工作内容

安全性工程是为了识别、消除装备危险或降低风险所进行的一系列设计、研制生产和试验工作等活动的总称，主要工作包括：

1. 安全性要求论证

统筹权衡装备性能、可靠性、维修性、保障性、费用等因素，开展安全性要求论证，确定装备安全性要求及安全性工作项目要求。

2. 安全性管理

对装备寿命周期内各项安全性活动进行规划、组织、协调与监督，以实现既定的安全性目标。工作内容包括：制订安全性计划，制订安全性工作计划，对承制方、转承制方和供应方的安全性综合管理，安全性评审，危险跟踪与风险处置，安全性关键项目的确定与控制，试验的安全，安全性工作进展报告，安全性培训等。

3. 安全性设计与分析

通过开展规定的工作项目和运用工程技术，达到在进度和费用等约束条件下满足装备的安全性要求。工作内容包括安全性要求分解、初步危险分析、制定安全性设计准则、系统危险分析、使用与保障危险分析、职业健康危险分析等。

4. 安全性验证与评价

通过选择合适的方式（试验、演示、仿真、分析等）验证装备安全性是否达到了规定的安全性要求，对采取的安全性措施的有效性和充分性进行验证评价。工作内容包括安全性验证、安全性评价等。

5. 装备的使用安全

通过实施一系列的安全技术管理和技术活动，保障装备交付后，在使用阶段（包括使用管理、维修保障、退役报废等过程）的安全。工作内容包括使用安全性信息收集、使用安全保障等。

6. 软件安全性

通过采用严格的安全性分析程序和安全性分析方法确保软件的安全运行。工作内容包括外购与重用软件的分析与测试、软件安全性需求与分析、软件设计安全性分析、软件代码安全性分析、软件安全性测试分析、运行阶段的软件安全性工作等。

装备安全性工作的核心是危险源的识别和管控，其中危险源识别是防止装备发生事故的第一步，辨识和确认危险源的存在，才能对危险源实行有效的控制。我国《职业健康安全管理体系规范》（GB/T 28001—2001）定义危险源为"可能导致伤害或疾病、财产损失、工作环境破坏或这些情况组合的根源或状态"。目前，危险源的分类方法有很多种，大多数学者把危险源分为两类：把系统中存在的、可能发生意外释放能量的能量物质或能量载体称为第一类危险源；把诱发能量物质或载体意外释放能量造成伤亡事故的直接因素，物的不安全状态和人的不安全行为称为第二类危险源。依据两类危险源的理论，在危险源辨识过程中需要识别的是两类危险源，其中第一类危险源通常比较容易识别，为了确保危险源识别的全面性通常采用基于寿命剖面和任务流程的危险源识别方法；第二类危险源通常不容易有效识别，特别是人员误操作或产品异常情况下安全风险不容易辨识和评估，相关的安全事故频发，针对该类问题国内部分研制单位提出了基于仿真的安全性分析方法对人员误操作或产品异常情况下安全风险进行辨识，为设计决策提供依据。

2.7 环境适应性概论

2.7.1 环境适应性基本概念

环境适应性是指产品在寿命期预计可能遇到的各种环境的作用下，能实现所有预定功能与性能和/或不被破坏的能力，是产品的重要质量特性之一，也是一种产品通用质量特性。常用的评价指标为保持规定功能的极限环境条件，如最高（低）工作温度、最大振动条件。

环境包括自然环境和诱发环境。自然环境是指在自然界中由非人为因素构成的环境，如温度、湿度、低气压、太阳辐射、酸雾、沙尘等；诱发环境是指任何人为活动、平台其他设备或设备自身产生的局部环境，如冲击、噪声、振动、加速度、倾斜、摇摆等。

环境适应性中说的平台是指载运产品的任何运载器、表面或介质。例如，无人机是所有安装的电子产品或所运输产品或机舱外安装的吊舱的携带平台。平台环境是指产品连接或装载于某一平台后经受的环境。平台环境受平台和平台环境控制系统诱发或改变的环境条件的影响。例如，无人车是车上仪器仪表的平台，而汽车的环境受发动机诱发的振动环境的影响。

产品的环境适应性是很重要的。一是在产品设计与开发阶段必须开展环境适应性设计与试验，以保证能够满足规定的环境适应性要求，这样研发的产品才能设计定型。如果不能满足，哪怕有一项要求不能满足，都是不能定型的，对于产品则是不能量产。二是在生产制造阶段，产品必须经过环境验收或例行试验，只有全部环境要求都达到了才能够作为合格的产品，允许出厂。三是合格的产品在运输、贮存和使用过程中，必须在规定的环境条件下保持完好的功能和性能。如果不能达到规定的功能和性能要求，应作为故障进行处理。

出厂时合格的产品在运输、贮存和使用过程中为什么还会发生环境适应性的问题，或发生故障呢？产品发生故障与否取决于产品承受的应力和自身强度之间的关系？若应力大于强度，产品发生故障；若强度大于应力，则产品处于可靠状态。这里所指的应力当然包括环境应力。环境应力即环境要求，是在产品开发时就已经通过实测、调研和分析确定的，并作为产品设计与开发的输入，也是装备研制任务书的一部分。例如，规定的产品工作环境温度为高温60℃，低温-40℃。在产品研制开发和生产过程中都通过了验证，说明产品已具有足够抗环境应力作用的强度，满足环境要求。但有的产品，在$t>0$的使用过程中，这个环境要求没有变化，仍然是高温60℃，低温-40℃，却发生了故障。发生故障只能理解为是由产品的强度降低导致的。这种因$t>0$后耐不住环境应力而发生的故障，表面看是环境因素引起的故障，实质是产品的耐环境应力的强度在环境应力作用下随时间的推移而降低所导致的，也属于可靠性问题。因为产品可靠性问题的核心是产品强度和所承受应力之间的关系，产品可靠性设计的本质就是在充分了解和分析承受应力的前提下，把产品设计得具有足够抗应力的强度。

理解产品耐环境应力的强度下降的原因，就要了解环境对产品强度所产生的影响，环境影响又称环境效应。掌握产品的环境效应是开展环境适应性设计的前提和基础。如果对产品的环境效应没有很好的掌握，那么环境适应性设计将无从着手。

2.7.2 环境效应

环境适应性分析中很重要的一项是环境效应分析。产品在各种环境应力的作用下，其强度会不断地降低。要研究强度是怎样在环境应力作用下衰减的，重要的是要了解环境效应。不同的环境应力产生的环境效应是不同的。下面简单列出几种典型环境效应。

1. 高温环境效应

高温会改变产品所用材料的物理特性或尺寸，从而暂时或永久地降低产品的性能。产品在高温条件下引起的环境效应有：

（1）不同材料膨胀不一致使零部件相互咬死；

（2）润滑剂黏度变低和润滑剂外流造成连接处润滑能力下降；

（3）材料尺寸全方位改变或方向发生改变；

（4）包装材料衬垫、密封垫、轴和轴承发生变形、咬合或失效，引起机械故障或完整性损坏；

（5）衬垫出现永久性变形；

（6）外罩和密封条损坏；

（7）电阻的阻值变化；

（8）温度梯度不同和不同材料的膨胀不一致，使电子线路的稳定性发生变化；

（9）变压器和机电部件过热；

（10）继电器以及磁动或热动装置的吸合/释放范围变化；

（11）有机材料褪色、裂解或出现龟裂纹。

2. 低温环境效应

低温几乎对所有基体材料都有不利的影响，会改变其物理特性，同样也可能对产品的工作性能造成暂时或永久性的损害。产品在低温条件下引起的环境效应有：

(1) 材料的硬化和脆化；
(2) 在对温度瞬变的响应中，不同材料产生不同的收缩，以及不同零部件的膨胀率不同引起零部件相互咬死；
(3) 由于黏度增加，润滑油的润滑作用和流动性降低；
(4) 电子器件（电阻器、电容器、电感等）性能改变；
(5) 减振架刚性增加；
(6) 受约束的玻璃产生静疲劳；
(7) 水的冷凝和结冰；
(8) 穿防护服的操作人员灵活性、听力和视力降低。

3. 加速度环境效应

加速度通常在产品安装支架上和产品内部产生惯性载荷。运动中的产品的所有部分都要承受加速度产生的惯性载荷。产品在加速度环境条件下引起的环境效应有：

(1) 机构变形从而影响产品运行；
(2) 永久性变形和断裂使产品破坏或失灵；
(3) 紧固件或支架断裂使产品散架；
(4) 安装支架的断裂导致产品松脱；
(5) 电子线路板短路或开路；
(6) 执行机构或其他机构卡死；
(7) 密封泄漏；
(8) 压力和流量调节值发生变化等。

4. 振动环境效应

振动会导致产品及其内部结构的动态位移。这些动态位移和响应的速度与加速度可能引起或加剧结构疲劳，结构、组件和零件的磨损。另外，动态位移还会导致元器件的碰撞或功能的损坏。产品在振动环境条件下引起的环境效应有：

(1) 导线磨损；
(2) 紧固件和元器件移动；
(3) 断续的电气接触；
(4) 电气短路；
(5) 密封失效；
(6) 元器件失效；
(7) 光学上或机械上的失调；

（8）结构裂纹或断裂；

（9）微粒或失效的元器件掉入电路或机械装置中；

（10）过大的电气噪声；

（11）轴承磨损。

2.7.3 环境适应性与可靠性的关系

在环境适应性与其他五个通用质量特性的关系中，环境适应性与产品的可靠性关系最为密切。产品可靠性定义中的"规定条件"，这个规定条件中很重要的一点是规定的环境条件。规定的环境条件既是可靠性设计的输入，也是可靠性设计与试验评价的重要依据，所以说产品可靠性离不开环境条件。两者都贯穿产品的整个寿命周期，都有明确的定性定量要求，都是在一系列严格的管理条件下由设计确定，通过制造实现，再通过使用表现出来的。

产品环境适应性与可靠性两者的不同主要体现在试验的差异上：

（1）环境适应性鉴定试验施加应力类型要覆盖研制总要求或研制任务书规定的所有项目，而可靠性鉴定试验施加的是产品使用中典型环境条件项目。

（2）环境适应性鉴定试验所施加的应力水平是研制总要求或研制任务书中规定的极值，而可靠性鉴定试验施加的应力水平是典型使用环境条件下的应力水平。

（3）环境适应性鉴定试验通过的判定准则是"零故障"，即在所有试验条件下，所有的试验项目中的产品必须都完成规定的功能和性能。只要出现不能完成规定功能或性能的情况，也就是发生故障，就判定环境适应性验证没有通过，必须进行改进，直到不发生故障。而可靠性鉴定试验是一种统计试验，不同的统计试验方案根据接收判别准则的规定是允许有故障的。

（4）环境适应性试验是可靠性鉴定试验的前提，产品只有通过环境适应性试验才能进行可靠性鉴定试验。

2.7.4 环境适应性要求

在新产品立项论证阶段应开展环境分析，即分析新产品在未来的使用过程中可能遇到的环境的类型及量值的极值，为确定新产品的环境适应性定性和定量要求提供信息。环境适应性定性和定量要求既是研制开发时的设计输入，又是设计定型试验或确认试验的依据。

产品环境适应性定量要求包括选择适当的参数（即环境类型）和给参数赋值（即确定具体量值）。环境类型的确定应根据产品的使用特点，参考《军用装备实验室环境试验方法》（GJB 150A—2009）给出的环境试验的类型进行选取。如低气压（高度）、高温、低温、温度冲击、太阳辐射、淋雨、湿热、霉菌、盐雾、浸渍、加速度、振动、噪声、冲击、炮击振动、风压、积水/冻雨、倾斜及摇摆、酸性大气、弹道冲击等。环境适应性类型的量值的确定，可通过实际测量，这是最为真实的，也可参考相似产品的环境要求和相关的标准或手册的规定。例如，某产品的环境要求：

1) 工作环境温度：低温 -40 ℃，高温 60 ℃；
2) 贮存环境温度：低温 -45 ℃，高温 70 ℃；
3) 相对湿度：$95\% \pm 3\%$ ［在温度(35 ± 3)℃时］；
4) 气候条件：能适应白天和夜间使用；
5) 高度条件：能在海拔 4000m 的高度使用。

2.7.5 环境适应性工作内容

环境适应性工作是保证装备在全寿命周期环境中可靠有效工作，提出合理的环境适应性要求并确保这一要求得到满足的系统工程，主要工作包括：

1. 环境适应性要求论证

面向装备实战化使用要求，协调并确定装备的环境要素和环境量值，基于可实现性的分析和鉴定方案，选择并确定环境适应性验证要求及环境工程工作项目。

2. 环境工程管理

在装备的论证、研制、生产和使用过程中，对装备环境适应性的各项工作实施全面管理。工作内容包括建立环境适应性工作体系、制订环境适应性工作计划、环境适应性评审、环境信息管理、对转承制方的监督和控制、环境适应性工作培训、环境适应性文件会签等。

3. 环境分析

环境分析是指在装备论证阶段、方案阶段、工程研制阶段开展的确定装备全寿命周期内环境条件，研究、分析各种环境要素对装备性能影响的工程活动。工作内容包括确定寿命周期环境剖面、获取使用环境条件、环境试验条件设计等。

4. 环境适应性设计与分析

环境适应性设计与分析是指在装备研制过程中开展的使所设计的装备及相关设备满足规定的环境适应性要求的工程活动。环境适应性设计主要有：采取改善环境或减缓环境影响的措施；提高装备耐环境能力。工作内容包括制定环境适应性设计准则、环境适应性设计和环境适应性预计。

5. 环境适应性试验与评价

在装备研制、生产和使用过程中，根据各个阶段的研制需求，开展不同类别的环境适应性试验。工作内容包括制订环境试验与评价总计划、环境适应性研制试验、环境鉴定试验、环境验收和环境例行试验、使用环境试验和环境适应性评价等。

装备在研制过程中逐步从环境、环境影响效果和抵抗环境作用能力三方面形成各部分相对独立又存在关联的装备环境适应性工作体系。

6. 装备运用环境分析

装备在封存、停放、运输、机动、作战使用等运用过程中所处的环境称为运用环境，包括自然界中非人为因素构成的自然环境，以及人为活动、平台、其他设备或装备自身产生的诱发环境。

1）环境类型与环境因素研究

环境类型研究是探讨装备运用环境划分类型的方法，对自然环境和诱发环境的特点及装备所受影响进行总体描述。自然环境类型研究，目前主要是根据气候特征进行区域划分，在综合环境效应分析中须关注地面力学环境等多方面的特征。诱发环境类型研究，要关注的是装备预期遇到的电磁环境、诱发力学环境、信息环境等方面的新情况。环境因素研究是分析各类型环境中是否存在独立、性质不同、变化规律不同的组成部分（即环境因素），分别研究各环境因素的特点和变化规律以及环境条件的表示方法。特定型号装备全面的环境因素研究，应区分全寿命周期各任务剖面的局部环境，对温度、沙尘和相对湿度、风、雪、雨、盐雾、霉菌、地面力学环境等进行分析。诱发环境因素研究重点是及时跟踪主动性、对抗性的人为诱发环境新动向，深入研究平台环境中的振动、冲击等诱发力学环境，以及自然环境与诱发环境的组合特点。

2）环境因素作用机理研究

装备环境适应性需在设计中纳入，并在制造中获得，在平时的良好保障中得以体现，材料（包括元器件、基本模块等）、关键敏感零部件及总成和分系统构成了影响装备环境适应性的三级体系，其中材料是装备环境适应性的决定因素。环境因素作用机理研究，是确定材料样本的试验和分析方法，应探索单因素的影响机理、多因素综合效应，以及对其中各因素进行深入分析。环境因素作用机理研究是一个相对独立的研究领域，其研究成果具有通用性。装备环境因素作用机理研究主要是对现有结论和试验方法的适用性进行分析，剪裁可用的内容，补充特有的环境因素作用机理。

3）运用环境模拟研究

装备运用环境模拟研究，是探讨再现装备运用环境的技术措施，或者人为强化、增加某些环境因素的技术措施。包括环境因素模拟原理、模拟装置设备、多种环境因素复合效应模拟系统，以及环境因素模拟参数控制等内容。

在实验箱、实验舱或实验间模拟环境因素，可以设置可控的、更为严苛的条件。自然环境模拟，在实验箱和小型实验舱内实现温度、湿度、光照等环境模拟比较简单，需要进行理论分析和系统设计的主要有：模拟沙尘环境以及大型舱室日照模拟、低气压模拟和温度动态调节控制，还有温度、湿度等多种环境因素复合模拟。诱发环境模拟研究主要是再现电磁环境和振动环境。在实际环境中，增加或强化某些特定的环境因素，可以模拟更恶劣、更复杂的环境条件。例如，利用太阳跟踪聚光装置或 IP/DP 箱实现对直接暴露试验中太阳辐射环境因素的加强，利用喷淋装置增加试件表面湿度等；在自然环境中构建接近实战环境的复杂电磁环境，对主动、对抗最激烈的军用有意电磁辐射进行重点描述。装备环境适应性试验中存在爆炸、强烈冲击等恶劣环境条件，在环境模拟中必须注意对安全隐患的消除和防护。例如，对于锂电池等可能爆炸的元器件、装置，要求实验箱具有防爆功能。进行射击试验的综合环境适应性实验室，对于安全、场地条件和试验条件有很高的要求标准。

7. 运用环境对装备的影响效果分析

运用环境对装备的影响效果，是指装备（及其关键敏感部件、总成和分系统）的结构、连接关系和性能受典型环境影响产生的变化程度及其与环境因素的对应关系。

1）环境适应性试验研究

装备环境适应性试验研究，是探讨在典型环境中进行装备试验的方法和程序，获得试验数据，并对试验数据进行处理，分析特定环境因素对装甲车辆的影响。装备环境适应性试验研究包括：在现有试验标准的基础上，对试验技术和方法进行剪裁，形成具有操作性的试验大纲，并依此进行典型环境下的试验,根据试验结果评估装备对特定环境条件的适应性,例如:整车大气暴露试验、气密性试验等;对不同模拟环境或模拟环境与自然环境下的试验数据进行对比,研究同一环境因素影响效果的关联性;研究试验数据分析方法和影响效果评价方法;在比较全面、充足的试验数据支持下,明确装备为适用于特定环境而应满足的要求,形成环境适应性试验标准。

一般来说,装备环境适应性试验会覆盖所有的运用环境类型和主要环境因素,仿真可以减少试验的次数,但是装备在各种典型环境特别是自然环境下的试验仍必不可少。试验作为装备环境适应性评定的最终依据和对仿真等其他研究工作的数据支持不可替代。装备环境适应性试验在符合要求的实际环境或模拟环境中进行,然而,实际环境可重复性差,试验周期长,野外极端环境条件下试验和参量测试、数据分析处理都受到诸多限制,模拟环境成本高,加速试验可能导致影响机理失真。因此,提高试验结果的可信度、降低试验难度和成本、获取尽可更多的有效数据与信息,是装备环境适应性试验研究的目标,也是试验研究成为装备环境适应性研究的关键性内容,在工作量、工作周期、成本等方面都占有很大的比重。

2) 环境适应性仿真研究

装备环境适应性仿真研究,是对装备工作过程中涉及的复杂数学模型和抽象物理模型进行数值模拟,把装备在实际环境中产生的环境效应以数值、图线或动画形式展示出来,以便分析装备效能或功能受到的影响,预测仿真对象的基本性能,进行多参数方案的研究与比较,实现结构参数和运行参数的优化。

装备环境适应性仿真研究最典型的应用是对发动机及其相关系统的仿真。例如:分析传热与工况、气温、气压的关系;分析冷却系统性能影响因素及其相互影响关系;建立增压器参数与工况及气压的匹配关系;建立发动机内燃烧过程、油气混合过程的中间参数;研究缸盖等发动机零部件振动仿真模型的振动参量与缸内燃烧特征参数的对应关系;分析发动机与辅助系统之间的联动关系和相互影响;实现各激励载荷的单独作用,计算机体的振动响应及传递特性。

对装备主动悬架系统工作过程的仿真用于分析悬架参数对整车平顺性的影响,目前的振动激励主要是采集的道路路面谱或仿真生成的道路模型,还没有与实际的地面力学环境紧密联系起来。

对装备空投着陆过程的仿真分析,可以分析内部零部件承受的振动、冲击等实际试验中难以测量的参量，分析振动与冲击的传递特性和对相关零部件、总成和分系统的影响，进行车架等结构的优化设计。炮塔振动仿真可以分析炮塔振动的影响因素，还可以分析对装备行驶平顺性和乘员的舒适性、战斗力及车载设备稳定性和可靠性的影响。

8. 抵抗环境作用设计

装备抵抗环境作用的能力，可分为三个层次：在典型环境中装备零部件、总成、分系统和系统不发生外观和性能的变化，发生变化但不影响作战效能或功能，作战效能下降或功能丧失的程度在可接受的范围内。装备不同的零部件、总成和分系统，根据它们在作战中发挥的作用和效能下降、功能丧失对装备效益的影响，可分别以上述三个层次之一作为能力要求，并依此确定抵抗环境作用能力的评判准则。

1）环境适应性评价研究

装备环境适应性评价研究，是确定装备抵抗环境作用能力的评判准则和评价方法，将试验与取得的数据等信息综合分析、判断，并对环境适应性要素做出决策。

运用环境中产生综合的长期缓慢累积性破坏效果的主要是振动、冲击的累积损伤，以及盐雾、霉菌等的腐蚀。其特点是相关环境因素作用时间长，作用效果特征信息复杂，需要对装备抵抗环境作用能力的评判准则和评价方法等相关问题进行研究。例如：对发动机振动状态大样本数据建立振动状态综合评价函数，进行振动状态综合评价研究；通过模拟计算考察气缸盖与气缸体等重要零部件的强度、刚度、耐久性和疲劳特性；发动机环境适应性综合评价体系研究；构建发动机使用环境因素指标体系，并确定权重，计算发动机在不同使用环境下的实际摩托小时消耗；定量评价机动平台的振动，找出影响振动定量大小的主要因素；评价多次着陆冲击作用下的结构累积损伤。

运用环境中电磁环境的短时快速破坏及对功能的影响，其特点是相关环境因素作用时间短，作用效果特征显著，装备抵抗环境作用能力的评判准则和评价方法相对简单。

2）提高装备环境适应性的措施研究

提高装备环境适应性主要从设计中进行结构和工艺改进、加装辅助装置以及使用过程中良好保障三方面着手。使用过程中的保障工作主要依据装备的保障要求和实际保障经验实施，设计中进行结构和工艺改进、加装辅助装置，则要通过对装备关键敏感部件、分系统或整车新工艺、新设计的环境适应性试验数据或仿真结果的分析，明确结构改进、降低或减缓环境影响设计的发展方向。例如：采用高原增压技术、高原燃烧优化技术、高原低温启动技术、高原热平衡控制技术及代用燃料和富氧燃烧技术等提高发动机高原环境适应性；采用性能优良的涂层等表面处理工艺提高零部件的防腐蚀、防霉菌能力；机械加工零件采用可减少应力集中的结构设计、优化各机件的连接方式提高抗振动和冲击能力；采取电磁屏蔽和防护措施提高电磁环境适应性等。最终确定的技术措施是综合经济效益、军事价值等各方面因素而决定的。

2.8 无人集群通用质量特性概念

随着以网络为中心的自同步指挥控制等概念的出现，将集群中各装备通过网络数据和通信系统连接起来，以实现互联、互通、互操作，成为实现网络化协同化作战的基础。要提高现有复杂集群的作战能力，使其适应未来多变的作战任务环境，应针对集群未来的作战任务需求，结合当前集群发展现状，科学地开展集群建设规划与总体论证。集群论证中涉及两个重要的因素：作战效能和作战适用性。其中，适用性主要包括可靠性、维修性、可用性、安全性等特性。尽管对单一无人装备的通用质量特性论证已经积累了大量的实践经验、形成了较为规范的论证过程和方法，但对集群的通用质量特性论证还在探索中，尤其是在集群的证过程、论证方法和技术等方面，尚有欠缺。集群以逻辑空间为载体，以信息空间为核心，以数据为基础，具有资源共享、信息融合的综合化特性。集群结构已从传统以"物理"为核心逐渐转变为以"事理"为核心。例如，装备系统可靠性与集群可靠性设计有本质区别，集群的可靠性设计需要站在集群结构设计的角度，充分考虑集群中的各系统、网络及要素，分析集群的失效机理与模式，有针对性地制定可靠性设计准则。本书分析给出了集群通用质量特性概念内涵，如表 2.4 所列。

表 2.4　集群通用质量特性概念内涵

通用质量特性	集群通用质量特性概念
可靠性	集群可靠性是在规定的条件下和规定的时间内，完成规定任务的能力。集群任务可靠性通常是指集群在任务剖面内完成规定任务使命的能力，着重于表征集群应对内外部干扰失效并持续完成任务的能力

续表

通用质量特性	集群通用质量特性概念
维修性	集群维修性是集群通过动态重构调整自身配置来响应环境中的不同情况以改变其故障和性能降级状态的能力。动态重构技术是对维修性技术的一种拓展，是一种主动应对故障影响，以保证集群持续有效运行的手段
保障性	集群保障性是通过高效、经济、动态的配置与优化保障集群资源及保障活动，应对各类不确定性变化，力求对集群的保障需求做出快速反应，最大化提高集群的保障效能，以满足作战需求。集群保障性主要关注两个方面：①一体化保障系统：保障运行、保障资源一体化，集群的一体化保障性设计，注重保障资源的调度和管理；②脆弱点的保障，即集群关键要素的增强与保障
测试性	集群测试性是对集群状态认知及其脆弱点状态感知的能力。在集群中动态重构能力在很大程度上得到了智能感知和诊断技术的支持，并允许系统发生安全失效，避免事故
安全性	集群安全是集群的风险在可接受范围的现象或状态。集群安全性指武器集群将风险控制在可接受范围的能力。集群安全性问题主要体现在三个方面：①与脆弱性概念类似，通过集群架构分析得到体现致命安全性问题；②集群涌现性带来的安全性问题，主要包括单系统内部异常在集群中的传播，多个系统异常共同作用导致的事故，即多系统交互异常产生的事故；③集群演化更新过程产生的事故

第 3 章 可靠性数学基础

在无人装备与无人装备体系可靠性分析中，概率论与图论是一个关键的数学工具。本章主要通过介绍可靠性概率分布、参数估计方法、图与复杂网络基本概念和方法，帮助读者奠定良好的数学基础，以便能够理解和应用在无人装备及无人装备体系可靠性分析中。

3.1 概率论基础

3.1.1 可靠性概率分布

可靠性工程专注于研究产品寿命特性，并采用概率统计方法来解决相关问题。通过这些方法，可以揭示寿命特性的概率分布和概率密度函数，然后计算出这些分布的统计特征，例如正态分布的均值和标准差。即使不清楚实际分布函数的具体形式，仍然可以通过参数估计来获得一些特征的估计值。这些分布和概率密度函数不仅有助于理解寿命的内在规律，还决定了产品寿命特性。因此，对失效分布进行深入研究被认为是可靠性工程的重要基础。

在可靠性工程中，常用的分布函数有两点分布、二项分布、泊松分布、均匀分布、正态分布、对数正态分布、指数分布、威布尔分布等。基于随机变量是连续或者离散的情况，将概率分布分类为离散分布与连续分布。

1. 离散分布

离散分布（discrete distribution）：如果随机变量 X 的所有可能的取值是有限的或者可列无穷个，那么它的分布函数的值域是离散的，对应的分布为离散分布。

可靠性工程常用的离散分布类型是二项分布和泊松分布,这些分布的相关函数及其适用场景如表 3.1 所列。

表 3.1 常用离散分布

分布类型	故障概率分布	累计故障分布函数	适用场景	备注
二项分布	$P(x) = C_n^x p^x q^{n-x}$	$F(x) = \sum_{x=0}^{r} C_n^x p^x q^{n-x}$	随机变量结果基本只有两个	n 为样本量;x,r 为失败次数;p 为失败的概率;q 为成功的概率
泊松分布	$P(x) = \dfrac{(np)^x}{x!} e^{-np}$	$F(x) = \sum_{x=0}^{r} \dfrac{(np)^x}{x!} e^{-np}$	描述单位时间(或空间)内随机事件发生的次数	

下面简单介绍一些数理统计中常见的离散概率分布。

1) 两点分布

两点分布(又称 0-1 分布)就是 $n=1$ 情况下的二项分布(见下文),即只先进行一次事件试验,该事件发生的概率为 p,不发生的概率为 $1-p$。任何一个只有两种结果的随机现象都服从两点分布,其分布列为

$$P\{X=k\} = p^k (1-p)^{1-k}$$

其中,$k=0$,1。p 为 $k=1$ 时的概率($0<p<1$),则称 X 服从两点分布,记为 $X \sim B(x,p)$。

两点分布的数学期望为 $E(X)=p$,方差为 $D(X)=p(1-p)$。

例如,从一批产品中任意抽取一件,结果是合格或不合格;掷一枚硬币,结果出现"正面"或"背面"。

2) 二项分布

伯努利试验是在同样的条件下重复地、相互独立地进行的一种随机试验,其特点是该随机试验只有两种可能结果:发生或者不发生。我们假设该项试验独立重复地进行了 n 次,那么就称这一系列重复独立的随机试验为伯努利试验。

在 n 次独立重复的伯努利试验中,设每次试验中事件 A 发生的概率为 p。用 X 表示中事件 A 发生的次数,则 X 的可能取值为 $0,1,\cdots,n$,且对每个 $k(0 \leqslant k \leqslant n)$,事件 $\{X=k\}$ 为"n 次试验中事件 A 恰好发生 k 次",随机变量 X 的离散概率分布为二项分布。

一般地，如果随机变量 X 服从参数为 n 和 p 的二项分布，记为 $X \sim B(n, p)$ 或 $X \sim b(n,p)$。n 次试验中正好得到 k 次成功的概率由概率质量函数给出：

$$P\{X = k\} = \binom{n}{p} p^k (1-p)^{1-k} \quad (k = 0, 1, \cdots, n)$$

式中，$\binom{n}{k} = \dfrac{n!}{k!(n-k)!}$ 为二项式系数（这就是二项分布名称的由来），又记为 C_n^k 或者 $C(n,k)$。

二项分布的数学期望为 $E(X) = np$，方差为 $D(X) = np(1-p)$。

冗余系统可靠性设计、质量检验和可靠性抽样检验都蕴含着二项分布的应用。

3）几何分布

几何分布定义为：在 n 次伯努利试验中，试验 k 次才得到第一次成功的概率。

在伯努利试验中，记每次试验中事件 A 发生的概率为 p，试验进行到事件 A 出现时停止，此时所进行的试验次数为 X，其分布列为

$$P\{X = k\} = p(1-p)^{k-1} \quad (k = 1, 2, 3, \cdots n)$$

此分布列是几何数列的一般项，因此称 X 服从几何分布，记为 $X \sim GE(p)$。

几何分布的数学期望为 $E(X) = \dfrac{1}{p}$，方差为 $D(X) = \dfrac{1-p}{p^2}$。

实际上有不少随机变量服从几何分布，譬如，某产品的不合格率为 0.05，则首次查到不合格品的检查次数 $X \sim GE(0.05)$。

4）超几何分布

超几何分布的概率质量函数定义为：假设有限总体包含 N 个样本，其中质量合格的样本为 m 个，则剩余的 $N-m$ 个为不合格样本，如果从该有限总体中抽取出 n 个样本，其中有 k 个是质量合格的概率为

$$P\{X = k\} = \frac{C_m^k \times C_{N-m}^{n-k}}{C_N^n}$$

式中：C_N^n 为从个总体样本中抽取 n 个样本的方法数目；C_m^k 为从 m 个质量合格样本中抽取 k 个样本的方法数目；C_{N-m}^{n-k} 为从 $N-m$ 个质量不合格样本中抽取 $n-k$ 个样本的方法数目。

由上式可知，超几何分布由样本总量 N、质量合格的样本数 m 和抽取数目 n 决定，记为 $X \sim H(N, m, n)$。

超几何分布的期望 $E(X) = n\dfrac{m}{N}$，方差为 $D(X) = n\dfrac{m}{N}\dfrac{N-m}{N}\dfrac{N-n}{N-1}$。

5）泊松分布

泊松过程是某随机事件在所研究的时间（空间）区间中出现的计数过程，其概率函数为

$$P\{X=k\} = \dfrac{\lambda^k}{k!}\mathrm{e}^{-\lambda} \quad (k=0,1,\cdots n)$$

参数 λ 是单位时间（或单位面积）内随机事件的平均发生次数。泊松分布的期望和方差均为 λ。

泊松逼近定理：

当二项分布的 n 很大而 np 很小时，泊松分布可作为二项分布的近似，其中 $\lambda = np$。通常当 $n \geq 20$、$p \leq 0.05$ 时，就可以用泊松公式近似地计算。例如，某电话交换台收到的呼叫、来到某公共汽车站的乘客等，以固定的平均瞬时速率 λ 随机且独立地出现时，那么这个事件在单位时间内出现的次数或个数就近似地服从泊松分布 $P(\lambda)$。

2. 连续分布

连续分布（continuous distribution）：如果随机变量 X 的取值是无穷的或不可列的，那么它分布函数的值域是连续的，对应的分布为连续分布。

可靠性工程中常用的连续分布有指数分布、威布尔分布、正态分布、对数正态分布和威布尔分布，这些分布的相关函数及其适用场景如表3.2所列。

表3.2 常用连续分布

分布类型	故障密度函数 $f(t)$	可靠度函数 $R(t)$	故障率函数 $\lambda(t)$	适用场景
指数分布	$\lambda \mathrm{e}^{-\lambda t}$	$\mathrm{e}^{-\lambda t}$	λ	产品的故障率基本接近常数，如电子产品进入偶然故障期
威布尔分布 ($\gamma = 0$)	$\dfrac{m}{\eta}\left(\dfrac{x}{\eta}\right)^{m-1}\mathrm{e}^{-\left(\dfrac{x}{\eta}\right)^m}$	$\mathrm{e}^{-\left(\dfrac{x}{\eta}\right)^m}$	$\dfrac{m}{\eta}\left(\dfrac{x}{\eta}\right)^{m-1}$	通过调整参数，可以为各种不同类型的产品的寿命建立模型
正态分布	$\dfrac{1}{\sqrt{2\pi}\sigma}\mathrm{e}^{-\dfrac{(x-\mu)^2}{2\sigma^2}}$	$\dfrac{1}{\sqrt{2\pi}\sigma}\int_x^\infty \mathrm{e}^{-\dfrac{(t-\mu)^2}{2\sigma^2}}\mathrm{d}t$	$\dfrac{\mathrm{e}^{-\dfrac{(x-\mu)^2}{2\sigma^2}}}{\int_x^\infty \mathrm{e}^{-\dfrac{(t-\mu)^2}{2\sigma^2}}\mathrm{d}t}$	磨损故障，产品及其性能是否符合规范分析

续表

分布类型	故障密度函数 $f(t)$	可靠度函数 $R(t)$	故障率函数 $\lambda(t)$	适用场景
对数正态分布	$\dfrac{1}{\sqrt{2\pi}x\sigma}e^{-\frac{(\ln x-\mu)^2}{2\sigma^2}}$	$\dfrac{1}{\sqrt{2\pi}\sigma}e\int_x^{\infty}\dfrac{1}{t}e^{-\frac{(\ln x-\mu)^2}{2\sigma^2}}dt$	$\dfrac{\dfrac{1}{x}e^{-\frac{(\ln x-\mu)^2}{2\sigma^2}}}{\int_x^{\infty}\dfrac{1}{t}e^{-\frac{(\ln t-\mu)^2}{2\sigma^2}}dt}$	半导体器件的可靠性分析,某些机械零件的疲劳寿命分析

1) 指数分布

如果产品所受到的应力冲击服从强度为 λ 的泊松过程,且产品受到一次冲击就发生故障,即产品在时间为 $(0,x]$ 的区间内故障次数服从泊松分布,则产品故障时间 x 所服从的分布就为指数分布,可以写作 $X \sim$ Exponential(λ),简记为 $X \sim \mathrm{Exp}(\lambda)$。其概率密度函数为

$$f(x;\lambda)=\begin{cases}\lambda e^{-\lambda x} & (x\geqslant 0)\\ 0 & (x<0)\end{cases}$$

其中,$\lambda > 0$ 是指数分布的一个参数,即每单位时间发生该事件的次数。

指数分布的累计分布函数为

$$f(x;\lambda)=\begin{cases}1-e^{-\lambda x} & (x\geqslant 0)\\ 0 & (x<0)\end{cases}$$

指数分布的数学期望为 $E(X)=\dfrac{1}{\lambda}$,方差为 $D(X)=\dfrac{1}{\lambda^2}$。

指数函数的一个重要特征是无记忆性(又称遗失记忆性)。这表示如果一个随机变量呈指数级分布,那么它的条件概率遵循:

$$P(T>s+t\mid T>t)=P(T>s) \quad (t\geqslant 0)$$

在工作实际中表现为产品故障率与时间无关,在工作一段时间后,仍然同新品一样,不影响未来工作寿命的长度。

2) 伽马分布

假设随机变量 X 为第 α 件事发生所需的等候时间,且每个事件之间的等待时间是相互独立的,α 为事件发生的次数,β 代表事件发生一次的概率,那么这 α 个事件的时间之和服从伽马分布,其概率密度函数为

$$f(x,\alpha,\beta)=\dfrac{\beta^{\alpha}}{\Gamma(\alpha)}x^{\alpha-1}e^{-\beta x} \quad (x>0)$$

伽马分布的数学期望为 $E(X)=\dfrac{\alpha}{\beta}$,方差为 $D(X)=\dfrac{\alpha}{\beta^2}$。

3)威布尔分布

威布尔分布是可靠性工程中广泛使用的连续型分布,是瑞典物理学家威布尔在分析链条强度时提出的。

威布尔分布的概率密度函数为

$$f(x;\lambda,k) = \begin{cases} \dfrac{k}{\lambda}\left(\dfrac{x}{\lambda}\right)^{k-1} e^{-(x/\lambda)^k} & (x \geq 0) \\ 0 & (x < 0) \end{cases}$$

式中:x 为随机变量;$\lambda > 0$,λ 为比例参数(scale parameter);$k > 0$,k 为形状参数(shape parameter)。显然,它的累积分布函数是扩展的指数分布函数。

威布尔分布适用于机电类产品的磨损累计失效的分布形式,且可以利用概率值很容易地推断出它的分布参数,因此被广泛应用于各种寿命试验的数据处理。指数分布、正态分布都可以看作威布尔分布的特例。

4)正态分布

正态分布(normal distribution),也称"常态分布",又名高斯分布(Gaussian distribution)。

正态分布概率密度函数为

$$f(x) = \dfrac{1}{\sqrt{2\pi}\sigma} \exp\left[-\dfrac{(X-\mu)^2}{2\sigma^2}\right]$$

式中:μ 为位置参数;σ 为尺度参数;X 为正态随机变量,记作 $X \sim N(\mu,\sigma^2)$,读作 X 服从正态分布。

正态分布的数学期望为 μ,方差为 σ^2,标准差为 σ。

当 $\mu = 0$,$\sigma = 1$ 时,正态分布就成为标准正态分布:

$$f(x) = \dfrac{1}{\sqrt{2\pi}} \exp\left(-\dfrac{X^2}{2}\right)$$

正态分布是体现产品随机失效集中发生现象的最常见分布,通常用于描述由很多微小且相互独立的偶然因素共同作用的随机变量的变化规律。

5)对数正态分布

对数正态分布是指一个随机变量的对数服从正态分布,则该随机变量服从对数正态分布。对数正态分布从短期来看,与正态分布非常接近。

设 X 是取值为正数的连续随机变量,若 $\ln X \sim N(\mu,\sigma^2)$,$X$ 的概率密度为

$$f(X,\mu,\sigma) = \begin{cases} \dfrac{1}{x\sqrt{2\pi}\sigma}\exp\left[-\dfrac{1}{2\sigma^2}(\ln x - \mu)^2\right] & (X \geq 0) \\ 0 & (X < 0) \end{cases}$$

则称随机变量 X 服从对数正态分布，记为 $\ln X \sim N(\mu,\sigma^2)$。

对数正态分布的数学期望为 $E(X) = e^{\mu+\sigma^2/2}$，方差为 $D(X) = (e^{\sigma^2}-1)e^{2\mu+\sigma^2}$。

对数正态分布可将较为分散的数据通过对数变换相对集中起来，常用来描述机械零件的疲劳、腐蚀和维修等问题。

3.1.2 参数估计方法

在可靠性工程中，数理统计是分析数据和做出决策的基础。统计推断是数理统计的重要内容，它是根据样本数据对总体进行推断的方法。随机变量的概率分布可以很好地描述随机变量的性质，但通常情况下，我们无法对总体进行全面的观测和试验，只能从总体中抽取部分样本进行研究。通过分析样本数据，我们可以推断出总体的分布类型和参数，从而对总体进行预测和控制。

参数估计是指利用样本信息对总体数字特征作出推断和估计，即用样本估计量推断总体参数的具体数值或者一定概率保证下总体参数所属区间。按估计形式分类，参数估计分为点估计与区间估计；按构造估计量方法分类，参数估计分为矩估计法、最小二乘估计、似然估计和贝叶斯估计等。

1. 点估计

点估计也称定值估计，是指在参数估计中，不考虑估计的误差，直接用样本估计量估计总体参数的一种参数估计方法。如直接用样本均值估计总体均值，用样本方差估计总体方差等。

点估计的方法有矩估计法、极大似然估计法、最小二乘法和顺序统计量法等。点估计的优点是简单、具体明确，缺点是无法控制误差，仅适用于对推断的准确程度与可靠程度要求不高的情况。

2. 区间估计

区间估计是参数估计中较常用的估计方法，是在点估计的基础上估计总体参数所在的区间范围，该区间范围是以一定的概率保证所得到的，区间的下限（上限）是由样本统计量减去（加上）估计误差得到的。与点估计不同，进行区间估计时，根据样本统计量的抽样分布可以对样本统计量与总体参数的接近程度给出一个概率度量。

设总体分布中有一个参数 θ，若由样本确定两个统计量 θ_L 和 θ_U，对于给定的 $\alpha(0 \leqslant \alpha \leqslant 1)$，满足

$$P(\theta_L < \theta < \theta_U) = 1 - \alpha$$

则称随机区间 (θ_L, θ_U) 是 θ 的 $100(1-\alpha)\%$ 置信区间。θ_L 和 θ_U 称为 θ 的 $100(1-\alpha)\%$ 置信限，并称 θ_L 和 θ_U 分别为置信下限和置信上限，百分数 $100(1-\alpha)\%$ 称为置信度，也称置信水平，而 α 称为显著性水平，取值在 0 和 1 之间变化，通常的取值是 1%、5% 和 10%。

置信度的含义是：在同样的方法得到的所有置信区间中，有 $100(1-\alpha)\%$ 的区间包含总体参数，说明 θ 包含在随机区间 (θ_L, θ_U) 内的概率，它表明估计的可靠程度。

总之，区间估计就是根据事先确定的置信度 $100(1-\alpha)\%$ 给出总体参数的一个估计范围。置信区间表示的是区间估计的精确性，置信度表示的是区间估计的可靠性。

3.2　图与复杂网络基础

图论起源于一个非常经典的问题——柯尼斯堡（Konigsberg）七桥问题。1738 年，瑞士数学家欧拉解决了柯尼斯堡七桥问题。由此图论诞生，欧拉也成为图论的创始人。现如今，图论（graph theory）已经成为数学的一个重要分支。它以图为研究对象，图论中的图是由若干给定的点及连接两点的线所构成的图形，这种图形通常用来描述某些事物之间的某种特定关系，用点代表事物，用连接两点的线表示相应两个事物间具有这种关系，网络科学的起点源自数学中的图论，是专门研究复杂网络系统的定性和定量规律的一门崭新的交叉科学。网络除了数学定义外，还有具体的物理含义，即网络是从某种相同类型的实际问题中抽象出来的模型。从概念上区分，"图"表示抽象的数据结构，"网络"表示抽象数据结构的实例化，即来源于具体、真实生活的案例，如社交网络、指挥控制网络。网络分析关注真实数据本身的特征与性质，而图论更关注数学层面、抽象层面的理论性质。综上所述，网络是指具有物理意义的一类数学模型，其在数学上的表达就是图论中的图；反之，网络为图论的实际应用。图论与复杂网络理论可作为无人装备体系或无人系统集群可靠性、鲁棒性、脆弱性和韧性等属性分析的数学工具与理论基础。

3.2.1 图与复杂网络基本概念

一个图 G 定义为一个二元组 $(V(G), E(G))$,其中:$V(G) = \{v_1, v_2, \cdots, v_n\}$,$V(G)$ 是点集,v_i 为 G 中的节点;$E(G) = \{e_1, e_2, \cdots, e_n\}$,$E(G)$ 是边集,e_i 为 G 中的连边。

图的阶数 v:图 G 中节点的个数称为图的阶数,$v(G) = |V(G)|$。

图的边数 ε:图 G 中连边的个数称为图的边数,$\varepsilon(G) = |E(G)|$。

一个图称为有限图,如果它的顶点集和边集都有限。

只有一个顶点的图称为平凡图,其他的所有图都称为非平凡图。

如果给图的每条边规定一个方向,那么得到的图称为有向图。在有向图中,与一个节点相关联的边有出边和入边之分;相反,边没有方向的图称为无向图。

1. 相邻关系

若边 e_i 与边 e_j 存在公共点 v_k,则称这两边相邻,且边 e_i 与边 e_j 互为"邻边"。

若两点 v_i 与 v_j 之间存在边 e_k 时,则称这两点相邻,且点 v_i 与 v_j 互为"邻点"。

图中不与任何点相邻的点称为"孤立点"。由孤立点构成的点集称为"独立集"。

上述概念适用于无向图,在有向图中需区分内邻点和外邻点。

2. 图的连通

图 G 中一个节点与边的交替序列为:$u = v_0 e_1 v_1 e_2 \cdots v_{n-1} e_n v_n$($1 \leq i \leq n$ 时,e_i 的端点是 v_{i-1}、v_i),这个序列称为 G 中的一条"路径"(或称为途径),v_0、v_n 分别为途径的起点、终点,u 中的边数称为路径的"长"。

若路径 u 的边数 e_1,e_2,$\cdots$,e_{n-1},e_n 均不同,称 u 为 G 中的一条"道路"。

一条闭道路称为"圈"(环由一条边构成,圈由多条边构成),图 G 中的最短的圈长称为 G 的"围长",图 G 中的最长的圈长称为 G 的"周长"。

若 G 中任意两个节点 u、v 仅属于 G 中的一个子集 $G(v_i)$ 时才连通,则称 $G(v_i)$ 为 G 的一个"连通分支"(以下简称分支)。分支数为 1 的图称为"连通图",分支数大于 1 的图称为"非连通图"。

3. 几类重要图

几类重要图的概念如表 3.3 所列。

表 3.3 几类重要图的概念

名称	相关概念	定义	其他
简单图	环：具有两个相同节点的边。 重边：也被称为平行边，两条边具有相同的节点	既没有环又没有重边的图	不是简单图的图称为"复图"
完全图	n 阶完全图记为 K_n	任意两个节点都相连的图	n 阶完全图是一个简单无向图，且有 $C_n^2 = \frac{1}{2}n(n-1)$ 条边
树	圈和连通图概念见上文	不含圈的连通图	每个分支都是树的非连通图称为"森林"。树中的边称为"树枝"
二分图	也称"二部图"，二分网络为满足二分图定义的网络	顶点集可分割为两个互不相交的子集，并且图中每条边依附的两个顶点都分属于这两个互不相交的子集，两个子集内的顶点不相邻	

3.2.2 矩阵描述

随着现代计算机的发明和使用，使得矩阵对图或者网络的描述和刻画变得非常合适。本节简介图的几类矩阵描述。

1. 邻接矩阵

邻接矩阵（adjacency matrix）是表示顶点之间相邻关系的矩阵。

对一个 n 阶图 G，邻接矩阵 A 是一个 $n \times n$ 的方阵，其邻接矩阵元 a_{ij} 定义为

$$a_{ij} = \begin{cases} 1 & （节点\ i\ 到节点\ j\ 存在连边） \\ 0 & （其他） \end{cases}$$

对于无向图来说，其邻接矩阵是对称的。

如上所述，若 $G = (V, E)$ 中，$w(e)$ 是边 e 上定义的非负函数，称 $w(e)$

为边的"权"。对一个含权 n 阶图 G,其邻接矩阵元的定义是

$$w_{ij} = \begin{cases} w_{ij} & （节点 i 到节点 j 存在连边，w_{ij} 为该边的权） \\ 0 & （其他） \end{cases}$$

2. 关联矩阵

关联矩阵是表示各个点和每条边之间的关系的矩阵。

无向图的关联矩阵元的定义为

$$m_{ij} = \begin{cases} 1 & （边 j 与节点 i 连接） \\ 0 & （边 j 节点 i 不连接） \end{cases}$$

若图 G 有 p 个节点 q 条边，则由元素 $m_{ij}(i=1,2,\cdots,p; j=1,2,\cdots,q)$ 构成一个 $p \times q$ 矩阵，称为 G 的完全关联矩阵，记为 $\mathbf{Me}$。

有向图的关联矩阵元定义为

$$m_{ij} = \begin{cases} 1 & （边 j 与节点 i 连接，方向背离节点 i） \\ -1 & （边 j 与节点 i 连接，方向指向节点 i） \\ 0 & （边 j 与节点 i 不连接） \end{cases}$$

3.2.3 度、平均度和度分布

在 3.2.1 节和 3.2.2 节中，我们简单介绍了图论中的一些基础概念和矩阵描述方法。但在网络科学中，会有一些区别于图论中的常用符号。

首先介绍两个基本网络参数：①节点数 N 表示系统中组成部分的个数，通常将 N 称为网络大小；②链接数 L 表示节点间交互关系的总数，在网络中，很少对链接直接进行标记，而是通过其连接的两个节点来标记表示。上面两个概念对应于图论中的 $(V(G), E(G))$，仅仅是换了一个记法。

与图论中相同，如果一个网络中所有的链接都是有向的，则称为有向网络；如果其所有链接都是无向的，则称为无向网络。

1. 度

若节点 $v \in V(G)$，则 G 中与 v 节点连接的边数称为 v 在 G 中的度，记为 $\deg(v)$ 或 $k(v)$。在网络中，常常用 k_i 表示第 i 个节点的度。

在计算节点度之和时，每条边都被计算了两次，因此容易得到：$L = \frac{1}{2}\sum_{i=1}^{N} k_i$。

在有向网络中，需区分入度与出度。入度 k_i^{in} 表示指向节点 i 的链接个数，而出度 k_i^{out} 表示节点 i 指向其他节点的链接个数。则节点 i 的度为

$$k_i = k_i^{in} + k_i^{out}$$

2. 平均度

平均度是网络的一个重要属性。在无向图中，平均度定义为

$$\langle k \rangle = \frac{1}{N} \sum_{i=1}^{n} k_i = \frac{2L}{N}$$

在有向网络中，平均度定义为

$$\langle k^{in} \rangle = \frac{1}{N} \sum_{i=1}^{n} k^{in} = \frac{1}{N} \sum_{i=1}^{n} k^{out} = \frac{L}{N}$$

3. 度分布

度分布 p_k 定义为在网络中任意选一个节点，它的度正好为 k 的概率。

由于 p_k 是一个概率，则满足归一化约束，即 $\sum_{k=0}^{\infty} p_k = 1$。

网络平均度可以用度分布表示为

$$\langle k \rangle = \sum_{k=0}^{\infty} k p_k$$

因此平均度为度分布的数学期望。

3.2.4 路径和距离

1. 距离

最短路径定义为两个节点 (i,j) 之间边数最少的一条路径（定义见 1.2.1 节）。最短路径的边数 d_{ij} 就称为 i、j 之间的距离。

2. 直径

最大的距离称为直径，记为 d_{max}。它表示网络中相距最远两节点间最短路径的边数。

3. 平均距离

平均距离定义为网络中所有节点对它们之间距离的平均值。对于 N 个节点的网络，其平均距离的数学表达式如下：

$$\langle l \rangle = \frac{1}{N(N-1)} \sum_{i \neq j} d_{ij}$$

4. 效率

效率定义为两个节点之间距离倒数之和的平均值。对于 N 个节点的网络，其平均距离的数学表达式如下：

$$E = \frac{1}{N(N-1)} \sum_{i \neq j} \frac{1}{d_{ij}}$$

效率可以表示网络平均交通的容易程度。

5. 脆弱性

节点 i 的脆弱性定义为

$$V_i = \frac{E - E_i}{E}$$

式中：E_i 为从网络中去掉节点 i 之后的网络效率。

网络的脆弱性定义为：$V = \max\{V_i\}$，即脆弱性最大的节点。

3.2.5 连通性

1. 图的分割

1）割点

若图 G 中将某节点 v "分割" 为两个节点 v_1、v_2，同时把所有以 v 为端点的边以至少一种方式改为以 v_1 或者 v_2 为端点的边，使原连通图 G 变为非连通图，或者增加了不连通图 G 中的分支数，则称 G "可分"，v 称为"割点"。

若图 G 中节点集合 $\{v\}$ 中任何一个节点的上述分割都不能使 G 变为非连通图，则称 G "不可分"。

2）桥和块

若在图 G 中移去某边，但不移去它的两个端点，使原连通图 G 变为非连通图，或者增加了不连通图 G 中的分支数，则称为"桥"。图 G 的最大不可分子图称为"块"。

2. 连通度

连通图 G 的连通程度通常叫作连通度。连通度有两种：一种是点连通度；另一种是边连通度。通常一个图的连通度越好，它所代表的网络越稳定。

1）点连通度

点连通度：连通图 G 产生的不连通分支所需"分割"的最少节点数。表述为 $K(G) = \min\{|v_r|\}$，其中 $|v_r|$ 表示所需"分割"的节点数。若图 G 是 n 阶完全图，则 $K(G) = n - 1$。不连通图的点连通度为零。

2）边连通度

边连通度：连通图 G 产生不连通分支所需移去的最少边数。表述为 $\lambda(G) = \min\{|E_r|\}$，其中 $|E_r|$ 表示所需的边数。若图是完全图，则不能用移去边产生不连通分支，这时规定边连通度为零。

3. 割集

当 G 是含至少三个节点的连通图时,若存在一个节点集合 $\{v\}$ 的真子集,使 G 与这个子集的差集不连通,则称此子集为 G 的"点割集"。最小点割集中的节点数就是 G 的点连通度。

当 G 是含至少三个节点的连通图时,若存在一个边集合 $\{E\}$ 的真子集,使 G 与这个子集的差集不连通,则称此子集为 G 的"边割集"。最小边割集中的边数就是 G 的边连通度。

3.2.6 中心度和中心化

中心度是指采用定量方法对每个节点处于网络中心地位的程度进行刻画,从而描述整个网络是否存在核心、存在什么样的核心。

可以从不同角度定义中心度,但是不管采用什么定义,一般得到的中心节点都具有具体网络功能的特别重要性。常用的几类中心性如表 3.4 所列。

表 3.4 常用的几类中心性

分类	观点	定义	其他
度中心性	中心点是度最大的节点	$C_D(i) = \dfrac{k_i}{N-1}$	N 表示网络节点数,$g(jk)$ 表示节点 j 与节点 k 之间的最短路径数,$g_i(jk)$ 表示节点 j 与节点 k 经过节点 i 的最短路径数(节点 i 的介数)
紧密中心性	中心点是其他节点到此点总距离最小(总边数最少)的节点	$C_C(i) = \dfrac{N-1}{\sum_{j=1}^{N} d_{ij}}$	
介数中心性	中心点是介数最大的节点	$C_B(i) = \dfrac{2\sum_{j<k} g_i(jk)}{(N-1)(N-2)g(jk)}$	
中心化	定义中心度之后,按照中心度的大小从中间向外排列各个节点,得到一个"中心化"的网络	$C_A^g = \dfrac{\sum_{x \in W}(C_A^* - C_A(x))}{(N-1)\max(C_A^* - C_A(x))}$	下角标 A、B、C、D 分别表示任意中心度、介数中心度、紧密中心度和度中心度,$C_A(x)$ 表示节点 x 所定义的中心度值,$C_A^* = \max_{x \in W} C_A(x)$

3.2.7 集聚系数

聚集系数（也称群聚系数、集群系数）是用来描述一个图中的顶点之间结集成团的程度的系数。

在网络中，节点的聚集系数是指与该节点相邻的所有节点之间连边的数目占这些相邻节点之间最大可能连边数目的比例。而网络的聚集系数是指网络中所有节点聚集系数的平均值，它表明网络中节点的聚集情况即网络的聚集性，也就是说同一个节点的两个相邻节点仍然是相邻节点的概率有多大，它反映了网络的局部特性。

因此，对度为 k_i 的节点 i，其局部集聚系数定义为

$$C_i = \frac{2L_i}{k_i(k_i-1)}$$

式中：L_i 为节点 i 的 k_i 个邻居之间的链接数。

整个网络的集聚系数定义为

$$\langle C \rangle = \frac{1}{N} \sum_{i=1}^{N} C_i$$

其可以概率化解释为：随机选择一个节点，其两个邻居彼此相连的概率。

第 4 章
无人装备可靠性系统工程过程

本章按照系统工程和并行工程思想，将通用质量特性工作全面纳入装备研制程序，介绍无人装备系统工程与可靠性系统工程过程，从无人装备的论证阶段、方案阶段、工程研制阶段、试验鉴定等阶段介绍其研制流程。

4.1 无人装备系统工程研制阶段

无人装备的设计过程主要分为论证阶段、方案阶段、工程研制阶段、试验鉴定等阶段。

4.1.1 论证阶段

论证阶段的主要任务是通过论证和必要的试验，初步确定无人装备战术技术指标、总体技术方案，以及初步的研制经费、研制周期和保障条件，编制立项综合论证报告、试验初案。

任务需求决定无人装备性能。任务需求分析是无人装备总体设计的源头，决定了无人装备性能的整体层次，通过任务需求分析，确定无人装备的定位，进而影响到无人装备零部件的设计和选取。无人装备的设计需求主要包括以下几方面：

（1）功能需求：功能需求解决的是无人装备需要执行什么样的任务，即需要具备哪些功能，需要对无人装备全寿命周期内所有可能的应用情况和使用需求进行预估，形成需求列表。

（2）性能需求：性能需求用于描述无人装备实现功能的程度，可通过设定阈值和基准线等方式明确性能需求，例如航程、航时等可设置一定的阈值来约束设计。

（3）可靠性需求：可靠性需求用于描述无人装备的健壮程度、设计冗余、故障容错率等，属于验证类的需求，确保无人装备在预先设想的情况下可靠运行，对风险环节的把控程度，是无人装备设计的基础需求。

（4）环境需求：环境需求与使用场景息息相关，不同的任务都有其特有的环境需求，需要运用统计的思想，充分预想无人机使用中可能遭遇的各种环境，综合给出环境需求。

4.1.2 方案阶段

方案阶段的主要任务是根据经批准的立项综合论证报告，开展武器系统研制方案的论证、验证，形成研制总要求、试验总体方案，方案论证、验证工作由承制方组织实施，承制方应具体组织进行系统方案设计、关键技术攻关和新部件、分系统的试制与试验，根据装备的特点和需要进行模型样机或原理性样机的试验工作。

方案阶段要解决的核心问题是无人装备性能与任务需求的精准对接。基于任务需求分析，将对应的性能要求落实到各个分系统设计中，形成满足任务需求的系统方案。任务需求对无人装备性能提出要求，这种影响最终会体现在无人装备零部件的设计和配置环节。不同的任务需求将影响不同的无人装备零部件，例如，任务性质将影响载荷配置，任务区域环境将影响制导、通信配置，任务距离将影响无人装备动力配置，成本将影响无人机的整体配置等。同时，零部件对任务需求存在反馈作用，通过零部件设计和配置，体现出无人装备性能的总体水平，进而影响到无人装备能否满足任务需求。以无人装备性能为"桥梁"，搭建起了任务需求与无人装备零部件之间的映射关系，是方案论证阶段的核心工作。

4.1.3 工程研制阶段

工程研制阶段的主要任务是根据经批准的研制总要求进行无人装备的设计、试制和试验。工程研制阶段实际上是主要零部件的设计。工程设计可以划分为初样设计和试样设计两个阶段。

1. 初样设计

初样设计阶段的主要任务是将论证的方案付诸实际落实，进行设计需求分解，并分配到各个分系统（模块）中，确定无人装备总体性能特征。

初样设计主要包括以下内容:
(1) 依据论证方案,编制各分系统的研制任务书;
(2) 根据任务书要求完成设计、图纸编制、零部件加工、装配、试验等;
(3) 确定生产工艺要求,制定相关技术文件;
(4) 完成分系统方案。

2. 试样设计

试样设计阶段要完成无人装备零部件的设计、划分和配置工作,并经过测试评估,达到参试状态。试样设计过程实际上是不断迭代的过程,首先,要完成无人装备零部件的设计工作。然后,对零部件进行聚类划分和配置,基于任务需求进行严谨而细致的评估和反馈,主要包括稳定性评估、性能评估、六性评估、可控性评估、仿真等。每一次的评估反馈,都将对无人装备的主要零部件配置产生影响,部分反馈的设计问题甚至可能致使零部件的聚类和配置发生重大变化,进而导致无人装备设计重新回到初步设计阶段。例如:稳定性、可控性评估对无人机机翼、尾翼等与控制有关系统的设计起到重要作用;性能评估将影响无人机结构、推进系统等诸多零部件的设计;安全性评估依赖无人机结构、起降系统、推进系统等;仿真评估能够体现无人机的整体协同运行能力,能够检验无人机零部件整体配置的效果,最终得到满足任务需求的样机。

4.1.4 试验鉴定阶段

无人装备试验鉴定着眼于装备实战化考核要求,在装备全寿命周期构建了性能试验、状态鉴定、作战试验、列装定型、在役考核的工作链路;立足装备信息化智能化发展趋势,改进试验鉴定工作模式,完善了紧贴实战、策略灵活、敏捷高效的工作制度。状态鉴定阶段主要对无人装备的整体能力进行鉴定,是技术状态固化的过程。根据使用方的要求,进行鉴定或验证试验,该阶段主要完成两方面工作:
(1) 完成设计、硬件问题的检验及归零;
(2) 考核或验证无人装备的战技指标是否达到使用方所提出的要求。

无人装备试验鉴定是对装备是否符合研制立项批复和研制总要求明确的主要战术技术指标进行综合评定。状态鉴定结论是小批量试生产、作战试验和列装定型的基本依据。

4.2 无人装备可靠性系统工程研制阶段

无人装备可靠性系统工程研制阶段包括可行性论证阶段、方案阶段、工程研制阶段、试验鉴定阶段和批产及售后服务阶段。

4.2.1 可行性论证阶段

在可行性论证阶段，主要与功能、性能指标论证一起开展六性要求论证，在此基础上论证制定寿命剖面、任务剖面和环境剖面以及综合保障初始方案，进而在技术可行性论证时对六性指标的可实现性进行分析，最终确定六性指标要求和综合保障指标要求，详细流程如图4.1所示。

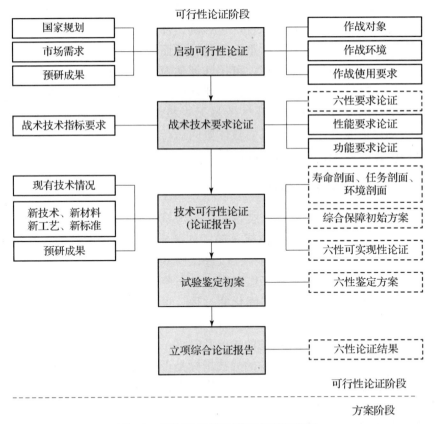

图4.1 可行性论证阶段装备研制流程

4.2.2 方案阶段

在开展方案设计时，完成六性关键技术分析、六性试验初步论证、六性指标论证、六性方案论证和保障方案论证，将六性指标要求作为重要输入之一，开展方案设计。根据质量保证大纲要求，开展六性工作策划，制定六性大纲/工作计划，完成使用环境条件、FMEA 实施细则等顶层文件要求。将六性定性和定量要求纳入分系统研制任务书中。在开展系统技术设计的同时，开展六性分配/预计、六性设计、保障系统设计等工作。开展六性仿真实验、保障系统试验，并收集相应试验信息。在方案阶段结束时，编制鉴定定型试验总体方案（明确数据采信要求）并在后续研制阶段不断完善，在定型鉴定前完成定稿，详细流程如图 4.2 所示。

4.2.3 工程研制阶段

在工程研制阶段之初，在地面试验策划的同时开展六性试验策划，完善六性纲领性文件，在分系统研制任务书中对六性相关要求进行完善。与系统技术设计，同步开展六性设计分析，开展六性研制试验，并收集相应试验信息，工程研制阶段结束时完成综合保障方案定稿，详细流程如图 4.3 所示。

4.2.4 试验鉴定阶段

试验鉴定阶段是根据批复的试验鉴定性能试验大纲开展六性定型试验策划，完善六性纲领性文件和相关技术文件，制定六性鉴定试验大纲，开展六性鉴定试验（包括地面试验和飞行试验），收集六性信息，并对六性指标进行评价，编制六性工作报告。完成与定型相关的六性设计文件、综合保障方案等文件归档。详细流程如图 4.4 所示。

4.2.5 批产及售后服务阶段

在批产及售后服务阶段，开展可靠性、环境等地面验收试验，收集试验信息，并对六性指标进行评价。结合贮存延寿需求，开展贮存试验，收集试验信息，对贮存期等指标进行评价，详细流程如图 4.5 所示。

无人装备可靠性系统工程

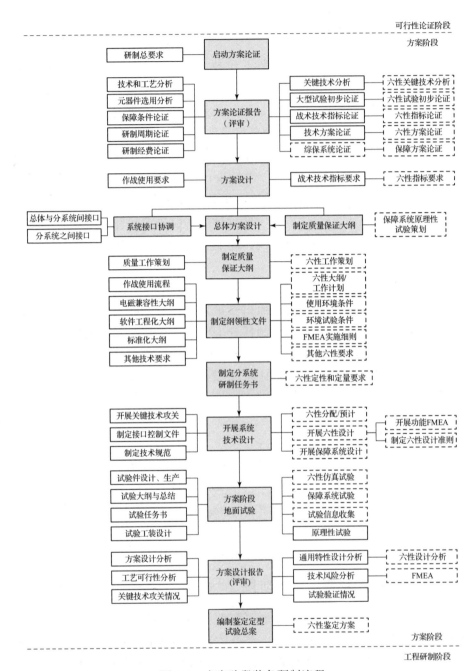

图 4.2 方案阶段装备研制流程

第4章 无人装备可靠性系统工程过程

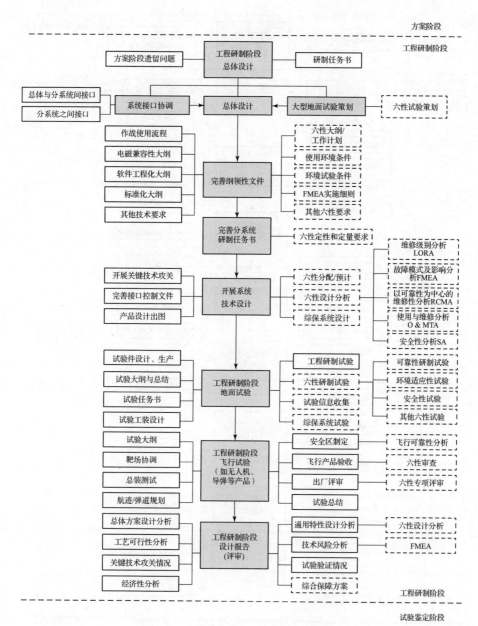

图4.3 工程研制阶段装备研制流程

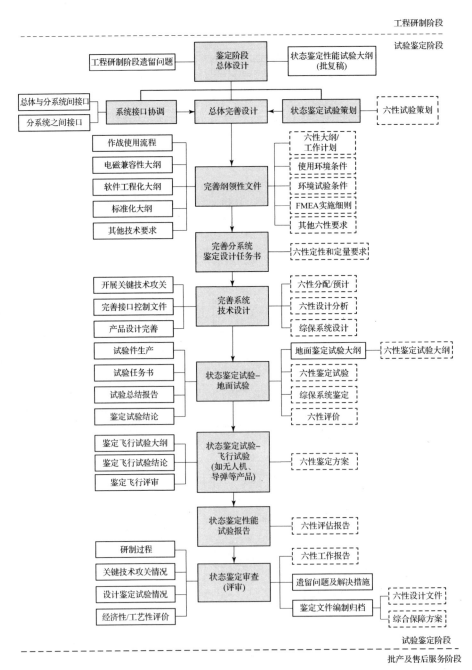

图 4.4 试验鉴定装备研制流程

第 4 章 无人装备可靠性系统工程过程

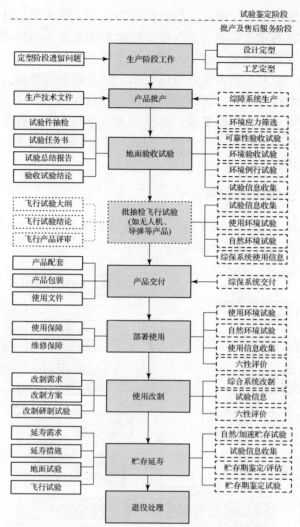

图 4.5　批产及售后服务阶段装备研制流程

4.3　通用质量特性指标要求论证

随着装备的发展，基于任务需求和系统效能的实战化要求不断深化，典型装备对可靠性、测试性、维修性、保障性、安全性和环境适应性的要求越来越高。作为装备主要的通用质量特性，六性不仅影响装备研制与交付进度、部队使用与维修保障难度和全寿命周期费用，更重要的是在实际战争中起决定性的作用。因此，如何提高装备的六性水平，已成为装备建设迫切需要解决的重点问题。而六性指标体系作为装备六性水平的定性和定量度量，是在装备研制过程中开展六性设计、分析、试验与验证等工作的基础和依据。因此，面向装备建设需求，结合装备的特点，给出适用于装备的六性参数指标体系，确保指标合理、可设计和可验证，可为装备六性工作顺利开展奠定坚实的基础。本章以无人车和无人飞行器等为典型对象，对装备六性指标体系进行介绍，为进一步开展装备六性建模、设计等相关工作提供依据。

4.3.1 总体论证程序

装备六性要求论证的程序应与装备研制程序相适应，应分阶段完成，主要论证程序如图 4.6 所示。

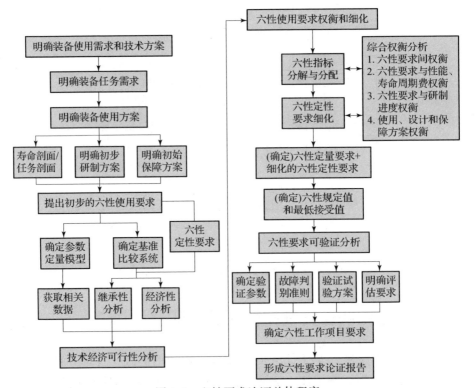

图 4.6 六性要求论证总体程序

六性要求论证包括以下主要工作：

（1）明确装备使用需求和初步技术方案；

（2）依据装备任务需求和使用方案，确定装备顶层六性综合要求；

（3）将装备顶层综合定量要求进行分解，通过权衡获得装备具体六性定量要求；

（4）确定装备六性定性要求和工作项目要求；

（5）进行装备六性要求的技术经济可行性分析；

（6）进行装备六性要求的可验证性分析；

（7）形成装备六性要求论证报告。

4.3.2 立项阶段论证程序

结合图 4.6 给出的装备六性要求论证总体程序，在立项论证阶段需要完成的六性要求论证程序主要包括：

1. 明确装备对象使用需求和使用方案，为确定其六性要求提供依据

（1）明确装备任务需求。分析现实与潜在的作战对象可能构成的军事威胁，确定装备的作战使命和任务，分析现役装备存在的差距和问题，重点明确现役装备在使用中存在的缺陷和不足，找出影响其战备完好性、任务成功性、任务可持续性以及保障能力等方面存在的主要问题。

（2）明确装备使用方案。根据装备在未来战场上的使用地域、使用强度、使用人员数量和技术水平、拟部署的装备数量、保障机构的组成、各级保障机构的任务范围等，明确装备完成的主要作战任务。

（3）给出装备寿命剖面和任务剖面、明确故障判据。根据装备典型任务要求和使用方式，明确定义装备战备完好的具体含义，明确定义典型任务剖面下的任务成功含义和完成任务的标准，给出任务成功准则，并明确响应的故障判据。

（4）依据装备必须具备的使用功能要求，明确初步研制方案。

（5）初步明确装备系统初始保障方案。分析装备预期的维修规划、维修级别的划分、预防性维修间隔期要求，初步确定包括贮存、维修、运输、作战使用等方面的使用、保障约束条件。根据相似型号的使用和保障经验，给出有关保障能力和保障系统规模的设想和各保障要素方案的初步设想，制订初步的综合保障计划、初始保障方案。

2. 提出初步的六性使用要求

根据已明确的装备的任务要求、初步研制方案、使用方案和初始保障方案提供的信息，参照研究选定的基准比较系统、技术继承性、可行性分析结果，以及分析确定的可能技术改进途径，明确装备的战备完好性、任务成功性、六性参数，确定指标，并建立相应的计算模型。同时针对基准系统存在的不足与各类缺陷问题，对无法量化的问题初步提出有关的六性定性要求。其一般过程为：

（1）确定需要的计算模型。根据装备的任务类型、使用方案和初始保障方案，建立装备的战备完好性、任务成功性、可靠性、维修性、保障性等参数，以及相互之间的关系模型。

（2）确定基准比较系统。根据装备的任务要求，开展调研工作，掌握国内外同类型装备的详细情况，分析现役装备的战备完好性、任务成功性、可靠性、维修性，以及保障能力方面的优劣及其存在的主要问题，选定最具代表性的一种同类现役装备作为基准系统，并收集相关的六性数据。

（3）获取六性相关的数据。通过查阅资料和部队调查收集战时和平时与确定六性要求相关的使用数据。

（4）技术改进分析。对现役装备影响战备完好性和任务成功性的因素进行分析，拟定改进战备完好性、提高任务成功性、降低费用等可能的技术途径，同时针对现役装备六性与使用中暴露的各类问题，包括保障资源与主装备匹配问题、修理级别的划分、预防性维修间隔期等问题，提出改进的六性使用要求。

（5）技术继承性以及可行性分析。对现役装备已有的成熟标准化和系列化产品在新研装备上采用的可能性进行分析，分析采用这些产品对六性和费用的影响，初步确定采用的程度。

（6）确定初步的六性定量使用要求。根据已明确的装备的任务要求等，利用确定的六性定量模型，分析并计算出装备的战备完好性、任务成功性、六性等定量参数指标，并进行权衡分析和技术经济可行性分析，主要分析思路如图 4.7 所示。

4.3.3 方案阶段论证程序

装备方案阶段进行的六性要求论证工作，主要是在装备立项阶段论证的基础上，对装备要求进行进一步的细化和权衡，主要程序包括：

1. 权衡和细化六性使用要求

随着装备设计和试验工作的不断深入，根据任务需求确定的装备功能

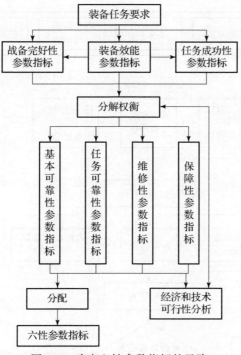

图 4.7 确定六性参数指标的思路

要求,逐层向下分解到分系统和主要设备,将关键或有特殊要求的产品分解到现场可更换单元,对功能分析和功能分配结果进行反复迭代和分析,并进行综合权衡,形成优化和细化的六性要求。

2. 六性要求可验证性分析

六性要求可验证性分析是根据最新试验鉴定要求,确定提出的各项六性要求能否得到验证的过程。按照装备定型程序和试验鉴定有关要求,明确装备六性的考核要求、验证要求、验证时机以及具体验证方案和方法。

3. 确定六性工作项目要求

依据装备以及确定的六性参数指标、六性定性要求,以及已制订的综合保障计划、初始保障方案,结合工程实际研制情况,分析并确定装备的六性工作项目要求。

4.3.4 六性定量要求论证过程

六性定量要求论证是装备六性论证工作中的重要组成部分,也是最重要的部分。装备六性定量要求论证的一般过程如图 4.8 所示。

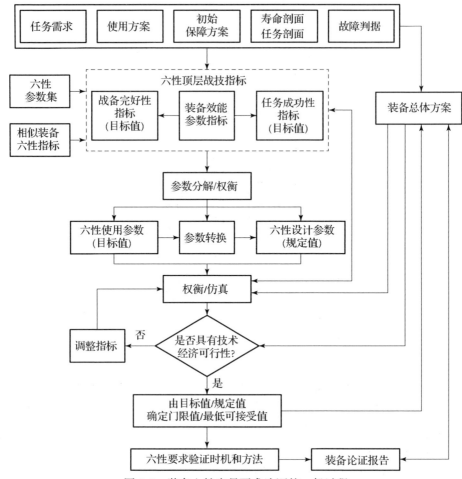

图 4.8　装备六性定量要求论证的一般过程

六性定量要求论证的一般过程主要包括以下几项关键工作：

（1）明确论证依据和收集分析信息；
（2）确定型号六性参数集；
（3）确定六性顶层指标；
（4）顶层指标分解；
（5）六性指标间的相互权衡；
（6）六性指标的技术可行性分析；
（7）六性指标的经济可行性分析；
（8）根据六性目标值/规定值确定门限值/最低可接受值；

(9) 六性指标的可验证性分析。

以某飞行器可靠性指标论证为例，可靠性指标论证总体思路如图 4.9 所示。

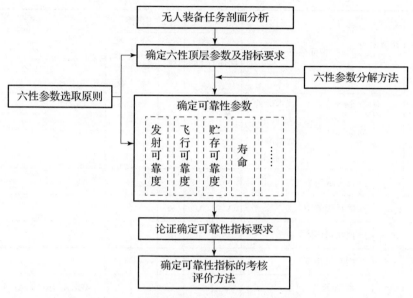

图 4.9 某飞行器可靠性指标论证总体思路

典型装备指标论证以无人装备任务剖面分析为基础，根据武器系统战备完好性、任务成功性要求以及六性参数选取原则，确定六性顶层参数及指标要求。根据六性参数分解方法将六性顶层参数分解为六性单项参数，进而分解出了可靠性参数，根据实战化条件下的作战使用需求以及各参数之间的关系，论证确定可靠性指标要求。根据典型装备可靠性指标的概念内涵，给出可靠性指标的考核评价方法，作为定型考核的依据。

4.3.5 典型装备通用六性指标体系

通过调研典型无人装备通用质量特性要求及需求，分析典型装备使用流程、地面设备使用与维修活动流程，根据建立典型装备六性指标体系的原则、方法和基础，对通用质量特性指标进行分类，明确每项指标的内涵，建立了典型装备六性指标体系，如表 4.1 所列。该指标体系主要包括体现装备系统综合质量特性的综合性指标和与产品层次及特点等密切相关的单个质量特性指标，从装备任务需求和研制合同要求角度出发，区分合同参数和使用参数，装备型号六性工作可依据现行有效的有关标准开展。

表 4.1 典型装备通用六性指标体系

序号	指标分类	指标名称		参数类型		适用范围			备注
				使用	合同	系统级	分系统级	零部件级	
1	综合	战备完好率	技术准备完好率	√		☆			
2			待机准备完好率	√		☆			
3		任务成功率		√		☆			
4		体系贡献率		√	√	☆			
5		使用可用度		√	√	☆			
6		固有可用度		√		☆			
7		利用率		√		☆			GJB 450B/899A/813
8		再次出动准备时间		√	√	☆			GJB 450B/899A
9		维修人力费用		√		☆	☆		GJBz 20517
10		后勤保障费用		√		☆	☆		GJBz 20517
11	可靠性	平均故障间隔时间		√	√	☆	☆		GJB 450B/899A
12		平均严重故障间隔时间		√		☆	☆		GJB 450B/899A
13		运输可靠性		√		☆	☆		GJB 450B/899A
14		使用寿命			√	☆	☆	☆	GJB 450B/899A
15		贮存寿命			√	☆	☆	☆	GJB 450B/899A
16		可靠贮存寿命		√	√	☆	☆	☆	GJB 450B/899A/813
17		贮存期限			√	☆	☆	☆	GJB 450B/899A/813
18		贮存可靠性			√	☆	☆	☆	GJB 450B/899A/813
19		累计通电时间/次数		√		☆	☆		GJB 450B/899A/813

续表

序号	指标分类	指标名称	参数类型		适用范围			备注
			使用	合同	系统级	分系统级	零部件级	
20	可靠性	累计工作时间	√		☆	☆		GJB 450B/899A/813
21		战斗值班可靠性	√		☆			GJB 450B/899A/813
22		首次大修期限	√	√	☆	☆		GJB 450B/899A/813
23	维修性	平均修复时间	√		☆	☆	☆	GJB 368B/2072/Z 91
24		基层级平均修复时间		√	☆			GJB 368B/2072/Z 91
25		系统平均恢复时间	√		☆			GJB 368B/2072/Z 91
26		平均预防性维修时间	√	√	☆			GJB 368B/2072/Z 91
27		计划维修时间	√		☆			GJB 368B/2072/Z 91
28		平均恢复功能用的任务时间	√		☆			GJB 368B/2072/Z 91
29		维修工时率	√		☆			GJB 368B/2072/Z 91
30		维修停机时间	√		☆			GJB 368B/2072/Z91
31		平均不能工作时间	√		☆			GJB 368B/2072/Z 91
32		检测周期	√	√	☆	☆		GJB 368B/2072/Z 91
33	测试性	故障检测率	√	√	☆	☆		GJB 450B/2547A
34		故障隔离率	√	√	☆	☆		GJB 450B/2547A
35		监测时间	√	√	☆			GJB 450B/2547A
36		虚警率	√		☆	☆		GJB 450B/2547A
37	安全性	事故发生概率	√		☆	☆		GJB 900A/Z99
38		贮存安全可靠性	√		☆	☆		GJB 900A/Z99
39		安全可靠性	√		☆	☆		GJB 900A/Z99
40		灾难性事故率	√		☆	☆		GJB 900A/Z99

续表

序号	指标分类	指标名称	参数类型 使用	参数类型 合同	适用范围 系统级	适用范围 分系统级	适用范围 零部件级	备注
41	安全性	功能安全概率	√		☆	☆		GJB 900A/Z99
42		平均灾难性故障间隔时间	√		☆			GJB 900A/Z99
43		安全系统故障平均间隔时间	√		☆			GJB 900A/Z99
44		人员死亡率	√		☆			GJB 900A/Z99
45		安全恢复时间	√		☆			GJB 900A/Z99
46		人员生存概率	√		☆			GJB 900A/Z99
47		事故发生频率	√		☆			GJB 900A/Z99
48	保障性	技术准备时间	√		☆			GJB 3872/7686/1378A
49		充气间隔时间	√			☆		GJB 3872/7686/1378A
50		定期检测间隔时间	√		☆	☆		GJB 3872/7686/1378A
51		平均保障时间	√		☆	☆		GJB 3872/7686/1378A
52		平均保障延误时间	√		☆			GJB 3872/7686/1378A
53		后勤延误时间	√		☆	☆		GJB 3872/7686/1378A
54		管理延误时间			☆			GJB 3872/7686/1378A
55		保障设备利用率	√		☆	☆	☆	GJB 3872/7686/1378A
56		保障设备满足率		√	☆	☆	☆	GJB 3872/7686/1378A
57		备件利用率	√		☆	☆		GJB 3872/7686/1378A
58	环境适应性	耐自然环境类参数（如温度、湿度、雨、雪、辐射等）	√	√	☆	☆		GJB 4239/150.1A
59		工作温度	√	√	☆	☆	☆	GJB 4239/150.1A

续表

序号	指标分类	指标名称	参数类型		适用范围			备注
			使用	合同	系统级	分系统级	零部件级	
60	环境适应性	贮存温度	√	√	☆	☆	☆	GJB 4239/150.1A
61		相对温度	√	√	☆	☆	☆	GJB 4239/150.1A
62		相对海拔高度	√	√	☆	☆		GJB 4239/150.1A
63		耐诱发环境类参数（如振动、冲击、污染、跌落等）	√	√	☆	☆		GJB 4239/150.1A

注：1. √——指标类型；☆——优先选用指标。

2. 使用参数——反映装备任务需求的六性指标，其要求的量值称为六性使用指标，它受产品设计、制造、安装、环境、使用、维修等的综合影响；合同参数——在合同或研制总要求中表述对装备六性要求的指标，其要求的量值称为六性合同参数，它只受合同规定条件的影响。

3. 各参数内涵详细说明参见 GJB 1909A、GJB 451B。

第 5 章
无人装备通用质量特性工作项目分析

本章依据国家军用标准，对无人装备通用质量特性工作项目进行梳理，分别给出了可靠性、维修性、测试性、保障性、安全性和环境适应性工作项目及其设计分析方法的输入输出关系与内容。

5.1 可靠性工作项目

根据《装备可靠性工作通用要求》(GJB 450B—2021)规定，无人装备可靠性工作项目与其他装备相同，共包括可靠性及其工作项目要求的确定、可靠性管理、可靠性设计与分析、可靠性试验与评价、使用可靠性评估与改进 5 个系列，共计 37 个项目。在型号相应的研制阶段需要开展相应的工作项目，其中可靠性设计与分析工作作为可靠性工作的重中之重共有 17 个工作项目。

可靠性工作项目及适用矩阵如表 5.1 所列。

表 5.1 可靠性工作项目及适用矩阵（GJB 450B—2021）

工作项目系列	标准条款	工作项目编号	工作项目名称	论证阶段	方案阶段	工程研制与试验鉴定阶段	生产与使用阶段
可靠性及其工作项目要求的确定（100 系列）	5.1	101	确定可靠性要求	√	√	×	×
	5.2	102	确定可靠性工作项目要求	√	√	×	×

续表

工作项目系列	标准条款	工作项目编号	工作项目名称	论证阶段	方案阶段	工程研制与试验鉴定阶段	生产与使用阶段
可靠性管理（200系列）	6.1	201	制订可靠性计划	√	√	△	△
	6.2	202	制订可靠性工作计划	△	√	△	△
	6.3	203	对承制方、转承制方和供应方的监督和控制	△	√	√	√
	6.4	204	可靠性评审	√	√	√	√
	6.5	205	建立故障报告、分析和纠正措施系统	×	√	√	√
	6.6	206	建立故障审查组织	×	√	√	√
	6.7	207	可靠性增长管理	×	√	√	○
	6.8	208	可靠性设计核查	×	√	√	○
可靠性设计与分析（300系列）	7.1	301	建立可靠性模型	△	√	√	○
	7.2	302	可靠性分配	△	√	√	○
	7.3	303	可靠性预计	△	√	√	○
	7.4	304	故障模式、影响及危害性分析	√	√	√	△
	7.5	305	故障树分析	×	√	√	△
	7.6	306	潜在分析	×	√	√	○
	7.7	307	电路容差分析	×	√	√	○
	7.8	308	可靠性设计准则的制定和符合性检查	△	√	√	○
	7.9	309	元器件、零部件和原材料的选择与控制	×	√	√	√

续表

工作项目系列	标准条款	工作项目编号	工作项目名称	论证阶段	方案阶段	工程研制与试验鉴定阶段	生产与使用阶段
可靠性设计与分析（300系列）	7.10	310	确定可靠性关键产品	×	√	√	○
	7.11	311	确定功能测试、包装、贮存、装卸、运输和维修对产品可靠性的影响	×	√	√	○
	7.12	312	振动仿真分析	×	√	√	○
	7.13	313	温度仿真分析	×	√	√	○
	7.14	314	电应力仿真分析	×	√	√	○
	7.15	315	耐久性分析	×	√	√	○
	7.16	316	软件可靠性需求分析与设计	△	√	√	○
	7.17	317	可靠性关键产品工艺分析与控制	△	√	√	√
可靠性试验与评价（400系列）	8.1	401	环境应力筛选	×	√	√	√
	8.2	402	可靠性研制试验	×	√	√	○
	8.3	403	可靠性鉴定试验	×	×	√	○
	8.4	404	可靠性验收试验	×	×	△	√
	8.5	405	可靠性分析评价	×	×	√	√
	8.6	406	寿命试验	×	△	√	△
	8.7	407	软件可靠性测试	×	△	√	○
使用可靠性评估与改进（500系列）	9.1	501	使用可靠性信息采集	×	×	×	√
	9.2	502	使用可靠性评估	×	×	×	√
	9.3	503	使用可靠性改进	×	×	×	√

注：√——适用；○——仅设计更改时适用；△——可选用；×——不适用。

根据《装备可靠性工作通用要求》(GJB 450B—2021)中的工作项目,以及型号的工作实际开展情况,分析其中与保障性、维修性、测试性工作关联的项目,进行筛选后,得到无人装备可靠性设计分析和试验验证类主要工作项目如表5.2所列。

表5.2 无人装备可靠性设计分析和试验验证类主要工作项目

序号	工作项目名称	研制阶段		
		方案阶段	工程研制阶段	试验鉴定阶段
1	可靠性建模	√	√	○
2	可靠性分配	√	√	○
3	可靠性预计	√	√	○
4	故障模式、影响及危害性分析	√	√	○
5	可靠性试验	×	√	√

注:√——适用;×——不适用;○——仅设计更改时适用。

5.1.1 可靠性管理

1. 制订可靠性工作计划

在方案阶段初期编制可靠性工作计划,在后续阶段视情况完善,可靠性工作计划通常由总体单位编制,由总师批准,经用户会签并通过评审,各分系统单位及重要单机产品根据总体单位编制的可靠性工作计划制订更加具体的可靠性工作计划。可靠性工作计划是产品研制计划的重要组成部分,应与产品其他研制计划相适应、相协调,并纳入产品的研制计划,统一组织实施、考核。可靠性工作计划的主要内容应包括可靠性工作项目、工作要求、完成时间、完成形式、责任单位、检查评价方式等。

2. 对转承制方和供应方的监控

对转承制方和供应方的可靠性工作进行及时有效的监督和控制,必要时应向转承制方提供必要的可靠性技术培训,宣贯可靠性工作要求。承制方应在合同、任务书或其他技术文件中规定并实施以下监控内容:

(1)应遵循的可靠性技术管理文件、标准规范;

(2)可靠性定性、定量要求及其验证时机和方法;

(3)对转承制方可靠性工作实施监督和检查的安排;

（4）可靠性工作项目要求；

（5）转承制方执行 FRACAS 的要求；

（6）承制方应参加的可靠性评审、可靠性试验的要求；

（7）转承制方或供应方提供的可靠性数据资料和其他技术文件等要求。

3. 可靠性评审

对各研制阶段可靠性评审工作进行策划，可靠性评审节点及方式一般包括以下几方面：

（1）型号可靠性工作计划评审，一般组织专项评审；

（2）型号可靠性设计评审，结合型号方案设计、转阶段评审开展；

（3）故障模式、影响及危害性分析（FMECA）评审，一般组织专项评审；

（4）可靠性试验大纲、试验总结评审，须组织专项评审；

（5）型号飞行试验出厂前，组织可靠性专项评审或结合出厂质量分析开展可靠性评审；

（6）可靠性相关评审尽可能与维修性、测试性、安全性、保障性和环境适应性评审结合进行，必要时可单独进行；

（7）可靠性评审应按 GJB/Z 72 和 GJB 3273 的有关内容进行；

（8）评审组织方应对可靠性评审中的问题进行跟踪并督促其解决落实。

4. 建立故障报告、分析与纠正措施系统

故障报告、分析与纠正措施系统（FRACAS）一般可结合本单位质量问题归零工作来实现。各级产品在研制过程中，对在设计、制造、检验、试验、测试、操作及飞行过程中出现的问题均应按规定填写故障报告表、故障分析、纠正和预防措施实施报告表，同时应举一反三，以防故障重复发生，实现产品可靠性增长。

5. 建立故障审查组织

建立故障审查组织，负责审查重大故障、故障发展趋势、纠正措施的执行情况和有效性。可成立专门的故障审查组织，或指定现有的某个机构负责故障审查工作，故障审查组织至少应包括设计、试验、生产和使用单位等各方面的代表，负责审查故障原因分析的正确性，审查纠正措施的执行情况和有效性，批准故障处理关闭。

5.1.2 可靠性建模

可靠性模型是对系统及其组成单元之间的可靠性/故障逻辑关系的描述。可靠性模型包括可靠性框图及其相应的数学模型。根据用途,可靠性模型可分为基本可靠性模型和任务可靠性模型。

输入:产品功能组成、任务成功准则。

开展时机:方案阶段开始,后续阶段根据情况进行更改和完善。

输出:可靠性框图、可靠性数学函数。

综上所述,可靠性建模的主要输入输出关系如图 5.1 所示。

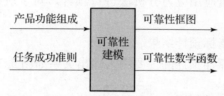

图 5.1 可靠性建模的主要输入输出关系

5.1.3 可靠性分配

可靠性分配是将产品可靠性的定量要求合理分配到分系统、设备、组件、元器件等单元上的分解过程。通过分配使单元的可靠性定量要求得到明确,使产品整体和单元的可靠性要求协调一致。这是一个由整体到局部、由上到下的分解过程。

输入:可靠性框图、可靠性数学模型、可靠性指标要求。

开展时机:方案阶段开始,后续阶段根据情况进行更改和完善。

输出:可靠性指标(可靠度或故障率)的分配结果。

综上得到可靠性分配的主要输入输出关系如图 5.2 所示。

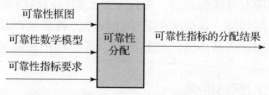

图 5.2 可靠性分配的主要输入输出关系

5.1.4 可靠性预计

可靠性预计是为了估计产品在给定的工作条件下的可靠性而进行的工作。它根据组成产品的单元可靠性来推算产品是否满足规定的可靠性要求。这是一个由局部到整体、由下到上的综合过程。

输入：可靠性框图、可靠性数学函数、任务剖面、产品信息、相关标准（GJB 299C、GJB 108A）。

开展时机：在方案阶段，主要应用类似产品法进行可靠性预计。机电产品在工程研制阶段初期按照元器件计数法进行预计，随着设计方案的进一步细化，应当尽量应用应力分析法进行预计。对于成败型产品通过评估方法进行预计。

输出：可靠性指标预计结果。

综上所述，可靠性预计的主要输入输出关系如图 5.3 所示。

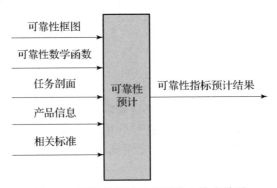

图 5.3 可靠性预计的主要输入输出关系

5.1.5 故障模式影响分析

故障模式影响分析（FMEA）是分析产品中所有潜在的故障模式及其对产品所造成的所有可能影响的一种自下而上进行归纳的分析方法。

输入：产品结构树，各层次产品功能特性，各层次产品故障模式，故障原因信息，各层次产品环境，任务剖面，各层次产品故障影响、危害度及发生概率等。

开展时机：工程研制阶段。

输出：故障模式分析表，Ⅰ、Ⅱ类单点故障模式清单，可靠性关键产品清单，产品的维修信息、测试信息和保障信息。

综上得到故障模式影响分析的主要输入输出关系如图 5.4 所示。

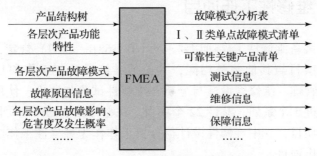

图 5.4　FMEA 的主要输入输出关系

5.1.6　可靠性试验

可靠性试验是为了了解、分析、提高、评价产品的可靠性而进行的工作的总称。可靠性试验一般可分为工程试验与统计试验。工程试验的目的是暴露产品在设计、工艺、元器件、原材料等方面存在的缺陷、薄弱环节和故障，为提高产品可靠性提供信息。统计试验的目的是验证产品是否达到了规定的可靠性或寿命要求。按试验场地分类，可靠性试验又可分为实验室可靠性试验和现场可靠性试验两大类。实验室可靠性试验是在实验室中模拟产品实际使用、环境条件，或实施预先规定的工作应力与环境应力的一种试验。现场可靠性试验是产品直接在使用现场进行的可靠性试验。

输入：可靠性指标、产品使用环境条件、GJB 899A 中的试验方案、置信度。

开展时机：工程研制阶段（初样阶段即策划、开展）核查、试验鉴定阶段验证。

输出：可靠性评估结果。

综上得到可靠性试验的主要输入输出关系如图 5.5 所示。

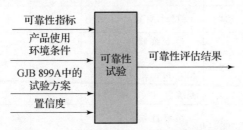

图 5.5　可靠性试验的主要输入输出关系

5.2 维修性工作项目

根据《装备维修性工作通用要求》(GJB 368B—2009)规定，无人装备维修性工作项目与其他装备相同，共包括维修性及其工作项目要求的确定、维修性管理、维修性设计与分析、维修性试验与评价、使用期间维修性评价与改进5个系列，共计22个项目。在型号相应的研制阶段需要开展相应的工作项目，其中维修性设计与分析工作作为维修性工作的重中之重共有8个工作项目。

维修性工作项目及适用矩阵参见表5.3。

表5.3 维修性工作项目及适用矩阵 (GJB 368B—2009)

工作项目系列	标准条款	工作项目编号	工作项目名称	论证阶段	方案阶段	工程研制与试验鉴定阶段	生产与使用阶段
维修性及其工作项目要求的确定（100系列）	5.1	101	确定维修性要求	√	√	×	×
	5.2	102	确定维修性工作项目要求	√	√	×	×
维修性管理（200系列）	6.1	201	制订维修性计划	√	√	√	√
	6.2	202	制订维修性工作计划		√	√	√
	6.3	203	对承制方、转承制方和供应方的监督和控制	×	△	√	√
	6.4	204	维修性评审	△	√	√	√
	6.5	205	建立维修性数据收集、分析和纠正措施系统	×	△	√	√
	6.6	206	维修性增长管理	×	√	√	○

续表

工作项目系列	标准条款	工作项目编号	工作项目名称	论证阶段	方案阶段	工程研制与试验鉴定阶段	生产与使用阶段
维修性设计与分析（300系列）	7.1	301	建立维修性模型	△	△	√	○
	7.2	302	维修性分配	△	√	√	○
	7.3	303	维修性预计	×	√	√	○
	7.4	304	故障模式及影响分析——维修性信息	×	△	√	○
	7.5	305	维修性分析	√	√	√	○
	7.6	306	抢修性分析	×	△	√	○
	7.7	307	制定维修性设计准则	×	△	√	○
	7.8	308	为详细的维修保障计划和保障性分析准备输入	×	△	√	○
维修性试验与评价（400系列）	8.1	401	维修性核查	×	√	√	○
	8.2	402	维修性验证	×	×	√	○
	8.3	403	维修性分析评价	×	×	√	√
使用期间维修性评价与改进（500系列）	9.1	501	使用期间维修性信息收集	×	×	×	√
	9.2	502	使用期间维修性评价	×	×	×	√
	9.3	503	使用期间维修性改进	×	×	×	√

注：√——适用；×——不适用；△——可选用；○——仅设计更改时适用。

根据《装备维修性工作通用要求》（GJB 368B—2009）中的工作项目，以及型号的工作实际开展情况，分析其中与保障性、可靠性、测试性工作关联性的项目，进行筛选后，得到无人装备维修性设计分析和试验验证类主要工作项目如表5.4所列。

表5.4 无人装备维修性设计分析和试验验证类主要工作项目表

序号	工作项目名称	研制阶段		
		方案阶段	工程研制阶段	试验鉴定阶段
1	维修性建模	△	√	○
2	维修性分配	√	√	○
3	维修性预计	√	√	○
4	维修性分析	△	√	○
5	抢修性分析	△	√	○
6	维修性试验	×	√	√

注：√——适用；×——不适用；△——可选用；○——仅设计更改时适用。

5.2.1 维修性管理

1. 建立维修性工作体系

原则上维修性工作体系与可靠性工作体系相同。产品维修性工作体系的构成及职责如下：

1）型号指挥系统（含各级质量、计划等管理部门）

（1）负责制订、监督、考核维修性工作计划；

（2）负责协调解决维修性工作中的问题；

（3）负责提供维修性工作保障条件；

（4）其他。

2）设计师系统（含维修性专业人员）

（1）负责制定维修性大纲；

（2）负责研究各级、各类产品维修性设计、分析、试验、评估方法；

（3）负责完成各级、各类产品维修性设计、分析、试验、评估工作；

（4）负责协调解决维修性技术问题；

（5）其他。

2. 制定分系统维修性大纲

各分系统应按照本大纲，针对本系统的特点，细化制定分系统维修性大纲，并应经过评审。

3. 制订维修性工作计划

维修性工作计划是产品研制计划的重要组成部分，维修性工作计划应与产品其他研制计划相适应、相协调。各研制阶段，型号总体、分系统、单机等各层次均应贯彻维修性大纲要求，制订详细的维修性工作计划，主要内容至少应包括维修性工作项目、工作要求、完成时间、完成形式、责任单位、质量控制方式、资源保障条件等。

维修性工作计划应纳入产品的研制计划，统一组织实施、考核。

4. 对转承制方与供应方监控

承制方应对转承制方与供应方的维修性工作进行及时有效的监督和控制，承制方和供应方应在合同、任务书或其他技术文件中规定并实施以下监控内容：

（1）维修性定性与定量要求及其落实情况；

（2）应遵循的维修性技术管理文件、标准规范及其落实情况；

（3）维修性工作项目、要求及其落实情况；

（4）承制方应参加的技术评审和试验项目；

（5）转承制方和供应方应向承制方提供的维修性数据、文件资料等。

5. 维修性评审

维修性评审一般可结合设计评审、转阶段评审、验收评审、出厂评审等进行，在评审报告中，要有专门的章节对产品的维修性工作开展情况、维修性要求满足情况等进行论述。

6. 维修性培训

应将本文件规定的维修性工作项目，分类归纳成若干专题，对设计师系统及相关人员进行业务培训，使其达到合格上岗要求。

7. 建立维修性数据收集、分析和纠正措施系统

各研制阶段建立维修性数据收集、分析和纠正措施闭环系统，及时收集产品研制、生产和使用中出现的所有维修性问题，进行分析并采取纠正措施，为产品维修性改进提供支持。对维修性数据收集、分析和纠正措施数据进行记录。总体设计部门建立维修性数据收集、分析和纠正措施系统，主要内容包括：

（1）建立维修性问题报告程序、分析程序，将纠正措施落实到设计、试验中的程序，并监督其实施；

（2）在研制过程中发现维修性问题时，应及时填写维修性信息登记表,详细记录问题,完成问题处理后及时将纠正措施等在统计表中填写完整并报送质量主管部门。

为了实现产品维修性信息的闭环管理,维修性信息按照型号产品结构层次采用分级管理模式,总体及各分系统应在研制任务书、设计技术要求或合同中明确规定应收集的维修性信息,并形成自下而上、自上而下的维修性数据双向传递机制。

8. 维修性会签

以下技术文件应经过维修性总体设计人员会签:
(1) 分系统任务书或设计技术要求;
(2) 分系统维修性大纲;
(3) 分系统维修性分析或评估报告。

5.2.2 维修性建模

为了进行维修性分配、预计和指导相关的设计决策,为了对产品设计方案的维修性做出定量评价,也为了判断设计变更对维修性水平的影响,都需要建立适用的维修性模型。在各种维修性模型中,数学模型是最主要的,可用各种框图作为分析的工具。近年来,随着虚拟现实技术的发展,利用产品的数字模型进行相应的维修性分析已成为得到广泛应用的新技术途径。

无论是数学模型、框图模型还是数字模型,它们都应从某些主要方面代表所设计产品的功能、各组成部分的功能及功能关系、使用方案、维修频度和相应的时间参数或其他能反映分析主题的产品特性。要根据维修性分析的目的,建立与之相适应的、能借以得出相对可信分析结果的维修性模型。所建模型的复杂程度取决于分析对象的复杂程度,要随着设计、技术状态、任务参数和使用约束条件等的变化对模型进行修正。

输入:功能层次及其框图;结构特性,如机械、电子、化工、火工品等不同结构及其布局;维修级别、保障条件和保障方案;影响产品维修性的设计特征,如可达性、互换性、故障检测和隔离特性、故障频率等;可靠性分析资料,如产品的可靠性水平、FMEA 的结果。

开展时机:一般在方案阶段进行。

输出:维修性物理模型和数学模型。

综上得到维修性建模的主要输入输出关系如图 5.6 所示。

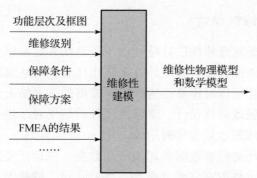

图 5.6 维修性建模的主要输入输出关系

5.2.3 维修性分配

维修性分配是为了把产品的维修性定量要求按给定的分配准则分配给各组成部分而进行的工作。维修性分配的目的是通过分配明确组成产品各部分的维修性要求或指标,以此作为各部分设计的依据,以便通过设计实现这些指标,保证整个产品最终达到规定的维修性要求。

维修性分配要尽早开始,逐步深入,适时修正。只有尽早开始分配,才能充分地权衡,进行更改和向更下层次分配。在产品研制过程中,维修性分配的结果要随着研制工作的深入做必要的修正。

输入:维修性指标、维修性模型、产品的可靠性水平(或故障率)。

开展时机:方案阶段。

输出:分系统维修性指标。

综上得到维修性分配的主要输入输出关系如图 5.7 所示。

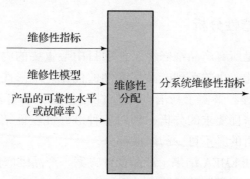

图 5.7 维修性分配的主要输入输出关系

5.2.4 维修性预计

维修性预计是对维修性设计特性做反复迭代和定量估计的过程。通过预计可以从维修性的角度对各设计方案做出比较，对达到维修性要求的可行性做出评估，还可以对维修性达标方面取得的进展情况进行评估并借以判定应在何处加强维修性设计。维修性预计的结果对于进行保障性分析和进行保障工作的规划也是非常有用的。

输入：已有历史经验数据和相似产品数据，包括产品的结构和维修性指标；已确定的维修方案（维修级别、维修资源、维修类型等）和产品功能层次；各功能层次的故障率信息。

开展时机：从方案阶段开始进行。

输出：维修性预计结果。

综上得到维修性预计的主要输入输出关系如图 5.8 所示。

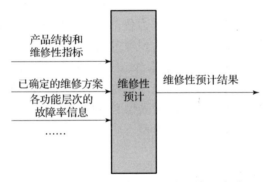

图 5.8 维修性预计的主要输入输出关系

5.2.5 维修性分析

维修性分析是所有产品维修性工作项目中最重要的内容，既关系到产品维修工作的优化，也关系到产品保障性的优化。维修性分析贯穿产品设计与研制的全过程，事实上所有与维修性相关的工作都离不开维修性分析。从对用户维修性要求的分析，到对各种维修性验证结果的分析，都可以视为维修性分析的必不可少的组成部分。

输入：可靠性 FMEA 结果、产品设计方案、产品维修保障方案。

开展时机：工程研制阶段。

输出：维修性设计准则；产品故障及其维修具体活动和作业的相关信

息,如故障维修级别、故障定位隔离方式和所需测试设备、维修所需工具和备件等。

综上得到维修性分析的主要输入输出关系如图 5.9 所示。

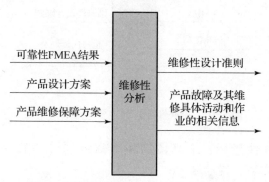

图 5.9 维修性分析的主要输入输出关系

5.2.6 抢修性分析

抢修性分析是一种在设备或系统发生突发故障时立即进行的分析和处理方法,其需求主要缘于对业务中断、生产损失和成本增加等方面的高度敏感。这一分析的重要性在于其能够迅速应对故障情况,最小化停机时间,以确保业务的连续性和可靠性。通过有效的抢修性分析,组织能够优化资源利用,降低成本,提高维修效率,从而增强客户满意度,确保在突发状况下能够迅速而有序地维持正常运营。这一管理手段对工业、生产和服务等领域都具有关键性意义,有助于建立可靠的业务运营体系。

输入:潜在战场损伤、FMEA、损伤模式效应分析(DMEA)。

开展时机:工程研制阶段。

输出:抢修工作类型、抢修的快捷性和所需资源、维修性设计准则。

综上得到抢修性分析的主要输入输出关系如图 5.10 所示。

5.2.7 维修性试验

维修性试验与评价是产品开发、生产乃至使用阶段维修性工程的重要活动。其目的是:发现和鉴别有关维修性的设计缺陷,以便采取纠正措施,实现维修性增长;考核产品的维修性,确定其是否满足规定要求。此外,在维修性试验与评价的同时,还可以对有关维修的各种保障要素(如维修计划、备件、工具、设备、资料等)进行评价。

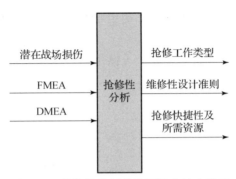

图 5.10　抢修性分析的主要输入输出关系

输入：维修性指标、维修体制和维修级别（一般为基层级）、GJB 2072 中的试验方案、置信度。

开展时机：工程研制阶段（初样阶段即策划、开展）核查、试验鉴定阶段验证。

输出：维修性评估结果。

综上得到维修性试验的主要输入输出关系如图 5.11 所示。

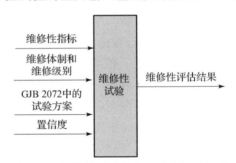

图 5.11　维修性试验的主要输入输出关系

5.3　测试性工作项目

根据《装备测试性工作通用要求》（GJB 2547A—2012）规定，无人装备测试性工作项目与其他装备相同，共包括测试性及其工作项目要求的确定、测试性管理、测试性设计与分析、测试性试验与评价、使用期间测试性评价与改进 5 个系列，共计 21 个项目。在型号相应的研制阶段需要开展相应的工作项目，其中测试性设计与分析工作作为测试性工作的重中之重共有 7 个工作项目。

第5章 无人装备通用质量特性工作项目分析

测试性工作项目及适用矩阵参见表 5.5。

表 5.5 测试性工作项目及适用矩阵（GJB 2547A—2012）

工作项目系列	标准条款	工作项目编号	工作项目名称	论证阶段	方案阶段	工程研制与试验鉴定阶段	生产与使用阶段
测试性及其工作项目要求的确定（100系列）	5.1	101	确定诊断方案和测试性要求	√	√	√	×
	5.2	102	确定测试性工作项目要求	√	√	×	×
测试性管理（200系列）	6.1	201	制订测试性计划	√	√	√	√
	6.2	202	制订测试性工作计划	△	√	√	√
	6.3	203	对承制方、转承制方和供应方的监督和控制	×	△	√	√
	6.4	204	测试性评审	△	√	√	△
	6.5	205	测试性数据收集、分析和管理	×	△	√	√
	6.6	206	测试性增长管理	×	△	√	△
测试性设计与分析（300系列）	7.1	301	建立测试性模型	△	√	√	×
	7.2	302	测试性分配	△	√	√	×
	7.3	303	测试性预计	×	△	√	×
	7.4	304	故障模式、影响及危害性分析——测试性信息	×	△	√	×
	7.5	305	制定测试性设计准则	×	△	√	×
	7.6	306	固有测试性设计和分析	×	△	√	△
	7.7	307	诊断设计	×	△	√	△

续表

工作项目系列	标准条款	工作项目编号	工作项目名称	论证阶段	方案阶段	工程研制与试验鉴定阶段	生产与使用阶段
测试性试验与评价（400系列）	8.1	401	测试性核查	×	△	√	×
	8.2	402	测试性验证试验	×	×	√	△
	8.3	403	测试性分析评价	×	×	√	△
使用期间测试性评价与改进（500系列）	9.1	501	使用期间测试性信息采集	×	×	×	√
	9.2	502	使用期间测试性评价	×	×	×	√
	9.3	503	使用期间测试性改进	×	×	×	√

注：√——适用；△——可选用；×——不适用。

根据《装备测试性工作通用要求》（GJB 2547A—2012）中的工作项目，以及型号的工作实际开展情况，分析其中与保障性、可靠性、维修性工作有关联性的项目，进行筛选后，得到无人装备测试性设计分析和试验验证类主要工作项目如表5.6所列。

表5.6 无人装备测试性设计分析和试验验证类主要工作项目

序号	工作项目	研制阶段		
		方案阶段	工程研制阶段	试验鉴定阶段
1	测试性建模	△	√	○
2	测试性分配	√	√	○
3	测试性预计	√	√	○
4	故障模式影响分析——测试性信息	△	√	○
5	诊断设计	×	√	○
6	测试性验证	×	√	√

注：√——适用；×——不适用；△——可选用；○——仅设计更改时适用。

5.3.1 测试性管理

1. 制订测试性工作计划

明确并合理地安排工作项目,以确保无人装备满足任务书或合同规定的测试性要求。制订测试性工作计划,主要内容包括:

(1) 测试性要求和测试性工作项目要求;

(2) 各项测试性工作项目的实施准则;

(3) 负责测试性工作管理和实施的机构及其职责,以及保证计划得以实施所需的组织、人员和经费资源的配备;

(4) 测试性工作与研制计划中可靠性、维修性和综合保障等其他工作协调的说明;

(5) 对测试性评审工作的具体安排;

(6) 测试性增长目标和增长方案的拟定;

(7) 测试性试验与评价工作的具体安排;

(8) 关键问题及其对实现测试性要求的影响,解决这些问题的方法或途径;

(9) 工作进度等。

适用对象为产品总体、各分系统及设备,适用时机为各研制阶段。测试性工作计划完成形式为产品测试性工作计划。

2. 对转承制方和供货方的监控

订购方对承制方、承制方对转承制方和供应方的测试性工作进行监督与控制,以确保承制方、转承制方和供应方有效完成测试性工作项目,交付的产品符合规定的测试性要求。对转承制方监督和控制的主要内容包括:

(1) 明确转承制方所负责产品的测试性定性和定量要求及验证方法;

(2) 明确转承制方测试性工作项目的要求;

(3) 审查转承制方的测试性工作计划;

(4) 参加转承制方设计评审、测试性试验等活动,对测试性工作进行监督和控制;

(5) 审查转承制方的测试性文件和报告,如测试性设计与分析报告、测试性试验报告、测试性分析评价报告等。

适用对象为转承制方,适用时机为各研制阶段。对转承制方负责产品的测试性要求应纳入相关的技术要求、任务书或合同中,主要包括:

（1）测试性设计检查在产品的测试性设计评审（可与设计评审结合进行）中进行，产品设计评审时提供测试性设计分析报告；

（2）转承制方应当按照要求向总体单位提供相关的测试性报告，主要包括测试性工作计划、测试性设计分析报告、测试性 FMEA 报告、测试性分析评价报告等；

（3）产品转阶段研制总结及出厂质量评审时，需对前一阶段开展的测试性工作进行总结，对产品当前的测试性水平做出初步分析，并对研制过程中发现的测试性问题的处理，采取的措施、改进设计等进行检查。

3. 测试性评审

保证所选定的设计和试验方案、实能进度与测试性要求的一致性。测试性评审工作内容主要包括：

（1）方案阶段评审内容包括：系统测试性及其工作项目要求的科学性和合理性，系统测试性要求是否符合诊断方案，是否按照测试性工作项目要求制订并落实测试性工作计划，测试性验证试验方案，测试性组织机构的落实情况；

（2）初样、试样研制阶段评审内容包括：测试性指标分配、FMECA等分析报告，测试性准则符合程度，测试性工作计划实施情况，测试性验证试验中发现的问题及其解决的情况。

适用对象为产品各分系统及设备，适用时机为各研制阶段。分系统、单机测试性评审一般可结合设计评审、转阶段评审、验收评审等进行，在评审报告中，要有专门的章节对产品的测试性设计、分析及试验情况等进行论述。

4. 测试性数据收集、分析和管理

收集、分析和管理研制、生产和使用过程中与测试性有关的数据，为测试设计分析、评价和改进提供信息。确定测试性数据收集要求，按要求进行测试性数据收集和分析。

适用对象为产品和设备，适用时机为方案、初样、试样和生产使用阶段。测试性数据收集应与可靠性、维修性、保障性和环境适应性数据收集过程相结合。具体实施要求主要包括：

（1）总体设计部门制定《产品测试数据收集要求》，设备承制单位按要求收集测试性数据；

（2）设备承制单位应按要求进行测试性数据收集，并进行测试性数据分析，其分析过程包括缺陷报告、原因分析、纠正措施的确定和验证，以及反馈到设计、生产中的过程。

5. 测试性增长管理

及时发现测试性问题并安排纠正措施,以实现测试性增长。从研制初期开始对重要设备实施测试性增长管理,对产品研制的各项有关试验发现的测试性问题进行分析与改进,提高产品的测试水平。

适用对象为重要设备,适用时机为工程研制阶段和试验鉴定阶段。具体实战要求包括:

（1）注重对测试性数据的收集与分析;

（2）对发现的测试性问题,及时给以改进;

（3）总结具有继承性的成熟产品的研制经验,针对存在的测试性薄弱环节,采取改进完善措施。

5.3.2 测试性建模

测试性模型（testability model）是指为分配、预计、设计、分析或评估产品的测试性所建立的模型。测试性模型有图示模型和数学模型。测试性图示模型包括功能流程图、功能层次框图、多信号流图等。测试性数学模型是描述产品参数和产品特性关系的数学关系式,如测试性指标的分配和预计公式、相关性矩阵等。

输入:产品的设计资料,如产品组成、信号流图、维修部位、故障诊断部位,以及对应测试参数和诊断的难易程度等;测试性要求;产品的性能数据、维修性数据和可靠性数据等。

开展时机:方案阶段开始。

输出:产品测试性物理模型和数学模型。

综上得到测试性建模的主要输入输出关系如图 5.12 所示。

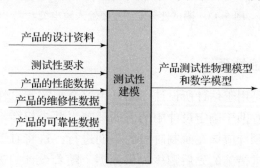

图 5.12 测试性建模的主要输入输出关系

5.3.3 测试性分配

系统的测试性设计指标（测试性定量要求）是由订购方提出的，承制方进行测试性设计时需要将系统测试性指标逐级分配到规定的产品层次，如分系统、LRU/LRM 或 SRU 等。测试性分配的目的就是明确各层次产品的测试性设计指标，并将分配的指标纳入相应的产品设计要求或设计规范，作为测试性设计和验收的依据。各层次产品的设计均达到了分配的测试性指标，才能保证整个系统设计达到规定的测试性要求。

输入：装备的使用要求，装备构成、装备特点、功能划分，要进行测试性分配的产品及设计数据，待分配的测试性定量指标，产品的可靠性、维修性、保障性要求及诊断方案，维修等级划分、测试设备规划以及类似产品经验，产品的故障模式、故障影响、故障率，测试性模型，费用。

开展时机：方案阶段开始。

输出：分配数据表或分配结果。

综上得到测试性分配的主要输入输出关系如图 5.13 所示。

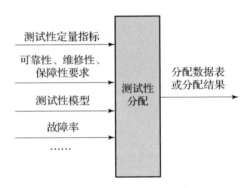

图 5.13 测试性分配的主要输入输出关系

5.3.4 测试性预计

测试性预计是用于估计所设计产品是否符合规定测试性要求的一种方法。测试性预计有助于确定设计中的薄弱环节，并为权衡不同设计方案提供依据。测试性预计应该在研制阶段的早期进行，这将有助于对设计进行评审和为安排改进措施的先后顺序提供依据。随着设计的进展，在获得更为详细的信息后，应进行更为详细的测试性预计。

输入：装备及其组成部分的功能描述、功能划分，要进行测试性预计的产品设计数据（BIT 方案、测试原理与方法、测试内容、测试点的选择情况等），FMEA 结果，维修方案，类似产品的测试经验，测试性模型，产品的故障模式、故障率。

开展时机：方案阶段开始。

输出：功能框图（含 BIT 和测试点）、部件测试方法清单、选用的测试性预计模型、测试性预计过程及预计结果、未能检测与隔离的功能。

综上得到测试性预计的主要输入输出关系如图 5.14 所示。

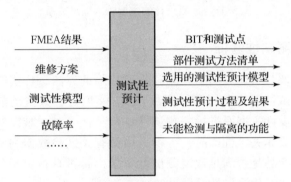

图 5.14　测试性预计的主要输入输出关系

5.3.5　诊断设计

诊断设计是指对诊断对象进行故障诊断的总体构想。它主要包括诊断的对象、范围、功能、使用方法、诊断要素和诊断能力，以及对应的维修级别等。装备的诊断方案应考虑运行中和各级维修的需求，而组成装备的系统和设备的诊断方案在装备诊断方案的基础上确定。一般在运行中使用 BIT 和性能监测（有的装备还要求设计中央测试系统），基层级维修使用 BIT 和/或便携式测试设备，中继级和基地级维修使用自动测试设备，必要时进行人工测试。

输入：诊断方案和测试要求、FMEA 结果、固有测试性设计结果、系统或设备设计结果。

开展时机：工程研制阶段。

输出：嵌入式诊断设计结果、外部诊断设计结果、测试需求文件、与外部测试设备的接口控制文件。

综上得到诊断设计的主要输入输出关系如图 5.15 所示。

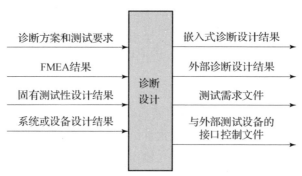

图 5.15 诊断设计的主要输入输出关系

5.3.6 测试性验证

测试性验证是指通过演示检测和隔离故障的方法，评定所研制产品是否达到规定测试性要求的过程，需要注入/模拟足够数量的故障样本。这是一项为产品设计定型而进行的测试性试验工作。对于难以实施测试性验证试验的产品或非关键性产品，可以采用对有关试验数据和资料综合分析的方法，评价产品是否满足规定测试性要求，是否具备定型条件，即用综合分析评价方法替代测试性验证试验。

输入：受试产品测试性要求、FMEA 结果、受试产品的使用维护说明书和有关故障诊断文件（或试验大纲）。

开展时机：工程研制阶段进行摸底、核查，试验鉴定阶段进行鉴定验证。

输出：测试性验证结果。

综上得到测试性验证的主要输入输出关系如图 5.16 所示。

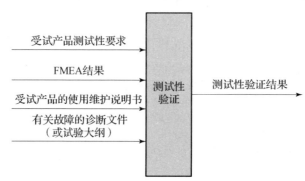

图 5.16 测试性验证的主要输入输出关系

5.4 保障性工作项目

《装备保障性分析》(GJB 1371—1992)和《装备综合保障通用要求》(GJB 3872—1999)两个标准中均规定了相应的保障性工作项目,无人装备保障性工作项目与其他装备相同。

1. 保障性分析工作项目 (GJB 1371—1992)

《装备保障性分析》(GJB 1371—1992)中规定了装备在寿命期内进行保障性分析、评估及其管理的要求,作为提出保障性分析要求、确定保障性分析工作和制订保障性分析计划、指导分析工作的基本依据,该标准中所列的工作项目主要包括保障性分析工作的规划与控制、装备与保障系统的分析、备选方案的制定与评价、确定保障资源要求、保障性评估5个系列,共计15个项目。该标准中规定的工作项目或子项目,包括可根据系统和设备特点及寿命期的不同阶段进行适当的剪裁。

保障性分析工作项目及适用矩阵参见表5.7。

表5.7 保障性分析工作项目及适用矩阵 (GJB 1371—1992)

工作项目系列	工作编号	工作项目名称	论证阶段	方案阶段 方案论证	方案阶段 方案确认	工程研制与试验鉴定阶段	生产与使用阶段
保障性分析工作的规划与控制 (100系列)	101	制订保障性分析工作纲要	√	√	√	√	√
	102	制订保障性分析计划	√	√	√	√	√
	103	有关保障性分析的评审	√	√	√	√	√
装备与保障系统的分析 (200系列)	201	使用研究	√	√	√	√	×
	202	硬件、软件及保障系统的标准化	√	√	√	√	√
	203	比较分析	√	√	√	√	×
	204	改进保障性的技术途径	√	√	√	△	×
	205	保障性和有关保障性的设计因素	√	√	√	√	○

续表

工作项目系列	工作编号	工作项目名称	论证阶段	方案论证	方案确认	工程研制与试验鉴定阶段	生产与使用阶段
备选方案的制定与评价（300系列）	301	确定功能要求	△	√	√	√	○
	302	确定保障系统的备选方案	△	√	√	√	○
	303	备选方案的评价与权衡分析	△	√	√	√	○
确定保障资源要求（400系列）	401	使用与维修工作分析	×	×	△	√	○
	402	早期现场分析	×	×	×	√	○
	403	停产后保障分析	×	×	×	×	√
保障性评估（500系列）	501	保障性试验、评价与验证	△	√	√	√	√

注：√——适用；△——可选用；○——仅设计更改时适用；×——不适用。

2. 综合保障工作项目（GJB 3872—1999）

《装备综合保障通用要求》（GJB 3872—1999）规定了装备寿命期综合保障的要求和工作项目，无人装备与其他装备相同，主要包括综合保障的规划与管理、规划保障、研制与提供保障资源、装备系统的部署保障、保障性试验与评价5个系列，共计13个项目。该标准规定的工作项目可根据具体装备的类型、使用要求、费用、进度和所处寿命周期阶段等进行剪裁。

综合保障工作项目参见表5.8。

表5.8 综合保障工作项目（GJB 3872—1999）

工作项目系列	标准条款	工作项目名称
综合保障的规划与管理	5.1.1	制订综合保障计划
	5.1.2	制订综合保障工作计划
	5.1.3	综合保障评审
	5.1.4	对转承制方和供应方的监督与控制

续表

工作项目系列	标准条款	工作项目名称
规划保障	5.2.1	规划使用保障
	5.2.2	规划维修
	5.2.3	规划保障资源
研制与提供保障资源	5.3.1	研制保障资源
	5.3.2	提供保障资源
装备系统的部署保障	5.4	装备系统的部署保障
保障性试验与评价	5.5.1	保障性设计特性的试验与评价
	5.5.2	保障资源试验与评价
	5.5.3	系统战备完好性评估

根据《装备综合保障通用要求》(GJB 3872—1999)中的工作项目，以及型号的工作实际开展情况，分析其中与可靠性、维修性、测试性工作有关联性的项目，进行筛选后，得到无人装备保障性设计分析和试验验证类主要工作项目，如表5.9所列。

表5.9 无人装备保障性设计分析和实验验证类工作主要工作项目

序号	工作项目名称	研制阶段		
		方案阶段	工程研制阶段	试验鉴定阶段
1	RCMA	△	√	○
2	LORA	×	√	○
3	O&MTA	×	√	○
4	制定维修保障方案	√	√	○
5	保障资源规划	√	√	○
6	保障性设计特性试验	×	√	√

注：√——适用；×——不适用；△——可选用；○——仅设计更改时适用。

5.4.1 保障性管理

1. 建立保障性工作体系

无人保障性工作体系的构成及职责如下：

1) 型号指挥系统（含各级质量、计划等管理部门）
(1) 负责制订、监督、考核保障性工作计划；
(2) 负责组织型号产品各级的保障性技术评审；
(3) 负责协调解决保障性工作中的问题；
(4) 负责提供保障性工作保障条件；
(5) 其他。

2) 设计师系统（含保障性专业人员）
(1) 负责制定保障性大纲；
(2) 负责研究各级、各类产品保障性设计、分析、试验、评估方法；
(3) 负责完成各级、各类产品保障性设计、分析、试验、评估工作；
(4) 负责协调解决保障性技术问题；
(5) 其他。

2. 制定分系统保障性大纲

各分系统应按照本文件，针对本系统的特点，细化制定分系统保障性大纲，并经过外部评审。

3. 制订保障性工作计划

保障性工作计划是产品研制计划的重要组成部分，应与产品其他研制计划相适应、相协调，并纳入产品的研制计划，统一组织实施、考核。保障性工作计划的主要内容至少应包括保障性工作项目、工作要求、完成时间、完成形式、责任单位、质量控制方式、资源保障条件等。

4. 对转承制方与供应方的监控

承制方与供应方应对转承制方的保障性工作进行及时有效的监督与控制。承制方与供应方应在合同、任务书或其他技术文件中规定并实施以下监控内容：

(1) 保障性定性与定量要求及其落实情况；
(2) 应遵循的保障性技术管理文件、标准规范及其落实情况；
(3) 保障性工作项目、要求及其落实情况；
(4) 承制方应参加的技术评审和试验项目；
(5) 转承制方应向承制方提供的保障性数据、文件资料等。

5. 保障性信息的收集与管理

为了实现保障性信息的闭环管理,保障性信息按照型号产品结构层次采用分级管理模式,总体及各分系统应在研制任务书、设计技术要求或合同中明确规定应收集的保障性信息,并形成自下而上、自上而下的保障性数据双向传递机制。

保障性信息一般包括:

(1) 以往产品可借鉴的保障性相关信息;
(2) 使用与维修要求;
(3) 使用与维护工作清单;
(4) 人员的保障要求;
(5) 保障设备要求;
(6) 保障设施要求;
(7) 包装与供应要求;
(8) 保障性设计项目清单;
(9) 保障性设计方案;
(10) 保障性分析的结果;
(11) 其他保障性相关信息。

6. 保障性评审

保障性评审一般可结合设计评审、转阶段评审、验收评审、出厂评审等进行,在评审报告中,要有专门的章节对产品的保障性工作开展情况、保障性要求满足情况等进行论述。

7. 保障性培训

应将本大纲规定的保障性工作项目,分类归纳成若干专题,对设计师系统及相关人员进行业务培训,使其达到合格上岗要求。

8. 保障性会签

以下技术文件应经过保障性总体设计人员会签:

(1) 分系统任务书或设计技术要求;
(2) 分系统保障性大纲;
(3) 分系统保障性分析或评估报告。

5.4.2 以可靠性为中心的维修性分析

以可靠性为中心的维修性分析(reliability centered maintenance analysis, RCMA)是按照以最少的维修资源消耗保障产品固有可靠性和安全性的原则，应用逻辑决断的方法确定预防性维修要求的过程。其目的是通过确定适用而有效的预防性维修工作，以最少的资源消耗保持和恢复产品的安全性和可靠性的固有水平，并在必要时提供改进设计所需的信息。RCMA 通常包括系统和设备 RCMA、结构 RCMA 和区域检查分析三项工作内容。

输入：产品的结构层次及组成，各层次产品的功能描述；各层次产品的故障信息，包括产品的 FMEA 结果、FRACAS 中的故障信息（故障模式、故障原因和故障影响，潜在故障判据，产品从潜在故障发展到功能故障的时间，功能故障，潜在故障可能的检测方法）；产品的维修保障信息，包括维修方法、过程及所需人力、备件、工具、设备、工时等。

开展时机：工程研制阶段（初样阶段开始）、试验鉴定阶段。

输出：预防性维修项目清单；预防性维修项目的维修间隔期及维修级别建议。

综上得到 RCMA 的主要输入输出关系如图 5.17 所示。

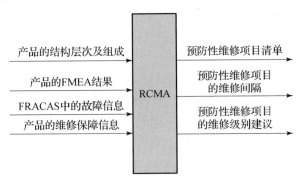

图 5.17 RCMA 的主要输入输出关系

5.4.3 维修级别分析

维修级别分析（level of repair analysis，LORA）是一种系统性的权衡分析方法，是在产品研制、生产和使用阶段对预计有故障的产品（一般指设备、组件和部件）进行非经济性或经济性的分析以确定可行的修理或报废的维修级别的过程。

输入：RCMA 结果、使用与维修工作分析中的待维修项目。

开展时机：工程研制阶段（初样阶段开始）、试验鉴定阶段。

输出：修理级别方案。

综上得到 LORA 的主要输入输出关系如图 5.18 所示。

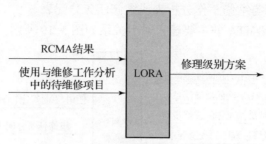

图 5.18　LORA 的主要输入输出关系

5.4.4　使用与维修工作分析

使用与维修工作分析（operation and maintenance task analysis，O&MTA）是将产品的使用与维修工作区分为各种工作类型和分解为作业步骤而进行的详细分析，以确定各项保障工作所需的资源要求，如需要的备件、保障设备、保障设施、技术手册、各维修级别所需的人员数量、维修工时及技能等。

使用与维修工作分析的目的是通过分析每项使用与维修工作来确定保障资源要求。在进行使用与维修工作分析时，首先应确定各项使用保障工作、预防性维修工作及修复性维修工作，使用保障工作可以根据产品的使用任务、使用时间、使用环境、产品特性（功能、性能、材料等）等开展使用工作分析来确定，预防性维修工作是根据 RCMA 来确定的，修复性维修工作是根据 FMECA 结果确定的；在此基础上，针对确定的每项工作拟定详细的作业步骤，即将每项工作分解为子工作并确定各子工作的顺序关系；而后根据各项工作的特点，分别进行工作与技能分析、时线分析以确定每项作业步骤的保障资源需求，在确定保障资源需求时要考虑每项使用与维修工作是否需要保障资源，需要哪些保障资源，以及对所需的保障资源的数量、功能和参数等有何要求；最后编制汇总成使用与维修工作分析结果文件。

输入：武器系统任务剖面、寿命剖面及其状态；武器系统的使用保障过程；武器系统到 LRU 层次产品的故障信息；待分析的各项维修任务，RCMA 输出的预防性维修任务；各项维修工作的维修步骤；维修过程中的资源要求（备件、人力、设备、工具、设施要求、维修工时等）；建议完成维修任务的维修级别。

开展时机：工程研制阶段（初样阶段开始）、试验鉴定阶段。

输出：使用与维修工作分析表或维修任务分配表。

综上得到 O&MTA 的主要输入输出关系如图 5.19 所示。

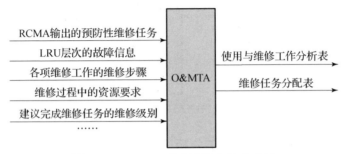

图 5.19　O&MTA 的主要输入输出关系

5.4.5　制定维修保障方案

维修保障方案包括规划预防性维修保障和修复性维修（修理）保障。制定预防性维修保障方案主要采用以可靠性为中心的维修（RCMA）。它是按照以最少的维修保障资源消耗来保障装备固有可靠性和安全性原则，应用逻辑推断的方法确定装备预防性维修要求的活动，其中包括系统和设备 RCMA、结构 RCMA 和区域检查分析三项工作。装备预防性维修要求是编制有关维修技术资料，例如，维修工作卡，维修技术规程手册和需要的维修资源、备件、消耗品、仪器和人力等的依据。预防性维修要求一般包括需预防性维修的产品、工作的类型、工作间隔期和修理级别等。修复性维修（修理）保障分析主要采用修理级别分析（LORA）的方法。它是在装备研制时根据装备修理的约定层次与维修级别关系，分析确定产品发生故障或损坏时是报废还是修理，如需修理在哪一修理级别机构修理为最佳。LORA 不仅直接确定了装备各组成或修理或报废的地点，而且确定了各修理级别所需配备的保障设备（如检测维修车）、备件、工具、人员及技术水平的训练等要求的信息。

输入：FMEA、RCMA、LORA、O&MTA 等维修分析结果。

开展时机：方案阶段（初步方案）、工程研制阶段（初样阶段开始）、试验鉴定阶段。

输出：维修保障方案和维修保障计划。

综上得到制定维修保障方案的主要输入输出关系如图 5.20 所示。

第 5 章 无人装备通用质量特性工作项目分析

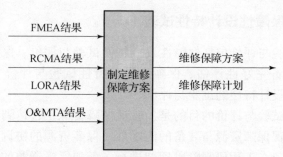

图 5.20 制定维修保障方案的主要输入输出关系

5.4.6 保障资源规划

保障资源是装备使用和维修的重要物质基础。规划保障资源是装备研制工作的一个重要组成部分。只有形成优化的保障系统，才能完好地保障装备达到规定的战备完好性或可用性要求。规划保障资源工作主要包括确定保障资源的种类和保障资源的数量并加以研制。

输入：使用保障方案、维修保障方案。

开展时机：工程研制阶段（初样阶段开始）、试验鉴定阶段。

输出：人力与人员规划；供应保障规划；保障设备规划；保障设施规划；训练与训练保障规划；技术资料规划；包装、装卸、贮存和运输保障规划；计算机资源保障规划。

综上得到保障资源规划的主要输入输出关系如图 5.21 所示。

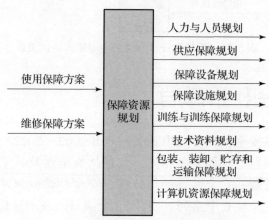

图 5.21 保障资源规划的主要输入输出关系

5.4.7 保障性设计特性试验

保障性试验与评价包括保障性设计特性试验与评价、保障资源试验与评价和系统战备完好性评估。保障性设计特性试验与评价主要包括可靠性、维修性等设计特性的试验与评价。

保障资源试验与评价的目的是,验证保障资源是否达到规定的功能和性能要求,确保保障资源与装备的匹配性、保障资源的协调性。保障资源试验与评价一般在工程研制阶段后期进行。各项保障资源的评价应尽可能综合进行,并尽量和保障性设计特性的试验与评价,尤其是维修性验证和演示结合进行,从而最大限度地利用资源,减少重复工作,对不能在该阶段进行评价的保障资源,可在后续阶段具备条件时尽早进行。

输入:可靠性试验、维修性试验、测试性试验、保障性试验。
开展时机:工程研制阶段(初样阶段开始)、试验鉴定阶段。
输出:保障性设计特性评价。

综上得到保障性设计特性的主要输入输出关系如图 5.22 所示。

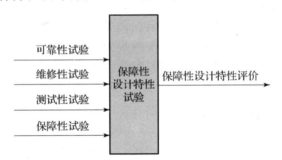

图 5.22 保障性设计特性的主要输入输出关系

5.5 安全性工作项目

根据《装备安全性工作通用要求》(GJB 900A—2012)规定,无人装备安全性工作项目与其他装备相同,共包括安全性及其工作项目要求的确定、测试性管理、安全性设计与分析、安全性试验与评价、装备的使用安全、软件安全性6个系列,共计28个项目。在型号相应的研制阶段需要开展相应的工作项目,对于型号安全性工作而言,重要的一类工作是安全性管理,安全性管理共有10个工作项目,其次为安全性设计与分析和软件安全性，分别为 6 个工作项目。安全性工作项目及适用矩阵参见表 5.10。

表 5.10 安全性工作项目及适用矩阵（GJB 900A—2012）

工作项目系列	标准条款	工作项目编号	工作项目名称	论证阶段	方案阶段	工程研制与试验鉴定阶段	生产与使用阶段
安全性及其工作项目要求的确定（100 系列）	5.1	101	确定安全性要求	√	√	×	×
	5.2	102	确定安全性工作项目要求	√	√	×	×
安全性管理（200 系列）	6.1	201	制订安全性计划	√	√	√	√
	6.2	202	制订安全性工作计划	△	√	√	√
	6.3	203	建立安全性工作组织机构	△	√	√	√
	6.4	204	对承制方、转承制方和供应方的安全性综合管理	△	√	√	√
	6.5	205	安全性评审	√	√	√	√
	6.6	206	危险跟踪与风险处理	√	√	√	√
	6.7	207	安全性关键项目的确定与控制	△	√	√	△
	6.8	208	试验的安全	△	√	√	△
	6.9	209	安全性工作进展报告	△	√	√	△
	6.10	210	安全性培训	×	√	√	√
安全性设计与分析（300 系列）	7.1	301	安全性要求分解	×	√	△	×
	7.2	302	初步危险分析	△	√	△	△
	7.3	303	制定安全性设计准则	△	√	△	×

续表

工作项目系列	标准条款	工作项目编号	工作项目名称	论证阶段	方案阶段	工程研制与试验鉴定阶段	生产与使用阶段
安全性设计与分析（300系列）	7.4	304	系统危险分析	×	△	√	△
安全性设计与分析（300系列）	7.5	305	使用与保障危险分析	×	△	√	△
安全性设计与分析（300系列）	7.6	306	职业健康危险分析	×	√	√	△
安全性验证与评价（400系列）	8.1	401	安全性验证	×	△	√	△
安全性验证与评价（400系列）	8.2	402	安全性评价	×	√	√	△
装备的使用安全（500系列）	9.1	501	安全性信息收集	×	×	×	√
装备的使用安全（500系列）	9.2	502	使用安全保障	×	×	×	√
软件安全性（600系列）	10.1	601	外购与重用软件的分析与测试	×	√	×	×
软件安全性（600系列）	10.2	602	软件安全性需求与分析	√	√	×	×
软件安全性（600系列）	10.3	603	软件设计安全性分析	×	√	√	△
软件安全性（600系列）	10.4	604	软件代码安全性分析	×	△	√	√
软件安全性（600系列）	10.5	605	软件安全性测试分析	×	×	√	△
软件安全性（600系列）	10.6	606	运行阶段的软件安全性工作	×	×	×	√

注：√——适用；×——不适用；△——可选用。

根据《装备安全性工作通用要求》（GJB 900A—2012）中的工作项目，以及型号的工作实际开展情况，分析其中与可靠性、维修性、测试性、保障性、环境适应性工作有关联性的项目，进行筛选后，得到无人装备安全性设计分析和试验验证类主要工作项目如表5.11所列。

表 5.11　无人装备安全性设计分析和试验验证类主要工作项目

序号	工作项目	研制阶段		
		方案阶段	工程研制阶段	试验鉴定阶段
1	初步危险分析表	√	△	×
2	初步危险分析	√	△	×
3	系统危险分析	△	√	△
4	使用和保障维修分析	△	√	△
5	安全性试验	△	√	△

注：√——适用；×——不适用；△——可选用；○——仅设计更改时适用。

5.5.1　安全性管理

1. 建立安全性工作体系

原则上安全性工作体系与可靠性工作体系相同。安全性工作体系的构成及职责如下：

1）型号指挥系统（含各级计划、质量等管理部门）

（1）负责制订、监督、考核安全性工作计划；

（2）负责组织产品各级的安全性技术评审；

（3）负责协调解决安全性工作中的问题；

（4）负责提供安全性工作保障条件；

（5）其他。

2）设计师系统（含安全性专业人员）

（1）负责制定安全性大纲；

（2）负责研究各级、各类产品安全性设计、分析、试验、评估方法；

（3）负责完成各级、各类产品安全性设计、分析、试验、评估工作；

（4）负责协调解决安全性技术问题；

（5）其他。

2. 制定分系统安全性大纲

各分系统应按照产品安全性大纲，针对本系统的特点，细化制定分系统安全性大纲，并经过外部评审。

3. 制订安全性工作计划

安全性工作计划是产品研制计划的重要组成部分，应与产品其他研制计划相适应、相协调，并纳入产品的研制计划，统一组织实施、考核。安全性工作计划的主要内容至少应包括安全性工作项目、工作要求、完成时间、完成形式、责任单位、质量控制方式、资源保障条件等。

4. 对转承制方与供应方的监控

产品承制方应对转承制方与供应方的安全性工作提出要求并进行监督与控制，承制方应在合同、任务书或其他技术文件中规定并实施以下监控内容：

（1）安全性定性/定量要求及其落实情况；

（2）应遵循的安全性技术管理文件、标准规范及其落实情况；

（3）安全性工作项目、要求及其落实情况；

（4）承制方应参加的技术评审和试验项目；

（5）转承制方应向承制方提供的安全性数据、文件资料等。

5. 安全告知

各参研单位设计人员应在产品任务书、制造验收技术条件等有关技术文件中，对产品安全相关的内容进行提示或告知，主要包括：

（1）应对产品中有关液体、固体、气体化学性质、毒性、放射性、电压、温度、湿度、压力、起重、运输、包装等易对人员、产品构成的危险有害因素进行告知；

（2）应对可能出现的危险因素进行说明；

（3）应明确产品外观及包装上对可能出现的危险因素及应急处理措施标识要求。

6. 危险跟踪与风险处置

型号产品按 GJB 900A 要求，执行危险跟踪与风险处置，既可建立独立的安全信息系统，也可结合故障报告、分析与纠正措施系统（FRACAS）进行。各参研单位设计部门在产品生产、装配、试验、贮存、运输、测试、使用、销毁等过程中发现安全隐患或发生安全事故时，应向各单位主管部门报告，并启动分析处理工作，分析隐患/事故发生原因，需要时从设计上加以改进或采取防护、告警等措施。

7. 安全性信息收集和管理

为了实现产品安全性信息的闭环管理，安全性信息按照型号产品结构层次采用分级管理模式，总体及各分系统应在产品规定的安全性信息收集和管理要求中规定应收集的安全性信息,并形成自下而上、自上而下的安全性数据双向传递机制。

安全性信息一般包括:

(1) 一般危险源及能源清单;

(2) 初步危险分析表;

(3) 系统危险分析过程记录及结果;

(4) 使用与保障危险分析过程记录及结果;

(5) 职业健康危险分析过程记录及结果;

(6) 安全性试验相关信息:跌落试验、破坏性验证试验及其他与安全性相关的试验,应记录试验名称、参试产品名称及编号、安全性要求、设计使用条件、安全系数、试验危险因素及试验安全性控制措施、产品失效数等。

8. 安全性评审

在转阶段、出厂等关键节点,产品应进行安全性专项评审。安全性专项评审内容一般包括以下几方面内容:

(1) 安全性设计情况及采取的安全性保证措施;

(2) 安全性分析工作情况(如危险分析等);

(3) 安全性试验项目及试验结果;

(4) 安全性遗留工作;

(5) 后续安全性工作策划。

分系统、单机安全性评审一般可结合设计评审、转阶段评审、验收评审等进行,在评审报告中,要有专门的章节对产品的安全性设计、分析及试验情况等进行论述。

9. 安全性培训

型号办公室及各参研单位应将本大纲规定的安全性工作项目,分类归纳成若干专题,对设计师系统及相关人员进行业务培训,使其达到合格上岗要求。

10. 安全性会签

以下技术文件应经过安全性总体设计人员会签:

(1) 总体对分系统任务书或设计技术要求;

(2) 分系统安全性大纲;

(3) 分系统安全性分析或评估报告;

(4) 分系统安全性试验方案及试验结果分析报告。

11. 安全性控制

1) 生产过程安全性控制

设计部门与生产部门应对生产过程的安全性实施控制。

(1) 生产单位应全面识别和分析生产过程的危险源,制定生产过程安全性保证措施;

(2) 对涉及人员安全的关键工艺须进行安全性评审;

(3) 控制工程更改和超差、代料,避免更改、超差、代料降低产品生产和使用安全性;

(4) 当从生产方面采取措施难以将风险等级降低到可接受水平时,生产部门应向设计部门反馈,设计部门应从设计上采取措施。

2) 试验安全性控制

设计部门与试验部门应对各类试验过程的安全性实施控制,以消除或降低试验中的灾难性危险和严重性危险。

(1) 对于大型试验及各种存在危险源的试验,试验抓总设计部门应组织全面识别和分析试验过程的危险源,包括对人员、产品、设备、设施、环境的影响,制定试验过程的安全性保证措施;

(2) 飞行试验前应形成安全性分析报告,并经审定;

(3) 试验抓总设计部门应在试验方案(大纲)中提出试验全过程安全性要求及应急预案,各分系统均应制定飞行试验的应急预案;

(4) 试验部门应在试验实施方案(大纲)或有关文件中明确相关方的安全职责及试验现场安全管理机制;

(5) 在试验前,试验方案(大纲)、试验实施方案(大纲)及应急预案等应通过安全性评审。

5.5.2 初步危险分析表

初步危险分析表是一种在进行工程、建设或实验等活动前进行的初步危险识别和评估工具。该表包括列举可能存在的各种危险,评估其影响和后果,并梳理已采取的控制措施。通过这一过程,能够识别潜在风险,制定有效的防范和控制策略,以确保工作场所的安全性。初步危险分析表不仅帮助组织提前预防事故和伤害发生,还为制订安全计划和行动方案提供了基础,促进了工作场所的可持续发展和员工的安全福祉。

输入:产品的结构层次及组成,各层次产品的功能描述,产品的典型使用环境剖面等。

第5章 无人装备通用质量特性工作项目分析

开展时机：方案阶段、工程研制阶段（早期）。

输出：危险源清单与危险事件清单。

综上得到初步危险分析表的主要输入输出关系如图 5.23 所示。

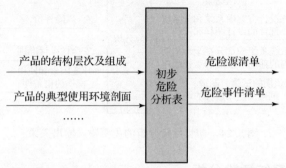

图 5.23 初步危险分析表的主要输入输出关系

5.5.3 初步危险分析

初步危险分析应在产品研制开发的早期开展，初步识别产品设计方案中可能存在的危险（危险源）并进行初步的风险评价，提出后续安全性管理和控制的措施。它是系统危险分析和其他危险分析的基础。

初步危险分析应根据产品特点和初步设计方案，利用相似产品安全性信息和工程经验，选用适合的危险（危险源）检查单。初步识别具有危险特性的功能、产品组成、材料以及与环境有关的危险因素，分析可能的危险并编制出初步危险分析表。针对初步危险分析表，开展初步分析。通过分析针对危险的可能性和影响的严重性，应用风险指数评价法等方法，初步评价风险并提出安全性管理与控制措施，以便在方案选择和权衡中考虑安全性问题。

输入：初步危险分析表，FMECA 中的故障信息，功能危险性评估（FHA）结果，各设计方案中系统和分系统部件的设计图样和资料，系统各组成部分在全寿命周期内的活动、功能和工作顺序，在预期的试验、制造、贮存、维修及使用过程的场所等。

开展时机：方案阶段、工程研制阶段（初样阶段）。

输出：安全性关键项目、风险评价、安全性设计准则、环境因素和使用操作约束条件。

综上得到初步危险分析的主要输入输出关系如图 5.24 所示。

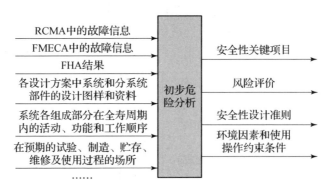

图 5.24 初步危险分析的主要输入输出关系

5.5.4 系统危险分析

系统危险分析用于确定整个系统设计中有关安全问题的部位，包括易受人为差错影响的重要组件，以及分系统间的关键接口。在方案设计评审后应对系统开始进行危险分析，在设计完成之前应不断修改；当设计更改时，应评价这些更改对系统及分系统安全性的影响；系统危险分析应提出消除或降低已判定的危险及其风险的纠正措施。

输入：分系统间的功能关系、能量流关系，初步危险分析结果、关联故障分析结果、使用与维修工作分析、FMECA 结果。

开展时机：工程研制阶段（初样阶段开始）、试验鉴定阶段。

输出：详细危险清单安全性关键项目。

综上得到系统危险分析的主要输入输出关系如图 5.25 所示。

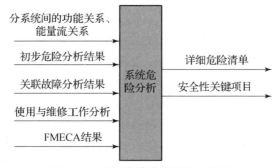

图 5.25 系统危险分析的输入输出

5.5.5 使用和保障危险分析

使用和保障危险分析是为了确定和评价系统在试验、安装、改装、维修、保障、运输、地面保养、储存、使用、应急脱离、训练、退役和处置等过程中与环境、人员、规程和设备有关的危险，确定为消除已判定的危险或将其风险减少到有关规定或合同规定的可接受水平所需的安全性要求或备选方案。

输入：详细危险清单、产品全寿命周期过程所经历的环境剖面、使用保障方案、维修保障方案、保障资源规划结果、FMECA 结果。

开展时机：工程研制阶段、试验鉴定阶段。

输出：详细危险事件、形成保障规程约束。

综上得到使用和保障危险的主要输入输出关系如图 5.26 所示。

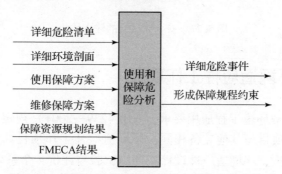

图 5.26 使用和保障危险分析的主要输入输出关系

5.5.6 安全性试验

安全性试验的目的是，对开发的新产品验证其安全关键的软硬件以及编制的安全关键规程等是否满足研制总要求或研制任务书所规定的安全性定性和定量要求。由于产品发生安全事故是一个极小概率的事件，因此，安全性的定量要求都很高。例如，安全可靠性要求都大于 $1-10^{-6}$，在要求如此高的情况下想设计定型时用有限的样本量通过试验来验证是几乎不可能的。因此，安全性的试验要始终贯穿在研制开发的过程中。一是从系统、分系统、单机、部件到零件的"层层把关验证"；二是研制过程的"转阶段把关验证"，一旦发现有重大安全隐患，就不能转入下一个阶段的研制；三是在产品设计定型时的"定型把关验证"。抓好这三个把关验证是安全性管理的重点工作。在把关验证时，应开展安全性的评价。

输入：安全性指标、产品使用环境条件。

开展时机：工程研制阶段（初样阶段即策划、开展）核查、试验鉴定阶段验证。

输出：安全性评估结果。

综上得到安全性试验的主要输入输出关系如图 5.27 所示。

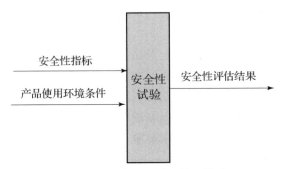

图 5.27　安全性试验的输入输出

5.6　环境适应性工作项目

根据《装备环境工程通用要求》（GJB 4239—2001）规定，无人装备环境适应性工作项目与其他装备相同，环境适应性工作项目共包括环境工程管理、环境分析、环境适应性设计、环境试验与评价 4 个系列，共计 20 个项目。在型号相应的研制阶段、由规定的责任单位开展相应的工作项目。对于型号环境适应性工作而言，最重要、占比最大的是环境试验与评价工作，共有 9 个工作项目，其次为环境工程管理与环境分析两类工作，分别为 4 个工作项目。

环境适应性工作项目及适用矩阵参表 5.12。

表 5.12　环境适应性工作项目及适用矩阵（GJB 4239—2001）

工作项目系列	标准条款	工作项目编号	工作项目名称	论证阶段	方案阶段	工程研制与试验鉴定	生产与使用阶段
环境工程管理（100 系列）	5.1.1	101	制订环境工程工作计划	√	△	△	△
	5.1.2	102	环境工程工作评审	√	√	√	√

第5章 无人装备通用质量特性工作项目分析

续表

工作项目系列	标准条款	工作项目编号	工作项目名称	论证阶段	方案阶段	工程研制与试验鉴定	生产与使用阶段
环境工程管理（100系列）	5.1.3	103	环境信息管理	△	√	√	√
	5.1.4	104	对转承制方和供应方的监督和控制	△	√	√	√
环境分析（200系列）	5.2.1	201	确定寿命期环境剖面	√	√	△	×
	5.2.2	202	编制使用环境文件	√	√	△	×
	5.2.3	203	确定环境类型及其量值	√	√	△	×
	5.2.4	204	实际产品试验的替代方案	×	√	△	×
环境适应性设计（300系列）	5.3.1	301	制定环境适应性设计准则	×	√	△	×
	5.3.2	302	环境适应性设计	×	△	√	×
	5.3.3	303	环境适应性预计	×	△	√	×
环境试验与评价（400系列）	5.4.1	401	制订环境试验与评价总计划	×	△	√	×
	5.4.2.1	402	环境适应性研制试验	×	△	√	×
	5.4.2.2	403	环境响应特性调查试验	×	×	√	×
	5.4.2.3	404	飞行器安全性环境试验	×	×	√	×
	5.4.2.4	405	环境鉴定试验	×	×	√	×
	5.4.2.5	406	批生产装备（产品）环境试验	×	×	×	√
	5.4.3	407	自然环境试验	×	√	√	√
	5.4.4	408	使用环境试验	×	×	×	√
	5.4.5	409	环境适应性评价	×	×	√	√

注：√——适用；×——不适用；△——可选用。

根据《装备环境工程通用要求》(GJB 4239—2001)中的工作项目,结合型号在环境适应性工作的开展情况,全面梳理其与可靠性、安全性、维修性、测试性、保障性的关联项目,进行筛选后,得到无人装备环境适应性设计分析和试验验证类主要工作项目如表5.13所列。

表5.13 无人装备环境适应性设计分析和试验验证类主要工作项目

序号	工作项目名称	研制阶段		
		方案阶段	工程研制阶段	试验鉴定阶段
1	环境分析	√	√	○
2	环境适应性设计	√	√	○
3	环境适应性验证与评价	○	√	√

注:√——适用;×——不适用;△——可选用;○——仅设计更改时适用。

5.6.1 环境适应性管理

1. 制订产品环境工程工作计划/环境适应性大纲

本工作项目要求项目质量主管全面安排产品环境适应性工作并纳入型号研制计划。

工作项目要点如下:

1)项目质量主管应制定产品环境工程工作计划/环境适应性大纲

其主要内容包括:

(1)合同或相应文件中规定的环境适应性要求;

(2)产品环境适应性工作所需的组织机构及其职责;

(3)产品环境适应性工作项目及其内容要求、实施范围、进度要求、完成形式(或格式)和完成结果的检查评价方式;

(4)产品环境适应性工作与工程设计、可靠性工程等的接口协调关系;

(5)产品环境适应性工作评审要求;

(6)产品环境适应性工作所需的资源等。

2)应随着设计工作的进展和产品环境适应性工作的开展对工作计划/大纲进行修改和调整

2. 环境适应性工作评审

本工作项目要求综合计划部按计划开展产品环境适应性工作评审,评价产品环境适应性工作的进展情况,并为转阶段提供决策依据。

工作项目要点:

(1) 项目质量主管应在产品环境工程工作计划/环境适应性大纲中明确评审时机、评审类型、评审方式及评审要求等。

(2) 综合计划部应按计划安排装备环境适应性工作评审,重要的评审应在合同或有关文件中明确。

(3) 产品环境适应性工作评审应尽早通知参与评审的有关单位和人员,一般应提前将评审材料送达参与评审的单位和人员。

(4) 环境适应性工作评审应尽可能与产品研制过程中的阶段评审结合进行,必要时也可单独进行。

3. 环境信息管理

(1) 本工作项目要求项目质量主管对环境信息进行科学合理的管理,为环境适应性设计、试验与评价等提供充分的信息支持。

(2) 工作项目要点:

(3) 设计师系统应收集环境信息,主要包括装备寿命期环境剖面、产品所要承受的自然环境和平台环境、产品所经历的环境试验(包括具体试验条件)、产品所出现的故障、故障原因分析及采取的纠正措施;

(4) 环境信息管理应尽可能与型号 FRACAS 等相关信息系统结合运行。

4. 对供应方的监督和控制

(1) 本工作项目要求项目质量主管对供应方的产品环境适应性工作进行监督和控制,并按规定的要求选择供应方,以保证其提供的产品的环境适应性满足规定的要求;

(2) 工作项目要点;

(3) 项目质量主管应在合同或协议中明确对供应方产品的环境适应性要求和环境适应性工作要求;

(4) 项目质量主管应根据合同或有关文件的规定对供应方的环境适应性工作进行审查、评价,必要时可以对供应方的有关工作进行现场监督;

(5) 项目质量主管在确定产品的供应方时,应明确其对供应产品的环境适应性要求,并对供应方供应的产品进行必要的试验和评价。

5.6.2 环境分析

环境包括自然环境和诱发环境。

输入：作战使用要求、特殊任务剖面、装备系统组成、综合保障方案。

开展时机：方案阶段、工程研制阶段，后续阶段根据情况进行更改和完善。

输出：全寿命周期环境剖面、使用环境、环境适应性验证试验条件、环境适应性验证方案、可靠性试验环境条件。

综上得到环境分析的主要输入输出关系如图 5.28 所示。

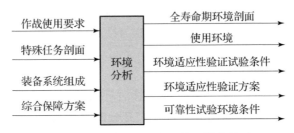

图 5.28　环境分析的主要输入输出关系

5.6.3　环境适应性设计

产品的环境适应性是通过设计和一系列加工制造工艺的保证实现的。因此，产品研制与开发过程必须十分重视环境适应性的设计工作。一是制定和贯彻环境适应性设计准则；二是开展环境适应性设计；三是环境适应性的预计与分析。

产品研制总要求或研制任务书中的环境适应性定量要求是在设计定型阶段用来作为环境鉴定试验条件的依据，注意，不能直接用作环境设计的要求。耐环境能力的设计值应比规定的定量要求高，这样设计的产品才会是"健壮"的，才能更顺利地通过环境鉴定试验。

输入：环境适应性要求、产品通用设计准则。

开展时机：方案阶段、工程研制阶段，后续阶段根据情况进行更改和完善。

输出：装备专用设计准则、详细环境适应性设计、环境适应性预计。

综上得到环境适应性设计的主要输入输出关系如图 5.29 所示。

5.6.4　环境适应性验证与评价

环境试验主要包括实验室环境试验、自然环境试验和使用环境试验。

第5章 无人装备通用质量特性工作项目分析

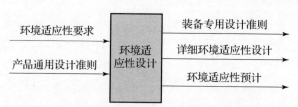

图 5.29 环境适应性设计的主要输入输出关系

实验室环境试验是指在实验室环境下按照规定的环境条件和负载条件进行的试验。按其目的不同可分为环境适应性研制试验、环境鉴定试验、环境验收试验和环境例行试验。

自然环境试验是指将产品长期暴露于自然环境中，确定自然环境对其影响的试验。自然环境试验是一种基础性的试验。通过长期的自然环境试验可以获得很多宝贵的有关材料、构件、部件和设备的性能退化的基础数据。这些数据对新产品研制开发时进行环境分析，确定耐环境的定性定量要求，开展耐环境设计都十分有用。此外，自然环境试验的数据在开展加速寿命试验时，对验证加速寿命因子也是很有价值的。

输入：环境适应性验证方案、装备环境适应性设计、任务剖面、环境剖面、常见故障信息、安全性验证要求。

开展时机：在工程研制阶段，完成环境适应性设计方案验证、环境响应调查研究、安全性环境试验验证、环境适应性性能鉴定、批生产过程验收及环境适应性评价等工作。

输出：设计方案验证分析、安全性环境验证试验结果、装备环境适应性综合评价。

综上得到环境适应性验证与评价的主要输入输出关系如图 5.30 所示。

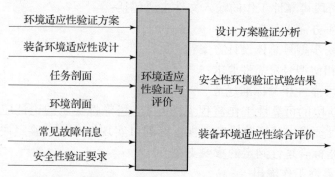

图 5.30 环境适应性验证与评价的主要输入输出关系

第 6 章 可靠性系统工程工作与监督管理流程

本章给出了无人装备在论证、方案、工程研制、试验鉴定和批产及售后服务等系统工程过程的可靠性、维修性、测试性、保障性、安全性和环境适应性工作流程，并给出输入输出关系和监督管理工作与流程。

6.1 可靠性工作与监督管理流程

本节给出无人装备在论证、方案、工程研制、试验鉴定和批产及售后服务阶段的可靠性工作流程，具体如图 6.1 所示。

6.1.1 论证阶段

1. 可靠性工作流程

论证阶段主要节点包括需求分析、可行性论证和确定研制总要求。在该阶段主要完成可靠性要求论证并确定可靠性指标要求。

论证阶段可靠性工作的输入文件主要包括：

(1) 军方需求分析；
(2) 初步型号总体设计方案；
(3) 相似型号可靠性要求；
(4) 可靠性相关标准规范。

论证阶段的可靠性工作流程见图 6.1。可靠性要求的论证应包括定量要求与定性要求。论证阶段应重视指标的可实现性分析与鉴定评价方式分析，作为指标合理性判定的重要支撑。

2. 可靠性工作输出

论证阶段可靠性工作的输出文件主要包括：

第6章 可靠性系统工程工作与监督管理流程

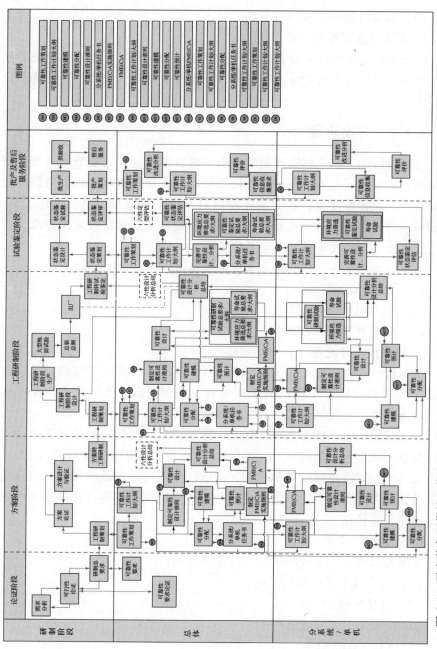

图 6.1 无人装备可靠性工作流程（图中 M、S、D 分别表示方案阶段、工程研制阶段和状态鉴定阶段的输出编号）

(1) 可靠性指标要求。
(2) 可靠性指标可实现性分析。

3. 可靠性监督管理工作

论证阶段的可靠性监督管理工作主要是在确保型号总体方案论证的同时，开展可靠性要求的论证工作，重视可靠性指标的合理性与可实现性论证工作。

6.1.2 方案阶段

方案阶段的工作是根据研制总要求完成方案论证，主要节点为型号研制策划、方案论证、方案设计与验证及转阶段。在该阶段，根据可靠性指标要求及相关标准规范，初步制定型号可靠性工作策划，结合总体方案，完成可靠性工作计划及实施要求，并进一步确定可靠性定性定量要求，并通过设计任务书形式传递给各个系统。

方案阶段可靠性工作的输入文件主要包括：
(1) 研制总要求；
(2) 型号总体设计方案；
(3) 可靠性相关标准规范。

1. 可靠性工作流程

方案阶段的可靠性工作流程见图6.1，各型号可根据型号研制情况进行适应性剪裁，各工作项目的工作内容、适用范围、实施要求、完成形式、检查评价方式按型号工作计划/大纲要求开展。

型号应明确可靠性信息收集要求，重视产品研制阶段与使用阶段的可靠性信息的收集，作为进行产品可靠性评价、产品设计改进的重要支撑。

总体/分系统/单机设计单位在方案设计阶段可对产品的可靠性进行仿真及分析，考虑各设计因素的不确定性，尽早识别设计薄弱环节，为改进设计提供重要依据。

2. 可靠性工作输出

方案阶段可靠性工作的输出文件主要包括：
(1) 可靠性工作计划/大纲；
(2) 可靠性指标分配；
(3) FME(C)A实施细则；
(4) FME(C)A报告；
(5) 可靠性设计准则；

(6) 可靠性信息收集要求；
(7) 可靠性设计分析总结。

3. 可靠性监督管理工作

方案阶段的可靠性监督管理工作主要是针对相关工作项目进行监督、指导与控制，具体包括评审、会签、宣贯、审查。需要重点监督管理的工作项目见表6.1。

表6.1 方案阶段可靠性监管工作项目

序号	可靠性工作项目管理节点	监督管理方式
1	可靠性工作计划/大纲	（1）对可靠性工作计划/大纲进行评审； （2）结合型号具体情况对型号研制队伍进行宣贯； （3）文件归档，型号管理部门、军代表对可靠性工作计划/大纲进行会签
2	分系统/单机任务书	分系统/单机任务书评审
3	FME(C)A	对单机/分系统/无人装备武器系统的FME(C)A结果进行评审
4	可靠性预计	对分系统/单机的可靠性预计结果进行审查
5	可靠性设计分析总结	方案转初样时对单机/分系统/系统的可靠性设计分析总结进行评审

6.1.3 工程研制阶段

工程研制阶段的工作是完成工程研制设计、产品生产和试验验证，并根据任务需要完成出厂。主要节点为工程研制阶段设计、生产、大型地面试验、飞行试验（若需要）、工程研制转试验鉴定。在该阶段，进一步完善可靠性工作计划、细化工作项目及实施要求、对全系统可靠性工作进行闭环管控，支撑完成总体设计优化。

工程研制阶段可靠性工作的输入文件主要包括：
(1) 研制总要求；
(2) 型号总体设计方案；
(3) 可靠性相关标准规范。

1. 可靠性工作流程

初样阶段的可靠性工作流程见图6.1，各型号可根据型号研制情况进行适应性剪裁，各工作项目的工作内容、适用范围、实施要求、完成形式、检查评价方式按具体型号工作计划/大纲要求开展。

2. 可靠性工作输出

初样阶段可靠性工作的输出文件主要包括：

（1）可靠性工作计划/大纲；

（2）可靠性指标分配；

（3）FME(C)A实施细则；

（4）FME(C)A报告；

（5）可靠性信息收集要求；

（6）环境应力筛选、可靠性研制试验、寿命试验的试验要求、试验大纲以及相关试验总结；

（7）Ⅰ、Ⅱ类单点故障模式及关键特性分析报告（针对飞行试验产品）；

（8）飞行试验产品可靠性分析报告（针对飞行试验产品）；

（9）可靠性设计分析总结。

3. 可靠性监督管理工作

工程研制阶段的可靠性监督管理工作主要是针对相关工作项目进行监督、指导与控制，具体包括评审、会签、审查。需要重点监督管理的工作项目见表6.2。

表6.2 工程研制阶段可靠性监管工作项目

序号	可靠性工作项目管理节点	监督管理方式
1	可靠性工作计划/大纲	设计文件归档，型号管理部门、军代表对可靠性工作计划/大纲进行会签
2	分系统/单机任务书	分系统/单机任务书评审
3	FME(C)A	对单机/分系统/系统的FME(C)A结果视情进行审查
4	可靠性预计/评估	对可靠性预计/评估结果进行审查
5	可靠性研制试验大纲/总结	对可靠性研制试验大纲/总结、寿命试验大纲/总结等进行评审
6	可靠性设计分析总结	工程研制转阶段时对单机/分系统/系统的可靠性设计分析总结进行评审

6.1.4 试验鉴定阶段

试验鉴定阶段主要工作是完成状态鉴定和列装定型，并完成武器系统功能和性能的全面评估。该阶段根据可靠性指标完成设计及试验鉴定验证，对产品可靠性指标的满足情况进行分析和评价，为型号定型提供支撑。

试验鉴定阶段可靠性工作的输入文件主要包括：

（1）研制总要求；
（2）型号总体设计方案；
（3）可靠性相关标准规范。

1. 可靠性工作流程

试验鉴定阶段的可靠性工作流程见图6.1，各型号可根据型号研制情况进行适应性剪裁，各工作项目的工作内容、适用范围、实施要求、完成形式、检查评价方式按具体型号工作计划/大纲要求开展。

2. 可靠性工作输出

试验鉴定阶段可靠性工作的输出文件主要包括：

（1）可靠性工作计划/大纲；
（2）可靠性指标分配；
（3）可靠性信息收集要求；
（4）环境应力筛选、可靠性鉴定试验、寿命试验的试验要求、试验大纲以及相关试验总结；
（5）可靠性状态鉴定评估报告。

3. 可靠性监督管理工作

试验鉴定阶段的可靠性监督管理工作主要是针对相关工作项目进行监督、指导与控制，具体包括评审、会签、审查。需要重点监督管理的工作项目见表6.3。

表6.3 试验鉴定阶段可靠性监管工作项目

序号	可靠性工作项目管理节点	监督管理方式
1	可靠性工作计划/大纲	设计文件转段，型号管理部门、军代表对可靠性工作计划/大纲进行会签
2	分系统/单机任务书	对分系统/单机任务书进行会签

续表

序号	可靠性工作项目管理节点	监督管理方式
3	FME（C）A	对单机/分系统/导弹武器系统的FME（C）A结果视情进行审查
4	试验大纲/总结	对可靠性鉴定试验大纲/总结、寿命鉴定试验大纲/总结等进行评审
5	可靠性状态鉴定评估/工作总结	结合评估报告（原要求）或六性工作报告（新要求）进行评审

6.1.5　批产及售后服务阶段

批产及售后服务阶段主要工作是完成产品生产和验收、根据用户需求提供售后服务。该阶段通过收集产品在批产及售后服务阶段的可靠性数据为型号改进提供建议，同时完善型号可靠性基础数据库，为型号后续工作及新型号的研制提供依据。

批产及售后服务阶段可靠性工作的输入文件主要包括：

（1）研制总要求；

（2）型号总体设计方案；

（3）可靠性相关标准规范。

1. 可靠性工作流程

批产及售后服务阶段的可靠性工作流程如图6.1所示，各型号可根据型号研制情况进行适应性剪裁，各工作项目的工作内容、适用范围、实施要求、完成形式、检查评价方式按具体型号工作计划/大纲要求开展。

应关注无人装备服役期间的可靠性数据采集，注重对巡检巡修、定检维护、使用等过程中的数据进行收集、整理，补充完善数据库，对无人装备可靠性进行分析评价，为后续改进设计及型号拓展提供支撑。

2. 可靠性工作输出

批产及售后服务阶段可靠性工作的输出文件主要包括：

（1）可靠性工作计划/大纲；

（2）可靠性信息收集要求；

（3）可靠性评价报告。

3. 可靠性监督管理工作

批产及售后服务阶段可靠性监督管理工作主要是针对相关工作项目进

行监督、指导与控制，具体包括会签等。需要重点监督管理的工作项目具体见表6.4。

表6.4 批产及售后服务阶段可靠性监管工作项目

序号	可靠性工作项目管理节点	监督管理方式
1	可靠性工作计划/大纲	设计文件转段，型号管理部门、军代表对可靠性工作计划/大纲进行会签

6.2 维修性工作与监督管理流程

本节给出无人装备在论证、方案、工程研制、试验鉴定和批产及售后服务阶段的维修性工作流程，具体如图6.2所示。

6.2.1 论证阶段

1. 维修性工作流程

论证阶段主要节点包括需求分析、可行性论证和确定研制总要求。在该阶段主要完成维修性要求论证并确定维修性指标要求。

论证阶段维修性工作的输入文件主要包括：
（1）军方需求分析；
（2）初步型号总体设计方案；
（3）相似型号维修性要求；
（4）维修性相关标准规范。

论证阶段的维修性工作流程见图6.2。维修性要求的论证应包括定量要求与定性要求。论证阶段应重视指标的可实现性分析与鉴定评价方式分析，作为指标合理性判定的重要支撑。

2. 维修性工作输出

论证阶段维修性工作的输出文件主要包括：
（1）维修性指标要求；
（2）维修性指标可实现性分析。

3. 维修性监督管理工作

论证阶段的维修性监督管理工作主要是确保型号总体方案论证的同时，同步开展维修性要求的论证工作，重视维修性指标的合理性与可实现性论证工作。

无人装备可靠性系统工程

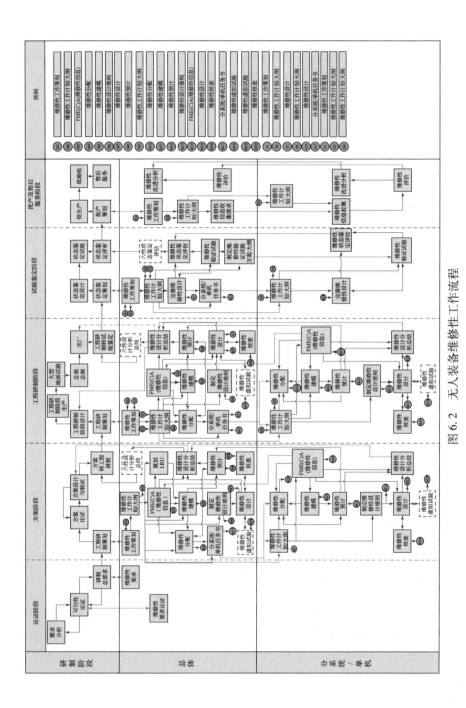

图6.2 无人装备维修性工作流程

6.2.2 方案阶段

方案阶段的工作是根据研制总要求完成方案论证,主要节点为型号研制策划、方案论证、方案设计与验证及转阶段。在该阶段,根据维修性要求及相关标准规范,初步制定型号维修性工作策划,结合总体方案,完成维修性工作计划及实施要求,并进一步确定维修性定性定量要求,并通过设计任务书形式传递给各个分系统。

方案阶段维修性工作的输入文件主要包括:
(1) 研制总要求;
(2) 型号总体设计方案;
(3) 维修性相关标准规范。

1. 维修性工作流程

方案阶段的维修性工作流程见图6.2,各型号可根据型号研制情况进行适应性剪裁,各工作项目的工作内容、适用范围、实施要求、完成形式、检查评价方式按型号工作计划/大纲要求开展。

型号应明确维修性信息收集要求,建立维修性数据收集、分析和纠正措施闭环系统,及时收集型号研制、生产和使用中出现的所有维修性问题,进行分析并采取纠正措施,为型号维修性设计改进提供支持。

在方案阶段,总体设计单位进行总体布局设计时应充分考虑维修时各系统安装位置、接近途径、相关的功能与物理接口、管线布置等内容;并结合产品功能基本实现方案进行LRU规划设计,通过综合考虑LRU的可靠性,以及系统可靠性、维修性、保障性、测试性等,对产品的LRU组成方案进行合理规划。

在方案阶段,维修性专业应对总体/分系统/单机进行维修性核查,检查和修正用于维修性分析的模型和数据,鉴别设计缺陷和确认对应的纠正措施,以实现维修性增长,促使型号产品满足规定的维修性要求,同时便于后续的维修性验证。维修性核查应在订购方监督下进行。维修性核查应着重发现缺陷,探寻改进维修性的途径,试验样本量可以少一些,置信水平低一些。

总体/分系统/单机设计单位在方案设计阶段可进行维修性虚拟试验,通过维修过程规划、维修仿真、维修过程分析等手段验证产品的维修性及其维修过程,从而在型号研制早期识别出产品设计及维修规划中的缺陷和错误,对于改进设计提供重要依据,以提高产品的维修性,优化维修过程,缩短产品开发周期,降低产品全寿命周期过程中的维修费用。

2. 维修性工作输出

方案阶段维修性工作的输出文件主要包括:

(1) 维修性工作计划/大纲;

(2) 维修性指标分配;

(3) 维修性设计准则;

(4) 维修性信息收集要求;

(5) 维修性设计分析总结。

3. 维修性监督管理工作

方案阶段维修性监督管理工作主要是针对相关工作项目进行监督、指导与控制,具体包括评审、会签、宣贯、审查。需要重点监督管理的工作项目见表6.5。

表6.5 方案阶段维修性监管工作项目

序号	维修性工作项目管理节点	监督管理方式
1	维修性工作计划/大纲	(1) 对维修性工作计划/大纲进行评审; (2) 结合型号具体情况对型号研制队伍进行宣贯; (3) 文件归档,质量或型号管理部门、军代表对维修性工作计划/大纲进行会签
2	分系统/单机任务书	分系统/单机任务书评审
3	FME(C)A(维修性信息)	对设备/分系统/系统的FME(C)A结果视情进行审查
4	维修性预计	对设备/分系统/系统的维修性预计结果进行审查
5	维修性设计分析总结	方案转阶段时对设备/分系统/系统的维修性设计分析总结进行评审

6.2.3 工程研制阶段

工程研制阶段的工作是完成工程研制设计、产品生产和试验验证,并根据任务需要完成出厂。其主要节点为工程研制阶段设计、生产、大型地面试验、飞行试验（若需要）、工程研制转试验鉴定。在该阶段，进一步完善维修性工作计划、细化工作项目及实施要求，对全系统维修性工作进行闭环管控，支撑完成总体设计优化。

工程研制阶段维修性工作的输入文件主要包括：

(1) 研制总要求；

(2) 型号总体设计方案；

(3) 维修性相关标准规范。

1. 维修性工作流程

工程研制阶段的维修性工作流程见图 6.2，各型号可根据型号研制情况进行适应性剪裁，各工作项目的工作内容、适用范围、实施要求、完成形式、检查评价方式按具体型号工作计划/大纲要求开展。

FME(C)A（维修性信息）、维修性建模、维修性分配、维修性预计、制定维修性设计准则等工作项目应贯穿型号整个研制过程，并根据每个阶段各工作项目完成情况不断完善，用于指导维修性设计优化。

在工程研制阶段，维修性专业应对总体/分系统/单机进行维修性核查，检查和修正用于维修性分析的模型和数据，鉴别设计缺陷和确认对应的纠正措施，以实现维修性增长，促使型号设计满足规定的维修性要求，同时便于后续的维修性验证。维修性核查应在订购方监督下进行。维修性核查可采取在产品实体模型、样机上进行维修作业演示，排除模拟故障（人为制造）和实际故障，测定维修时间等试验方法。

2. 维修性工作输出

工程研制阶段维修性工作的输出文件主要包括：

(1) 维修性工作计划/大纲；

(2) 维修性指标分配；

(3) 维修性设计准则；

(4) 维修性信息收集要求；

(5) 维修性设计分析总结。

3. 维修性监督管理工作

工程研制阶段的维修性监督管理工作主要是针对相关工作项目进行监督、指导与控制，具体包括评审、会签、审查。需要重点监督管理的工作项目见表 6.6。

表6.6 工程研制阶段维修性监管工作项目

序号	维修性工作项目管理节点	监督管理方式
1	维修性工作计划/大纲	设计文件归档,质量或型号管理部门、军代表对维修性工作计划/大纲进行会签
2	分系统/单机任务书	任务书评审
3	FME(C)A(维修性信息)	对设备/分系统/无人装备武器系统的FME(C)A结果视情进行审查
4	维修性预计	对设备/分系统/系统的维修性预计结果进行审查
5	维修性设计分析总结	工程研制转阶段对设备/分系统/系统的维修性设计分析总结进行评审

6.2.4 试验鉴定阶段

试验鉴定阶段主要工作是完成状态鉴定和列装定型,并完成武器系统功能和性能的全面评估。该阶段根据维修性指标完成设计及试验鉴定验证,对产品维修性指标的满足情况进行分析和评价,为型号定型提供支撑。

试验鉴定阶段维修性工作的输入文件主要包括:

(1)研制总要求;

(2)型号总体设计方案;

(3)维修性相关标准规范。

1. 维修性工作流程

试验鉴定阶段的维修性工作流程见图6.2,各型号可根据型号研制情况进行适应性剪裁,各工作项目的工作内容、适用范围、实施要求、完成形式、检查评价方式按具体型号工作计划/大纲要求开展。

在试验鉴定,维修性验证应由指定的试验机构进行或由订购方与承制方联合进行,应对维修性定性和定量要求的满足情况进行全面、系统的考核。维修性验证包括试验验证和分析验证,在缺乏数据的场合下应进行分析验证。

2. 维修性工作输出

试验鉴定阶段维修性工作的输出文件主要包括:

(1) 维修性工作计划/大纲；
(2) 维修性信息收集要求；
(3) 维修性状态鉴定评估报告。

3. 维修性监督管理工作

试验鉴定阶段的维修性监督管理工作主要是针对相关工作项目进行监督、指导与控制，具体包括评审、会签、审查。需要重点监督管理的工作项目见表6.7。

表6.7 试验鉴定阶段维修性监管工作项目

序号	维修性工作项目管理节点	监督管理方式
1	维修性工作计划/大纲	设计文件转段，质量或型号管理部门、军代表对维修性工作计划/大纲进行会签
2	分系统/单机任务书	分系统/单机任务书会签
3	维修性预计	对设备/分系统/系统的维修性预计结果进行审查
4	维修性状态鉴定评估/工作总结	结合五性评估报告（原要求）或六性工作报告（新要求）进行评审

6.2.5 批产及售后服务阶段

批产及售后服务阶段主要工作是完成产品生产和验收、根据用户需求提供售后服务。该阶段通过收集产品在批产及售后服务阶段的维修性数据为型号改进提供建议，同时完善型号维修性基础数据库，为型号后续工作及新型号的研制提供依据。

批产及售后服务阶段维修性工作的输入文件主要包括：
(1) 研制总要求；
(2) 型号总体设计方案；
(3) 维修性相关标准规范。

1. 维修性工作流程

批产及售后服务阶段的维修性工作流程如图6.2所示，各型号可根据型号研制情况进行适应性剪裁，各工作项目的工作内容、适用范围、实施要求、完成形式、检查评价方式按具体型号工作计划/大纲要求开展。

应关注无人装备服役期间的维修性数据采集，注重对巡检巡修、定检维护、使用等过程中的维修性数据进行收集、整理，补充完善维修性数据库，对无人装备维修性进行分析评价，为后续改进设计及型号拓展提供支撑。

2. 维修性工作输出

批产及售后服务阶段维修性工作的输出文件主要包括：

（1）维修性工作计划/大纲；

（2）维修性信息收集要求；

（3）维修性评价报告。

3. 维修性监督管理工作

批产及售后服务阶段的维修性监督管理工作主要是针对相关工作项目进行监督、指导与控制，具体包括会签等。需要重点监督管理的工作项目具体见表6.8。

表6.8 批产及售后服务阶段维修性监管工作项目

序号	维修性工作项目管理节点	监督管理方式
1	维修性工作计划/大纲	设计文件转段，质量或型号管理部门、军代表对维修性工作计划/大纲进行会签

6.3 保障性工作与监督管理流程

本节给出无人装备在论证、方案、工程研制、试验鉴定和批产及售后服务阶段的保障性工作流程，具体如图6.3所示。

6.3.1 论证阶段

1. 保障性工作流程

论证阶段主要节点包括需求分析、可行性论证和确定研制总要求。在该阶段主要完成保障性要求论证、确定保障性要求并制定初始保障方案。

论证阶段保障性工作的输入文件主要包括：

（1）军方需求分析；

（2）初步型号总体设计方案；

（3）相似型号保障性要求；

第6章 可靠性系统工程工作与监督管理流程

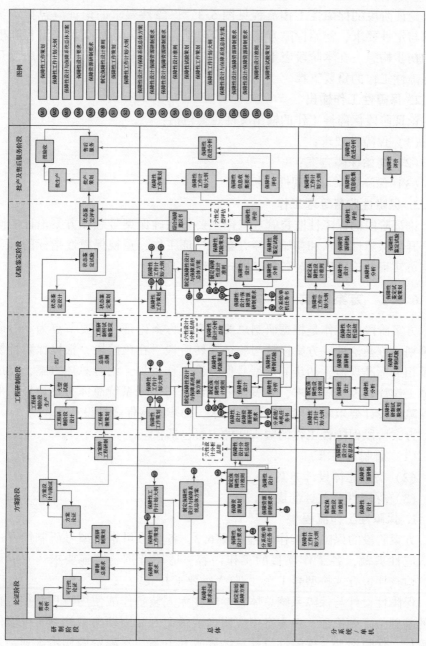

图6.3 无人装备保障性工作流程

(4) 保障性相关标准规范。

论证阶段的保障性工作流程见图 6.3。保障性要求的论证应包括定量要求与定性要求，初始保障方案内容应包括装备全寿命周期保障流程和模式的初步构想。在本阶段应重视装备保障模式的分析和研究，作为后续开展保障性工作的重要支撑。

2. 保障性工作输出

论证阶段保障性工作的输出文件主要包括：

(1) 保障性要求；
(2) 初始保障方案；
(3) 保障要求可实现性分析。

3. 保障性监督管理工作

论证阶段的保障性监督管理工作主要是在确保型号总体方案论证的同时，开展保障性要求和初始保障方案的论证工作，重视保障性指标的合理性与可实现性论证以及装备保障模式的论证工作。

6.3.2 方案阶段

方案阶段的工作是根据研制总要求完成方案论证，主要节点为型号研制策划、方案论证、方案设计与验证及转阶段。在该阶段，根据保障性要求及相关标准规范，初步制定型号保障性工作策划，结合总体方案，完成保障工作计划及实施要求，开展保障性设计与保障系统总体方案论证，形成保障性设计要求和保障资源研制要求，初步开展保障性设计工作。

方案阶段保障性工作的输入文件主要包括：

(1) 研制总要求；
(2) 型号总体设计方案；
(3) 保障性相关标准规范。

1. 保障性工作流程

方案阶段的保障性工作流程见图 6.3，各型号可根据型号研制情况进行适应性剪裁，各工作项目的工作内容、适用范围、实施要求、完成形式、检查评价方式按型号工作计划/大纲要求开展。

保障性设计与保障系统总体方案应在无人装备作战使用流程和技术指标的基础上开展论证，在方案中应明确装备全寿命周期典型使用与维修保障流程、保障活动、保障性设计总体要求和方案、保障资源初步规划结果与方案等内容。方案应随着研制工作不断细化完善。

项目管理部门应组织保障性设计与保障系统总体方案的评审工作,并适时组织向型号研制队伍进行宣贯。

总体保障性设计人员应根据保障性设计与保障系统总体方案,形成型号保障性设计要求和保障资源研制要求,并经总体设计人员会签。总体设计人员在制定产品任务书时,应将相关要求纳入任务书中,并经保障性设计人员会签。

分系统/单机设计单位在方案设计阶段应初步开展所研究产品的保障性设计工作。

2. 保障性工作输出

方案阶段保障性工作的输出文件主要包括:
(1)保障性工作计划/大纲;
(2)保障性设计与保障系统总体方案;
(3)保障性设计要求;
(4)保障资源研制要求;
(5)保障性设计准则;
(6)保障性设计分析总结报告。

3. 保障性监督管理工作

方案阶段保障性监督管理工作主要是针对相关工作项目进行监督、指导与控制,具体包括评审、会签、宣贯、审查。需要重点监督管理的工作项目见表6.9。

表6.9 方案阶段保障性监管工作项目

序号	保障性工作项目管理节点	监督管理方式
1	保障性工作计划/大纲	(1)质量或型号管理部门组织对保障性工作计划/大纲进行评审; (2)结合型号具体情况对型号研制队伍进行宣贯; (3)文件归档,质量或型号管理部门、军代表对保障性工作计划/大纲进行会签
2	保障性设计与综合保障方案	对保障性设计与综合保障方案进行评审
3	保障资源研制要求	对设计/研制要求进行评审
4	分系统/单机设计任务书	分系统/单机任务书评审

续表

序号	保障性工作项目管理节点	监督管理方式
5	保障性设计分析总结	方案转阶段时对设备/分系统/系统的保障性设计分析总结进行评审

6.3.3 工程研制阶段

工程研制阶段的工作是完成工程研制设计、产品生产和试验验证,并根据任务需要完成出厂。其主要节点为工程研制阶段设计、生产、大型地面试验、飞行试验(若需要)、工程研制转试验鉴定。在该阶段,进一步完善保障性工作计划、细化工作项目及实施要求、完善保障性设计、开展保障性分析、策划并实施保障性研制试验。

工程研制阶段保障性工作的输入文件主要包括:
(1)研制总要求;
(2)型号总体设计方案;
(3)保障性相关标准规范。

1. 保障性工作流程

工程研制阶段的保障性工作流程见图6.3,各型号可根据型号研制情况进行适应性剪裁,各工作项目的工作内容、适用范围、实施要求、完成形式、检查评价方式按具体型号工作计划/大纲要求开展。

武器系统总体、分系统/单机在保障性设计工作的基础上,开展工程研制阶段保障性分析工作,内容覆盖面向保障性的 FMEA、LORA、RCMA、O&MTA 等工作,确定修复性及预防性维修工作项目、使用与维修工作流程等内容,对于分析存在的不符合保障性要求的工作项目,应反馈至设计端进行改进设计。

武器系统总体、分系统/单机设计单位开展工程研制阶段保障性研制试验策划和实施工作,工程研制项目覆盖无人装备自身保障性、保障资源功能和性能验证、保障资源与无人装备间的匹配性与协调性等。工程研制过程中暴露出的问题及保障性薄弱环节,应反馈至设计端进行改进设计。

2. 保障性工作输出

工程研制阶段保障性工作的输出文件主要包括:
(1)保障性工作计划/大纲;

(2）保障性设计与保障系统总体方案；
(3）保障性设计要求；
(4）保障资源研制要求；
(5）保障性设计准则；
(6）保障性研制试验策划、试验大纲/任务书及相关试验总结；
(7）保障性设计分析总结报告。

3. 保障性监督管理工作

工程研制阶段的保障性监督管理工作主要是针对相关工作项目进行监督、指导与控制，具体包括评审、会签、审查。需要重点监督管理的工作项目见表6.10。

表6.10 工程研制阶段保障性监管工作项目

序号	保障性工作项目管理节点	监督管理方式
1	保障性工作计划/大纲	设计文件归档，质量或型号管理部门、军代表对保障性工作计划/大纲进行会签
2	分系统/单机任务书	分系列/单机任务书评审
3	保障性研制试验策划、大纲及总结报告	对保障性研制试验策划、大纲及试验总结报告进行评审
4	综合保障方案	综合保障方案评审
5	保障性设计分析总结	工程研制转阶段对单机/分系统/系统的保障性设计分析总结进行评审

6.3.4 试验鉴定阶段

试验鉴定阶段主要工作是完成状态鉴定和列装定型，并完成武器系统功能和性能的全面评估。该阶段根据保障性指标完成设计及试验定型鉴定验证，对产品保障性指标的满足情况进行分析和评价，为型号定型提供支撑。

试验鉴定阶段保障性工作的输入文件主要包括：
(1）研制总要求；
(2）型号总体设计方案；
(3）型号鉴定试验总要求/总体方案；

(4)保障性相关标准规范。

1. 保障性工作流程

试验鉴定阶段的保障性工作流程见图 6.3，各型号可根据型号研制情况进行适应性剪裁，各工作项目的工作内容、适用范围、实施要求、完成形式、检查评价方式按具体型号工作计划/大纲要求开展。

在试验鉴定，应根据前期保障性设计与保障系统总体方案工作的基础上，制定型号综合保障建议书，明确装备交付部队后保障组织、保障模式、保障资源等内容，为部队开展装备综合保障工作提供支撑。

2. 保障性工作输出

试验鉴定阶段保障性工作的输出文件主要包括：
(1) 保障性工作计划/大纲；
(2) 保障性设计与保障系统总体方案；
(3) 保障性设计要求；
(4) 保障资源研制要求；
(5) 保障性设计准则；
(6) 保障性鉴定试验策划、试验大纲/任务书及相关试验总结；
(7) 保障性评价报告；
(8) 综合保障建议书。

3. 保障性监督管理工作

试验鉴定阶段的保障性监督管理工作主要是针对相关工作项目进行监督、指导与控制，具体包括评审、会签、审查。需要重点监督管理的工作项目见表 6.11。

表 6.11 试验鉴定阶段保障性监管工作项目

序号	保障性工作项目管理节点	监督管理方式
1	保障性工作计划/大纲	设计文件转段，质量或型号管理部门、军代表对保障性工作计划/大纲进行会签
2	分系统/单机任务书	分系统/单机任务书会签
3	保障性审查	对系统/分系统/设备的保障性工作进行审查
4	保障性状态鉴定评估/工作总结	结合五性评估报告（原要求）或六性工作报告（新要求）进行评审

6.3.5 批产及售后服务阶段

批产及售后服务阶段主要工作是完成产品生产和验收、根据用户需求提供售后服务。该阶段通过收集产品在批产及售后服务阶段的保障性数据为型号改进提供建议,同时完善型号保障性基础数据库,为型号后续工作及新型号的研制提供依据。

批产及售后服务阶段保障性工作的输入文件主要包括:
(1) 研制总要求;
(2) 型号总体设计方案;
(3) 保障性相关标准规范。

1. 保障性工作流程

批产及售后服务阶段的保障性工作流程如图 6.3 所示,无人装备服役期间应关注装备保障问题的收集,补充完善数据库,为后续改进设计及型号拓展提供支撑。

2. 保障性工作输出

批产及售后服务阶段保障性工作的输出文件主要包括:
(1) 保障性工作计划/大纲;
(2) 保障性信息收集要求;
(3) 保障性分析报告。

3. 保障性监督管理工作

批产及售后服务阶段的保障性监督管理工作主要是针对相关工作项目进行监督、指导与控制,具体包括会签等。需要重点监督管理的工作项目具体见表 6.12。

表6.12 批产及售后服务阶段保障性监管工作项目

序号	保障性工作项目管理节点	监督管理方式
1	保障性工作计划/大纲	设计文件转段,质量或型号管理部门、军代表对保障性工作计划/大纲进行会签

6.4 测试性工作与监督管理流程

本节给出无人装备在论证、方案、工程研制、试验鉴定和批产及售后服务阶段的测试性工作流程,具体如图 6.4 所示。

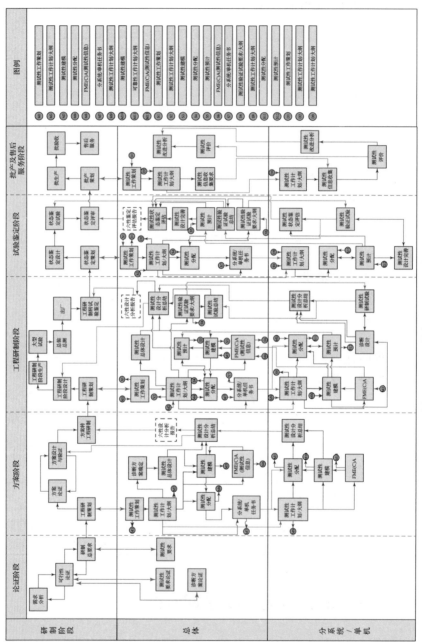

图 6.4 无人装备测试性工作流程

6.4.1 论证阶段

1. 测试性工作流程

论证阶段主要节点包括需求分析、可行性论证和确定研制总要求。在该阶段主要完成诊断方案论证和测试性要求确定。

论证阶段测试性工作的输入文件主要包括：

（1）军方需求分析；

（2）初步型号总体设计方案；

（3）相似型号测试性要求；

（4）测试性相关标准规范。

论证阶段的测试性工作流程见图6.4，测试性要求论证应包括定量要求与定性要求。论证阶段应重视要求的可实现性分析与鉴定评价方式分析，作为指标合理性判定的重要支撑。

2. 测试性工作输出

论证阶段测试性工作的输出文件主要包括：

（1）测试性要求；

（2）初步诊断方案。

3. 测试性监督管理工作

论证阶段的测试性监督管理工作主要是在确保型号总体方案论证的同时，开展测试性要求的论证工作，重视测试性指标的合理性与可实现性论证工作。

6.4.2 方案阶段

方案阶段的工作是根据研制总要求完成方案论证，主要节点为型号研制策划、方案论证、方案设计与验证及转阶段。在该阶段，根据测试性要求及相关标准规范，初步制定型号测试性工作策划，结合总体方案，按测试性工作计划及实施要求，开展测试性分配，将测试性要求通过设计任务书形式传递至各个系统。

方案阶段测试性工作的输入文件主要包括：

（1）研制总要求；

（2）型号总体设计方案；

（3）测试性相关标准规范。

1. 测试性工作流程

方案阶段的测试性工作流程见图 6.4，可根据型号研制情况进行适应性剪裁，各工作项目的工作内容、适用范围、实施要求、完成形式、检查评价方式按具体型号工作计划/大纲要求开展。

测试性建模是广义的概念，既包括用于测试性分配和预计的数学模型，也包括用于测试性设计的相关性模型。

在方案阶段，测试性总体在完成测试性工作计划后，应视情况向各分系统对工作计划的主要内容和实施原则进行宣贯，确保测试性工作能够得到有效落实。

基于 FME(C)A 开展测试性建模（相关性建模），初步确定当前设计方案对测试性要求的满足程度。

在论证阶段诊断方案的基础上，测试性总体应合理分配型号的测试与诊断资源，明确诊断方案。

测试性总体开展测试性总体设计，编制测试性总体设计方案，明确系统级测试性设计框架，确定分系统承研单位在整个框架下的测试性设计要求和功能实现。

在型号的全寿命周期开展测试性信息收集工作，由测试性总体制定测试性信息收集要求，总体和各承研单位收集研制过程中与测试性相关的信息数据，为分析评价和设计改进提供支撑。

2. 测试性工作输出

方案阶段测试性工作的输出文件主要包括：

（1）测试性工作计划/大纲；

（2）诊断方案；

（3）测试性总体设计方案

（4）测试性信息收集要求；

（5）测试性设计分析报告。

3. 测试性监督管理工作

方案阶段的测试性监督管理工作主要是针对相关工作项目进行监督、指导与控制，具体包括评审、会签、宣贯、审查。需要重点监督管理的工作项目见表 6.13。

表6.13 方案阶段测试性监管工作项目

序号	测试性工作项目管理节点	监督管理方式
1	测试性工作计划/大纲	（1）对测试性工作计划/大纲进行评审； （2）结合型号具体情况对型号研制队伍进行宣贯； （3）文件归档，型号管理部门、军代表对测试性工作计划/大纲进行会签
2	测试性总体设计方案	对型号测试性总体设计方案进行审查
3	分系统/单机设计任务书	分系统/单机任务书评审
4	测试性指标分配	对单机/分系统/系统的测试性指标分配结果进行审查
5	测试性设计分析报告	方案转阶段时对单机/分系统/系统的测试性设计分析报告进行评审

6.4.3 工程研制阶段

工程研制阶段的工作是完成工程研制设计、产品生产和试验验证，并根据任务需要完成出厂。其主要节点为工程研制阶段设计、生产、大型地面试验、飞行试验（若需要）、工程研制转试验鉴定。在该阶段，进一步完善测试性工作计划、细化工作项目及实施要求，强化测试性总体对分系统单位工作的牵引，提高型号测试性水平，为型号总体设计优化提供支撑。

工程研制阶段测试性工作的输入文件主要包括：
（1）研制总要求；
（2）型号总体设计方案；
（3）测试性相关标准规范。

1. 测试性工作流程

工程研制阶段的测试性工作流程见图6.4，各工作项目的工作内容、适用范围、实施要求、完成形式、检查评价方式按具体型号工作计划/大纲要求开展。

随着研制工作的推进，逐渐完善测试性总体设计方案，测试性总体注重对各分系统关于具体测试性设计的牵引，从设计之初将测试性要求落实到设计中。

测试性总体制定测试性设计准则，各承研单位根据总体准则，制定适合产品特点的测试性设计准则。

视情对硬件 FMECA 工作进行评审，作为测试性建模（相关性建模）的重要基础和输入。

在可靠性预计的基础上，开展测试性预计工作，初步估计产品的测试性要求满足程度，并根据设计余量进行优化调整。

在工程研制阶段开展测试性研制试验，测试性总体制定测试性试验要求，各分系统承研单位制定试验大纲，开展测试性研制试验，发现设计薄弱环节，改进产品设计。

2. 测试性工作输出

工程研制阶段测试性工作的输出文件主要包括：
（1）测试工作计划/大纲；
（2）测试性总体设计方案；
（3）测试性试验要求；
（4）测试性设计准则；
（5）测试性信息收集要求；
（6）测试性设计分析报告。

3. 测试性监督管理工作

工程研制阶段的测试性监督管理工作主要是针对相关工作项目进行监督、指导与控制，具体包括评审、会签、审查。需要重点监督管理的工作见表 6.14。

表 6.14 工程研制阶段测试性监管工作项目

序号	测试性工作项目管理节点	监督管理方式
1	测试性工作计划/大纲	设计文件归档，质量或型号管理部门、军代表对测试性工作计划/大纲进行会签
2	测试性总体设计方案	对型号测试性总体设计方案进行审查
3	分系统/单机设计任务书	分系统/单机任务书评审
4	测试性指标分配	对单机/分系统/系统的测试性指标分配结果进行审查

续表

序号	测试性工作项目管理节点	监督管理方式
5	测试性研制试验要求/大纲	对测试性研制试验要求/大纲进行评审
6	测试性设计分析报告	工程研制转阶段时对设备/分系统/系统的测试性设计分析报告进行评审

6.4.4 试验鉴定阶段

试验鉴定阶段主要工作是完成状态鉴定和列装定型,并完成武器系统功能和性能的全面评估。该阶段根据测试性指标完成设计及试验定型鉴定验证,对产品测试性指标的满足情况进行分析和评价,为型号定型提供支撑。

试验鉴定阶段测试性工作的输入文件主要包括:
(1) 研制总要求;
(2) 型号总体方案;
(3) 试验鉴定总体方案;
(4) 测试性相关标准规范。

1. 测试性工作流程

试验鉴定阶段的测试性工作流程见图6.4,各工作项目的工作内容、适用范围、实施要求、完成形式、检查评价方式按具体型号工作计划/大纲要求开展。

2. 测试性工作输出

试验鉴定阶段的测试性工作的输出文件主要包括:
(1) 测试性工作计划/大纲;
(2) 测试性试验要求;
(3) 测试性信息收集要求;
(4) 测试性鉴定评估报告。

3. 测试性监督管理工作

试验鉴定阶段的测试性监督管理工作主要是针对相关工作项目进行监督、指导与控制,具体包括评审、会签、宣贯、审查。需要重点监督管理的工作项目见表6.15。

表 6.15 试验鉴定阶段测试性监管工作项目

序号	测试性工作项目管理节点	监督管理方式
1	测试性工作计划/大纲	设计文件归档，质量或型号管理部门、军代表对测试性工作计划/大纲进行会签
2	分系统/单机设计任务书	分系统/单击任务书会签
3	测试性指标分配	对单机/分系统/系统的测试性指标分配结果进行审查
4	测试性验证试验要求/大纲	对测试性验证试验要求/大纲进行评审
5	测试性状态鉴定评估/工作总结	结合五性评估报告（原要求）或六性工作报告（新要求）进行评审

6.4.5 批产及售后服务阶段

批产及售后服务阶段主要工作是完成产品生产和验收、根据用户需求提供售后服务。该阶段通过收集产品在批产及售后服务阶段的测试性数据为型号改进提供建议，同时完善型号测试性基础数据库，为型号后续工作及新型号的研制提供依据。

批产及售后服务阶段测试性工作的输入文件主要包括：

（1）研制总要求；

（2）型号总体方案；

（3）测试性相关标准规范。

1. 测试性工作流程

批产及售后服务阶段的测试性工作流程见图 6.4。无人装备服役期间应关注故障数据采集，应建立独立数据库，对无人装备故障检测、隔离和虚警数据进行分析，为后续改进设计及型号拓展提供支撑。

2. 测试性工作输出

批产及售后服务阶段测试性工作的输出文件主要包括：

（1）测试性工作计划；

（2）测试性信息收集要求；

（3）测试性改进分析报告。

3. 测试性监督管理工作

批产及售后服务阶段的测试性监督管理工作主要是针对相关工作项目进行监督、指导与控制，具体包括会签等。需要重点监督管理的工作项目见表 6.16。

表 6.16　批产及售后服务阶段测试性监管工作项目

测试性工作项目管理节点	监督管理方式
测试性工作计划/大纲	设计文件转段，质量或型号管理部门、军代表对测试性工作计划进行会签

6.5　安全性工作与监督管理流程

本节给出无人装备在论证、方案、工程研制、试验鉴定和批产及售后服务阶段的安全性工作流程，具体如图 6.5 所示。

6.5.1　论证阶段

1. 安全性工作流程

论证阶段主要节点包括需求分析、可行性论证和确定研制总要求。在该阶段主要完成安全性要求论证并确定安全性要求。

论证阶段安全性工作的输入文件主要包括：
（1）军方需求分析；
（2）型号总体初步设计方案；
（3）相似型号安全性要求；
（4）安全性相关标准规范。

论证阶段的安全性工作流程见图 6.5。安全性要求的论证应包括定性要求与定量要求。论证阶段应重视安全性要求的可实现性分析、明确安全性要求的鉴定评价方式。

2. 安全性工作输出

论证阶段安全性工作的输出文件主要包括：
（1）安全性要求；
（2）安全性要求可实现性分析。

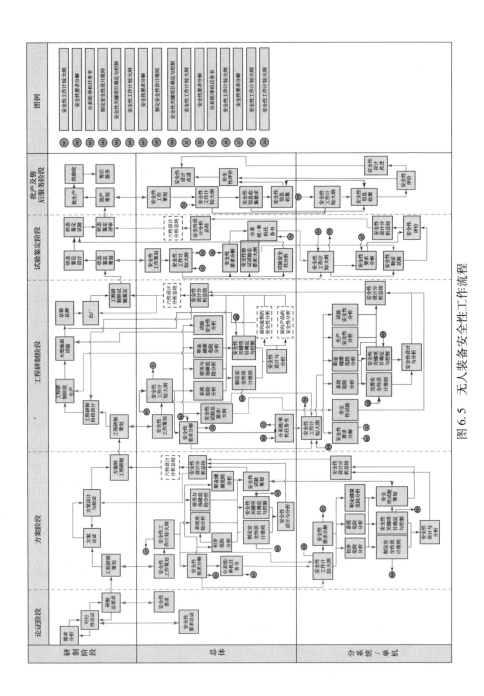

图 6.5 无人装备安全性工作流程

3. 安全性监督管理工作

论证阶段的安全性监督管理工作主要是在确保型号总体方案论证的同时，开展安全性要求的论证工作，重视安全性指标的合理性与可实现性论证工作。

6.5.2 方案阶段

方案阶段的工作是根据研制总要求完成方案论证，主要节点为型号研制策划、方案论证、方案设计与验证及转阶段。在该阶段，根据安全性要求及相关标准规范，初步制定型号安全性工作策划，结合总体方案，完成安全性工作计划及实施要求，并进一步确定安全性定性与定量要求，并通过任务书形式传递给各个系统。

方案阶段安全性工作的输入文件主要包括：
（1）研制总要求；
（2）型号总体设计方案；
（3）安全性相关标准规范。

1. 安全性工作流程

方案阶段的安全性工作流程见图 6.5，各型号可根据型号研制情况进行适应性剪裁，各工作项目的工作内容、适用范围、实施要求、完成形式、检查评价方式按具体型号安全性工作计划/大纲要求开展。

型号总体安全性专业应结合型号特点，开展初步危险分析、系统危险分析与职业健康危险分析，根据分析结果制定面向型号的顶层安全性设计准则，型号各级配套产品研制单位依据顶层安全性设计准则制定各自的安全性设计准则，全部安全性设计准则构成安全性设计准则体系。

在转阶段评审节点，对产品的安全性设计准则开展符合性检查，完成安全性设计准则符合性检查表。根据检查结果，各产品承研单位编写安全性设计准则符合性分析及检查报告，落实改进措施，对安全性设计准则符合性分析及检查报告以及改进措施落实情况进行评审。

根据方案阶段初步危险分析、系统危险分析与职业健康危险分析结果，确定型号安全性关键项目，针对这些关键项目，依据安全性设计准则，开展安全性设计分析，并初步制定控制措施。

在方案阶段，总体设计部门与六性工程研究室应根据研制总要求与初步确定的安全性关键项目，完成安全性试验策划。项目管理部门应将安全性试验策划纳入科研生产计划进行管理，并根据安全性试验策划情况完成试验经费预算。

各分系统/单机设计单位应根据分系统/单机特点完成相应的安全性试验策划。

型号应在方案阶段建立数据库,收集产品在研制过程中的安全性相关信息,为安全性设计、试验与评价等提供充分的信息支持。此工作可与可靠性数据库结合开展。

在型号研制各阶段,安全性专业应对分系统/单机的安全性工作进行及时跟踪审查。

2. 安全性工作输出

方案阶段安全性工作的输出文件主要包括:
(1) 安全性工作计划/大纲;
(2) 安全性要求分解报告;
(3) 初步危险分析表;
(4) 详细危险清单;
(5) 使用与保障危险分析报告;
(6) 职业健康危险分析报告;
(7) 安全性设计准则;
(8) 安全性关键项目及其初步管理、控制措施;
(9) 安全性信息收集要求;
(10) 安全性设计分析总结;
(11) 型号产品安全性数据库。

3. 安全性监督管理工作

方案阶段的安全性监督管理工作主要是针对相关工作项目进行监督、指导与控制,具体包括评审、会签、宣贯、审查。需要重点监督管理的工作项目见表6.17。

表6.17 方案阶段安全性监管工作项目

序号	安全性工作项目管理节点	监督管理方式
1	安全性工作计划/大纲	(1) 对安全性工作计划/大纲进行评审; (2) 结合型号具体情况对型号研制队伍进行宣贯; (3) 文件归档,型号管理部门、军代表对安全性工作计划/大纲进行会签

续表

序号	安全性工作项目管理节点	监督管理方式
2	任务书	任务书评审
3	安全性设计	对安全性设计结果进行符合性检查
4	安全性设计分析总结	方案转初样时对单机/分系统/系统的安全性设计分析总结进行评审

6.5.3 工程研制阶段

工程研制阶段的工作是完成工程研制设计、产品生产和试验验证，并根据任务需要完成出厂。其主要节点为工程研制阶段设计、生产、大型地面试验、飞行试验（若需要）、工程研制转试验鉴定。在该阶段，进一步完善安全性工作计划、细化工作项目及实施要求、对全系统安全性工作进行闭环管控，支撑完成总体设计优化。

工程研制阶段安全性工作的输入文件主要包括：
（1）研制总要求；
（2）型号总体设计方案；
（3）安全性相关标准规范。

1. 安全性工作流程

工程研制阶段的安全性工作流程见图 6.5，各型号可根据型号研制情况进行适应性剪裁，各工作项目的工作内容、适用范围、实施要求、完成形式、检查评价方式按具体型号安全性工作计划/大纲要求开展。

工程研制阶段结合产品特点，应视情开展面向产品的安全性分析，利用仿真手段，对确定的安全性关键项目开展安全性仿真分析，及时发现安全性薄弱环节，用于改进设计，在节约试验经费的同时提高产品安全性水平。

工程研制阶段针对设计给出的使用保障流程或总装测试流程，应视情开展面向流程的安全性分析，利用仿真手段，识别流程中的安全性薄弱环节，支持设计改进。

武器系统总体、分系统/单机设计单位根据方案阶段制定的安全性试验策划开展安全性研制试验，识别安全性薄弱环节，采取纠正措施或制定防护措施，提高产品的安全性水平。对工程研制试验中出现的各类问题应进行记录、分析，对需要优化方案、调整元器件、原材料选型等的应及时完成设计改进,并再次开展试验验证。

对于工程研制阶段开展的各项地面试验,应根据试验的对象与特点,开展试验安全性分析,识别工程研制试验全过程的危险源与危险事件,制定安全防护措施,并针对此次工程研制试验开展安全性培训。

安全性设计分析贯穿型号整个研制流程,并根据每阶段各项工作项目完成情况进行完善,用于指导该阶段的设计优化。同时针对出厂参加飞行试验的产品应编写安全性分析报告,并进行专项评审。

2. 安全性工作输出

工程研制阶段安全性工作的输出文件主要包括:
(1) 安全性工作计划/大纲;
(2) 安全性要求分解结果;
(3) 详细危险清单;
(4) 使用与保障危险分析报告;
(5) 职业健康危险分析报告;
(6) 安全性设计准则;
(7) 安全性关键项目及其管理、控制措施;
(8) 安全性试验总要求;
(9) 试验安全性分析报告;
(10) 面向流程的安全性分析报告;
(11) 面向产品的安全性分析报告;
(12) 安全性信息收集要求;
(13) 安全性设计分析总结;
(14) 型号产品安全性数据库。

3. 安全性监督管理工作

工程研制阶段的安全性监督管理工作主要是针对相关工作项目进行监督、指导与控制,具体包括评审、会签、审查与培训。需要重点监督管理的工作项目见表6.18。

表6.18 工程研制阶段安全性监管工作项目

序号	安全性工作项目管理节点	监督管理方式
1	安全性工作计划/大纲	设计文件归档,型号管理部门、军代表对安全性工作计划/大纲进行会签

续表

序号	安全性工作项目管理节点	监督管理方式
2	任务书	任务书评审
3	安全性设计	对安全性设计结果进行审查
4	安全性研制试验大纲/总结	对安全性研制试验大纲/总结进行评审
5	安全性研制试验安全性分析	对试验安全性进行培训与宣贯
6	安全性设计分析总结	工程研制转阶段（以及首飞出厂）时对单机/分系统/系统的安全性设计分析总结进行评审

6.5.4 试验鉴定阶段

试验鉴定阶段主要工作是完成状态鉴定和列装定型，并完成武器系统功能和性能的全面评估。该阶段根据安全性要求完成设计及试验定型鉴定验证，对产品安全性要求的满足情况进行分析和评价，为型号定型提供支撑。

试验鉴定阶段安全性工作的输入文件主要包括：
（1）研制总要求；
（2）型号总体设计方案；
（3）试验鉴定总体方案；
（4）安全性相关标准规范。

1. 安全性工作流程

试验鉴定的安全性工作流程见图 6.5，各工作项目的工作内容、适用范围、实施要求、完成形式、检查评价方式按具体型号安全性工作计划/大纲要求开展。

2. 安全性工作输出

试验鉴定阶段安全性工作的输出文件主要包括：
（1）安全性工作计划/大纲；
（2）安全性验证试验总要求；
（3）安全性定型评价报告；
（4）安全性信息收集要求；
（5）型号产品安全性数据库。

3. 安全性监督管理工作

试验鉴定阶段的安全性监督管理工作主要是针对相关工作项目进行监督、指导与控制，具体包括评审、会签、宣贯、审查。需要重点监督管理的工作项目见表6.19。

表6.19 试验鉴定阶段安全性监管工作项目

序号	安全性工作项目管理节点	监督管理方式
1	安全性工作计划/大纲	设计文件转段，型号管理部门、军代表对安全性工作计划/大纲进行会签
2	任务书	任务书会签
3	安全性鉴定试验大纲/总结	对安全性鉴定试验大纲/总结进行评审
4	试验安全性分析	对试验安全性分析结果进行培训与宣贯
5	安全性状态鉴定评估/工作总结	结合五性评估报告（原要求）或六性工作报告（新要求）进行评审

6.5.5 批产及售后服务阶段

批产及售后服务阶段主要工作是完成产品生产和验收、根据用户需求提供售后服务。该阶段通过收集产品在批产及售后服务的安全性数据为型号改进提供建议，同时完善型号安全性数据库，为型号后续工作及新型号的研制提供依据。

1. 安全性工作流程

批产及售后服务阶段安全性工作的输入文件主要包括：
（1）研制总要求；
（2）型号总体设计方案；
（3）型号定型文件；
（4）安全性相关标准规范。

2. 安全性工作输出

批产及售后服务阶段安全性工作的输出文件主要包括：
（1）安全性工作计划/大纲；
（2）安全性信息收集要求；
（3）型号产品安全性数据库。

3. 安全性监督管理工作

批产及售后服务阶段的安全性监督管理工作主要是针对相关工作项目进行监督、指导与控制，具体包括会签等。需要重点监督管理的工作项目见表6.20。

表6.20 批产及售后阶段安全性监管工作项目

安全性工作项目管理节点	监督管理方式
安全性工作计划/大纲	设计文件转段，型号管理部门、军代表对安全性工作计划/大纲进行会签

6.6 环境适应性工作与监督管理流程

本节给出无人装备在论证、方案、工程研制、试验鉴定和批产及售后服务阶段的环境适应性工作流程，具体如图6.6所示。

6.6.1 论证阶段

1. 环境适应性工作流程

论证阶段主要节点包括需求分析、可行性论证和确定研制总要求。在该阶段主要完成环境适应性要求论证并确定环境适应性指标要求。

论证阶段环境适应性工作的输入文件主要包括：

（1）军方需求分析；

（2）初步型号总体设计方案；

（3）相似型号环境适应性要求；

（4）环境适应性相关标准规范。

论证阶段的环境适应性工作流程见图6.6。环境适应性要求的论证应包括定量要求与定性要求。论证阶段应重视指标的可实现性分析与鉴定评价方式分析，作为指标合理性判定的重要支撑。

2. 环境适应性工作输出

论证阶段环境适应性工作的输出文件主要包括：

（1）环境适应性要求；

（2）环境适应性要求可实现性分析。

无人装备可靠性系统工程

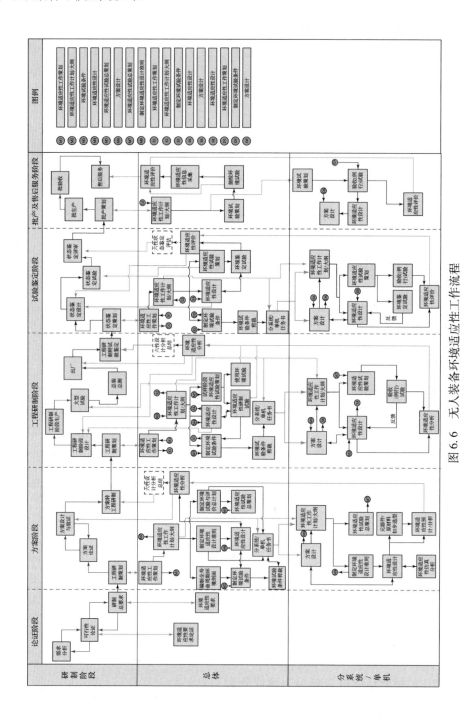

图 6.6 无人装备环境适应性工作流程

3. 环境适应性监督管理工作

论证阶段的环境适应性监督管理工作主要是在确保型号总体方案论证的同时，开展环境适应性要求的论证工作，重视环境适应性指标的合理性与可实现性论证工作。

6.6.2 方案阶段

方案阶段的工作是根据研制总要求完成方案论证，主要节点为型号研制策划、方案论证、方案设计与验证及转阶段。在该阶段，根据环境适应性要求及相关标准规范，初步制定型号环境适应性工作策划，结合总体方案，完成环境适应性工作计划及实施要求，初步确定各类环境试验条件，并经合理剪裁以设计任务书形式传递给各个系统。

方案阶段环境适应性工作的输入文件主要包括：

（1）研制总要求；
（2）型号总体设计方案；
（3）环境适应性相关标准规范。

1. 环境适应性工作流程

方案阶段的环境适应性工作流程见图6.6，各型号可根据型号研制情况进行适应性剪裁，各工作项目的工作内容、适用范围、实施要求、完成形式、检查评价方式按型号工作计划/大纲要求开展。

（1）环境试验条件设计应根据产品研制工作的进展定期检查和修订。在飞行试验前，总体需要对环境试验条件进行复核复算。

（2）环境适应性专业应为全寿命周期内环境适应性工作开展提供技术支持，为试验开展、环境适应性设计准则及环境要求剪裁等提供必要指导，编写对应型号的《环境适应性工作细则》。

（3）分系统/单机设计单位在方案设计阶段应对产品的环境适应性进行仿真及分析，给出环境适应性初步评价结论，对可能不满足要求的设备，应及时更改设计。环境适应性专业根据各系统环境适应性预计情况，对武器系统方案阶段的环境适应性做出评价，尤其注意人为使用操作或产品耦合作用影响。

（4）在型号研制方案阶段，总体设计部门与六性工程研究室应根据研制总要求和环境适应性验证需求，完成环境类（环境设计、环境验证、环境响应特性调查）大型地面试验策划。项目管理部门应将地面试验策划纳入科研生产计划进行管理，并根据地面试验策划情况完成试验经费预算。

(5) 各分系统/单机设计单位应根据分系统/单机特点完成相应的环境类试验策划，其中单机例行试验除火工品、电池等特殊产品外，应由至少一套产品序贯完成。

(6) 型号应在方案阶段建立数据库，收集产品在研制过程中的环境工程信息，为环境分析、环境适应性设计、试验与评价等提供充分的信息支持。

(7) 在型号研制各阶段，环境适应性专业应对分系统/单机的环境适应性工作进行及时跟踪审查。

2. 环境适应性工作输出

方案阶段环境适应性工作的输出文件主要包括：

(1) 环境适应性工作计划/大纲；

(2) 环境试验条件（含环境试验条件、地面使用环境条件、电磁兼容性设计与试验要求、热环境设计等）；

(3) 环境适应性工作细则；

(4) 环境适应性信息收集要求；

(5) 环境适应性分析报告；

(6) 型号产品环境适应性数据库。

3. 环境适应性监督管理工作

方案阶段的环境适应性监督管理工作主要是针对相关工作项目进行监督、指导与控制，具体包括评审、会签、宣贯、审查。需要重点监督管理的工作项目见表6.21。

表6.21 方案阶段环境适应性监管工作项目

序号	环境适应性工作项目管理节点	监督管理方式
1	环境适应性工作计划/大纲	(1) 对环境适应性工作计划/大纲进行评审； (2) 结合型号具体情况对型号研制队伍进行宣贯； (3) 文件归档，型号管理部门、军代表对环境适应性工作计划/大纲进行会签
2	分系统/单机环境适应性预计/分析	对分系统/单机的环境适应性预计/分析结果进行审查、评审
3	环境适应性分析报告	方案转初样时对单机/分系统/系统的环境适应性分析报告进行评审

6.6.3 工程研制阶段

工程研制阶段的工作是完成工程研制设计、产品生产和试验验证,并根据任务需要完成出厂。其主要节点为工程研制阶段设计、生产、大型地面试验、飞行试验(若需要)、工程研制转试验鉴定。在该阶段,进一步完善环境适应性工作计划、细化工作项目及实施要求、对全系统环境适应性工作进行闭环管控,支撑完成总体设计优化。

工程研制阶段环境适应性工作的输入文件主要包括:
(1)研制总要求;
(2)型号总体设计方案;
(3)环境适应性相关标准规范。

1. 环境适应性工作流程

工程研制阶段的环境适应性工作项目见图 6.6,各型号可根据型号研制情况进行适应性剪裁,各工作项目的工作内容、适用范围、实施要求、完成形式、检查评价方式按具体型号工作计划/大纲要求开展。

(1)武器系统总体、分系统/单机设计单位根据方案工程研制试验阶段制定的环境试验计划开展环境适应性研制试验,寻找设计缺陷和工艺缺陷,采取纠正措施,增强产品的环境适应性。对试验中出现的各类问题应进行记录、分析,通过方案优化、元器件调整、原材料选型等方式及时完成设计改进,并再次开展工程研制试验验证。

(2)总体环境专业根据试验结果调整总体环境试验条件的,应及时更改相应文件,并下发相关设计单位。

(3)环境适应性分析贯穿型号整个研制流程,并根据每阶段各项工作项目完成情况进行完善,用于指导该阶段的设计优化。同时针对出厂参加飞行试验的产品应编写环境适应性分析报告,并进行专项评审。

2. 环境适应性工作输出

工程研制阶段环境适应性工作的输出文件主要包括:
(1)环境适应性工作计划/大纲;
(2)环境工程研制试验条件(含环境试验条件、地面使用环境条件、电磁兼容性设计与试验要求、热环境设计等);
(3)环境适应性工作细则;
(4)环境适应性信息收集要求;
(5)大型地面试验策划(环境类)、试验大纲/任务书及相关试验总结;

(6) 环境适应性分析报告；

(7) 型号产品环境适应性数据库。

3. 环境适应性监督管理工作

工程研制阶段的环境适应性监督管理工作主要是针对相关工作项目进行监督、指导与控制，具体包括评审、会签、审查。需要重点监督管理的工作项目见表6.22。

表6.22 工程研制阶段环境适应性监管工作项目

序号	环境适应性工作项目管理节点	监督管理方式
1	环境适应性工作计划/大纲	设计文件归档，型号管理部门、军代表对环境适应性工作计划/大纲进行会签
2	分系统/单机设计任务书	任务书评审
3	分系统/单机环境适应性预计	对分系统/单机环境适应性预计结果进行审查、评审
4	环境适应性研制试验大纲/总结	对环境适应性研制试验大纲/总结等进行评审
5	环境适应性分析报告	工程研制转定型（以及首飞出厂）时对设备/分系统/系统的环境适应性分析报告进行评审

6.6.4 试验鉴定阶段

试验鉴定阶段主要工作是完成状态鉴定和列装定型，并完成武器系统功能和性能的全面评估。该阶段根据环境适应性指标完成设计及试验定型鉴定验证，对产品环境适应性指标的满足情况进行分析和评价，为型号定型提供支撑。

试验鉴定阶段环境适应性工作的输入文件主要包括：

(1) 研制总要求；

(2) 型号总体设计方案；

(3) 环境鉴定试验总要求；

(4) 环境适应性相关标准规范。

第6章 可靠性系统工程工作与监督管理流程

1. 环境适应性工作流程

试验鉴定阶段的环境适应性工作流程见图6.6,各型号可根据型号研制情况进行适应性剪裁,各工作项目的工作内容、适用范围、实施要求、完成形式、检查评价方式按具体型号工作计划/大纲要求开展。

2. 环境适应性工作输出

试验鉴定阶段环境适应性工作的输出文件主要包括:

(1) 环境适应性工作计划/大纲;

(2) 环境试验条件(含环境试验条件、地面使用环境条件、电磁兼容性设计与试验要求、热环境设计等);

(3) 环境适应性信息收集要求;

(4) 环境鉴定试验策划、试验大纲/任务书及相关试验总结;

(5) 环境适应性定型评价报告;

(6) 型号环境适应性数据库。

3. 环境适应性监督管理工作

试验鉴定阶段的环境适应性监督管理工作主要是针对相关工作项目进行监督、指导与控制,具体包括评审、会签、审查。需要重点监督管理的工作项目见表6.23。

表6.23 试验鉴定阶段环境适应性监管工作项目

序号	环境适应性工作项目管理节点	监督管理方式
1	环境适应性工作计划/大纲	设计文件转段,型号管理部门、军代表对环境适应性工作计划/大纲进行会签
2	分系统/单机设计任务书	任务书会签
3	分系统/单机环境适应性评价	对分系统/单机环境适应性评价结果进行审查、评审
4	环境适应性鉴定试验要求	对环境适应性鉴定试验要求/条件等进行评审
5	环境适应性鉴定试验大纲/总结	对环境适应性鉴定试验大纲/总结等进行评审
6	环境适应性状态鉴定评估/工作总结	结合六性工作报告进行评审

6.6.5 批产及售后服务阶段

批产及售后服务阶段主要工作是完成产品生产和验收、根据用户需求提供售后服务。该阶段通过收集产品在批产及售后服务阶段的环境适应性数据为型号改进提供建议，同时完善型号环境适应性基础数据库，为型号后续工作及新型号的研制提供依据。

批产及售后服务阶段环境适应性工作的输入文件主要包括：
（1）研制总要求；
（2）型号总体设计方案；
（3）环境适应性相关标准规范。

1. 环境适应性工作流程

批产及售后服务阶段的环境适应性工作流程如图 6.6 所示，各型号可根据型号研制情况进行适应性剪裁，各工作项目的工作内容、适用范围、实施要求、完成形式、检查评价方式按具体型号工作计划/大纲要求开展。

无人装备服役期间应关注环境数据采集，补充完善数据库，对无人装备典型环境数据及响应特性进行分析，为后续改进设计及型号拓展提供支撑。

2. 环境适应性工作输出

批产及售后服务阶段环境适应性工作的输出文件主要包括：
（1）环境适应性工作计划；
（2）环境适应性信息收集要求；
（3）环境适应性分析报告；
（4）型号环境适应性数据库。

3. 环境适应性监督管理工作

批产及售后服务阶段的环境适应性监督管理工作主要是针对相关工作项目进行监督、指导与控制，具体包括会签等。需要重点监督管理的工作项目具体见表 6.24。

表 6.24 批产及售后服务阶段环境适应性监管工作项目

环境适应性工作项目管理节点	监督管理方式
环境适应性工作计划	设计文件转段，型号管理部门、军代表对环境适应性工作计划进行会签

第 7 章 无人装备可靠性工程技术

本章给出了无人装备在可靠性设计过程中主要使用的可靠性工作计划、可靠性建模分配与预计分析、故障模式影响及危害性分析、故障树分析和可靠性研制与增长试验等工程技术方法。

7.1 可靠性工作计划

7.1.1 可靠性工作目标

1. 可靠性管理要求

（1）无人装备总设计师对产品可靠性目标的实现全面负责；

（2）可靠性主管设计师协助产品总设计师制定可靠性工作项目并实施；

（3）产品可靠性设计师负责监督、指导、检查产品可靠性保证大纲的实施；

（4）质量保证部负责元器件检验、筛选及失效分析等工作的实施与监督；

（5）综合计划部负责将产品可靠性工作计划纳入科研计划中考核等。

2. 定性要求

可靠性定性要求是为获得可靠的产品，对产品设计、工艺、软件及其他方面提出的非量化要求，可靠性定性要求主要包括：

（1）充分继承相似型号的成熟技术；

（2）实施简化设计、标准化设计，消除不必要的功能和逻辑多余部件，减少元器件和零件的品种、规格和数量；

（3）针对关键环节或可靠性较低的主要环节采用冗余设计；

（4）开展裕度设计、降额设计、热设计；

（5）开展贮存可靠性设计和耐环境设计；

（6）选择使用选用目录内及合格供应方的元器件。

3. 定量要求

给出平均故障间隔时间（MTBF）和可靠度相应的规定值、最低可接受值和置信度，以及产品贮存期。

7.1.2 可靠性工作基本原则

明确规定型号，结合型号具体特点，参照 GJB 450B 执行是开展可靠性工作的基本原则。

7.1.3 可靠性工作项目及实施要求

7.1.3.1 可靠性工作项目实施表

根据无人装备产品新技术多、周期短等研制特点，确定研制各阶段可靠性工作项目见表 7.1。

表7.1 可靠性工作项目实施表

序号	工作项目	负责部门	实施阶段			完成形式
			方案阶段	初样/试样阶段	状态鉴定阶段	
1	制订可靠性工作计划	型号办公室、设计师系统	√	△	△	文件
2	对转承制方和供应方的监控	设计师系统与质量监管部门	√	√	√	合同、设计文件
3	可靠性评审	型号办公室	√	√	√	评审结论报告
4	建立故障报告、分析与纠正措施系统	设计师系统与质量监管部门	√	√	√	报告
5	建立故障审查组织	质量监管部门	√	√	√	故障审查报告

续表

序号	工作项目	负责部门	实施阶段			完成形式
			方案阶段	初样/试样阶段	状态鉴定阶段	
6	可靠性建模与指标分配	设计师系统	√	√	△	设计文件、报告
7	可靠性预计	设计师系统	√	√	△	报告
8	故障模式及影响分析	设计师系统	√	√	√	报告
9	故障树分析	设计师系统	△	√	√	报告
10	可靠性设计准则的制定与符合性检查	设计师系统	√	√	√	报告
11	元器件、标准件和原材料的选择与控制	设计师系统	△	√	√	设计文件、报告
12	确定功能测试、包装、贮存、装卸、运输和维修对产品可靠性的影响	设计师系统	√	√	√	报告
13	环境应力筛选	设计师系统	△	√	√	报告
14	可靠性研制试验	设计师系统	×	√	×	试验大纲、报告
15	可靠性鉴定试验	设计师系统	×	×	√	试验大纲、报告
16	寿命试验	设计师系统	△	√	√	试验大纲、报告
17	可靠性分析评价	设计师系统	√	√	√	报告

注:"√"——适用;"△"——可选用;"×"——不适用。

7.1.3.2 可靠性管理

可靠性管理同 5.1.2 节所述。

7.1.4 可靠性设计与分析

1. 可靠性建模与指标分配

可靠性建模与指标分配一般同步开展，形成可靠性建模与分配报告。参考 GJB 813，根据任务剖面分别建立产品、分系统、单机的可靠性模型，包括可靠性框图和数学模型，并随研制阶段进展、技术状态变化对可靠性模型进行改进。

可靠性指标应按照从系统、分系统到单机的顺序进行逐级分配并预留适当的余量，确保分配结果覆盖可靠性指标涵盖的所有产品，分配的最低层次是满足任务分解要求的可验证单元。各级可靠性分配结果应列入研制任务书或设计技术要求中，作为开展可靠性设计的依据。可靠性指标分配时应考虑各组成单元的重要性、复杂性、继承性、工作环境严酷性、技术水平现实性、经济与周期局限性等因素，并根据工程经验进行必要的修正。可靠性分配的结果可随研制阶段进展、技术状态变化进行改进。

2. 可靠性预计

对各级产品开展可靠性预计工作，以确定是否需要改进设计或确定能够满足可靠性指标要求的设计方案。

电子产品可靠性预计可参照 GJB/Z 299C（工作可靠性）、GJB/Z 108A（非工作可靠性）进行，非电产品可靠性预计可参照 GJB 813 规定的相似产品法或其他经过确认的方法进行。总体单位要向分系统、单机单位明确可靠性预计的环境条件、任务时间等参数。

3. 故障模式、影响及危害性分析

与产品设计同步开展故障模式、影响及危害性分析（FMECA）工作，FMECA 实施程序与方法参照 GJB/Z 1391 或型号制定的 FMECA 具体要求执行。FMECA 的分析结果应形成专题报告，识别可靠性关键项目及涉及的关重特性，以确定管控措施，在设计评审、转阶段评审、产品验收、出厂评审时提交备查，对新研关键产品等应重点开展 FMECA 评审。

4. 故障树分析

根据型号总体和分系统指定的顶事件自上而下进行故障树分析，分析各个底事件发生对顶事件造成影响的组合方式和传播途径，识别导致顶事件发生的各种可能的故障原因，并采取措施以预防故障发生。故障树分析可参照 GJB/Z 768A 进行。

5. 可靠性设计准则的制定与符合性检查

根据合同规定的可靠性要求，参照相关的标准和手册，并在认真总结工程经验的基础上制定专用的可靠性设计准则，以供设计人员在产品设计中贯彻实施，应重视对相似产品曾经发生过的问题及其有效的纠正措施进行系统总结，纳入产品可靠性设计准则，以杜绝相同或相似问题的重复发生。

可针对型号研制特点制定专用可靠性设计准则，各研制单位结合型号可靠性设计准则及本单位的产品可靠性设计准则开展可靠性设计及符合性检查。

6. 元器件、标准件和原材料的选择与控制

应控制元器件、标准件和原材料的选择和使用，加强质量控制，确保满足型号产品可靠性要求，同时降低寿命周期费用。根据型号特点和相关标准要求，制定元器件、标准件及原材料的选择和使用控制要求并形成控制文件，对元器件的选择、采购、监制、验收、筛选、保管、使用、故障分析及相关信息等进行全面管理，必要时应进行破坏性物理分析。

在产品初样设计评审前，应进行元器件选用评审，确定元器件的有效贮存期，并按照要求进行超期复验。

7. 确定功能测试、包装、贮存、装卸、运输和维修对产品可靠性的影响

功能测试、包装、贮存、装卸、运输和维修是无人系统服役期内经历的主要事件，需结合寿命剖面分析，建立无人系统在典型工况下的使用剖面，为开展影响分析、方案优化和寿命相关试验设计提供依据。

（1）功能测试对产品可靠性的影响：影响产品的通电寿命，如机电类产品电刷、轴承等存在磨损。

（2）包装、贮存对产品可靠性的影响：包装和贮存方式主要对产品的温湿度和力学环境产生影响，如包装是否有减震措施、是否防潮、是否保温等。若无人系统长期处于贮存环境中，其温湿度值是影响其可靠性和寿命的重要因素。

（3）装卸、运输对产品可靠性的影响：主要是装卸和运输过程中的温湿度和力学环境的影响，即长时间下的高温或低温环境对产品包装箱及箱内温度有一定影响，以及在装卸和运输过程中产生的振动和冲击对产品结构完整性有一定影响。

（4）维修对产品可靠性的影响：维修过程涉及产品的分解、重装、测试等工作，在维修过程中人体静电、接插件的重新接插等因素可能会对产品的可靠性产生影响。

7.1.5 可靠性试验

1. 环境应力筛选

环境应力筛选是为了减少早期故障，对产品施加规定的环境应力，按照筛选程序实施，以发现和剔除制造过程中的不良零件、元器件和工艺缺陷的一种工序和方法。电子产品在交付前应进行环境应力筛选，其他产品可根据特点参照执行。

环境应力筛选分元器件级、单板级、整机级三个级别逐级进行筛选，具体实施程序和要求按相关标准与产品环境应力筛选技术要求执行。

2. 可靠性研制试验

根据产品安排开展可靠性强化试验、可靠性增长摸底试验等，通过对产品施加适当的环境应力、工作载荷，寻找产品中的设计缺陷，以改进设计，提高产品的固有可靠性水平。试验前设计师应制定各级产品可靠性研制试验大纲，在型号产品研制过程中应尽早开展可靠性研制试验。目前，通常可先开展单机产品级的可靠性强化试验，然后开展系统级的可靠性增长摸底试验。

3. 可靠性鉴定试验

可靠性鉴定试验的目的是验证产品的设计是否达到了规定的可靠性要求，可靠性鉴定试验一般应在第三方的试验机构进行，通常需设计单位配合第三方试验机构确定试验条件，主要参照 GJB 899 或其他有关标准规定的要求和方案进行，可靠性鉴定试验应在环境鉴定试验和环境应力筛选完成后进行。

4. 寿命试验

无人系统的寿命指标通常包括使用寿命和贮存寿命，使用寿命指标包括允许机动运输距离、允许操作次数、允许测试次数或时间等。使用寿命相关试验可结合可靠性试验等试验项目开展，也可单独开展。贮存寿命试验通常单独开展，以自然贮存试验和加速贮存试验两种方式为主，自然贮存试验是通过分析产品自然贮存过程中记录的数据，对产品的贮存寿命进行分析，产品包括专用于贮存试验的平行贮存试验件和实际贮存状态的导弹及备品备件等；加速贮存试验是在不改变贮存失效机理的前提下，通过加大应力的方法在较短时间内获得产品贮存失效或性能退化信息，进而对产品的贮存寿命进行评估。自然贮存试验方法成熟、结论相对准确，但试验周期长；加速贮存试验方法的试验周期短、效率高，能够提前评估寿命，但不如自然贮存试验准确。

5. 可靠性分析评价

设计师系统应在转阶段评审、产品验收、出厂评审、设计定型前，根据产品可靠性评估大纲，对可靠性大纲落实情况、可靠性设计与分析情况、可靠性试验验证情况、可靠性指标达到情况等进行分析和评估，形成可靠性分析或评估报告。

7.2 可靠性建模、分配与预计分析

7.2.1 建立可靠性模型

1. 绘制可靠性框图

可靠性框图为每次完成任务时所有单元功能之间的关系，通常一个方框对应一个功能单元，所有方框应按串联或并联等形式连接（复杂情况下可能用到其他可靠性框图模型），如图7.1所示。可靠性框图应通过简明扼要的直观方法表示出产品在每次使用能完成任务的条件下，所有单元之间的相互依赖关系，这也是可靠性框图与工作原理图的主要区别。

图7.1 无人装备可靠性框图

建立可靠性框图有如下要求及假设：

（1）每个可靠性框图应该有一个标题，该标题应包括产品的标志、任务说明或使用过程要求的有关部分及计算出的可靠性特征量。

（2）框图中的方框应按产品操作过程中事件发生的次序排列。每个方框都应该填写全标志或统一的编码。

（3）一个方框只代表一个功能单元，所有方框应按需要以串联、并联、贮备或其他组合方式进行连接。

（4）所有连接方框的线没有可靠性值，不代表与产品有关的导线和连接器。导线和连接器单独放入一个方框或作为另一个单元或功能的一部分。

（5）系统的所有输入在规定极限之内，即不考虑由输入错误引起系统故障的情况。

（6）除有代替工作模式外，用框图中一个方框表示的单元或功能故

障，将会导致整个产品故障。

（7）方框图的每个方框发生故障都是相互独立的，任意一个方框发生故障不应导致另一个方框发生故障。

（8）当软件可靠性没有纳入产品可靠性模型时，应假设整个软件是完全可靠的。

（9）当人员可靠性没有纳入产品可靠性模型时，应假设人员完全可靠，而且人员与产品之间没有相互作用问题。

2. 建立可靠性数学模型

系统 MTBF 为 T_s，记各分系统/设备的 MTBF 分别为 $T_i(i=1,2,\cdots,n)$，则无人装备的 MTBF 为

$$T_s = \left(\sum_{i=1}^{n} T_i^{-1} \right)^{-1}$$

7.2.2 可靠性指标分配

根据无人装备的组成及各系统的复杂性、重要性、继承性、环境严酷性、技术水平现实性、经济与周期局限性等差异，利用评分分配法将可靠性指标分配至分系统级产品，并结合成熟型号的同类产品可靠性水平对可靠性分配结果进行修正，具体分配结果见表 7.2。各分系统将分配的可靠性指标进一步分配至单机、部组件，作为单机、部组件的设计依据。

表 7.2 无人装备可靠性分配样表

产品名称	最低可接受值/h	规定值/h	备注
控制系统			
传感器系统			
通信系统			
动力与能源系统			

参照 GJB 1305，按照产品的寿命形成与损耗过程理论，进行贮存寿命指标分配，考虑到各层级产品的生产周转期，分系统产品（含总装直属件）贮存寿命（自系统产品出厂之日起）在无人装备贮存寿命指标的基础上增加 2 年；产品所属材料、元器件贮存寿命，根据备料、保管时间等实际情况，在产品贮存寿命指标基础上视情增加 3~5 年。

7.2.3 无人装备可靠性预计

1. 可靠性预计方法

对于国产元器件，可靠性预计按照 GJB/Z 299C 进行，当存在非工作状态时按照 GJB/Z 108A 预计。对于进口元器件，采用 MIL-HDBK-217F《电子设备可靠性预计》中的失效率模型和失效率进行预计。GJB/Z 299C 给出的可靠性预计方法主要包括元件计数法（适用于方案研制阶段和初样研制阶段）和应力分析法（适用于试样研制阶段），对于复杂的机电产品、非电产品及没有数据可查的产品的可靠性预计，可以采用相似产品数据和其他适合的方法进行。

2. 可靠性预计

某模块电子元器件清单及失效率见表 7.3。

表 7.3 某模块电子元器件清单及失效率

项目名称：_____ 模块名称：_____
阶　　段：_____ 工作状态：_____
Σ 数量：_____ Σ 失效率：_____ (10^{-6}/h) MTBF：_____ h

组件	元器件	型号	类别	预计依据	环境	温度/℃	质量等级	应力比	π系数	基本失效率 λ_b/(10^{-6}/h)	工作失效率 λ_p/(10^{-6}/h)	数量	Σ失效率
组件总失效率 λ/(10^{-6}/h)													

某产品可靠性预计结果见表 7.4。

表 7.4 某产品可靠性预计结果

模块	组件	数量	失效率 λ/(10^{-6}/h)	Σ失效率 λ/(10^{-6}/h)
产品总的失效率/(10^{-6}/h)				
产品的 MTBF/h				

预计得到各模块的可靠性结果后,根据可靠性数学模型计算产品的可靠性。当在任务期间存在工作状态和非工作状态时,可根据工作占空比 γ_d 计算产品的失效率,记工作失效率为 λ_1,非工作失效率为 λ_2,计算产品的失效率 λ_d 为

$$\lambda_d = \lambda_1 \gamma_d + \lambda_2 (1 - \gamma_d)$$

7.3 故障模式、影响及危害性分析

故障模式、影响及危害性分析(failure mode, effects and criticality analysis,FMECA)的目的是获得所有可能产生的故障模式以及引起每个故障模式的原因和影响,并针对这些薄弱环节,对无人装备提出设计改进措施和使用补偿措施。

7.3.1 一般要求

故障模式、影响及危害性分析是分析系统中每一产品所有可能产生的故障模式及其对系统造成的所有可能影响,并按每一个故障模式的严酷度及其发生概率予以分类的一种归纳分析方法。它属于单因素分析方法。

1. 工作项目

FMECA 由故障模式影响分析(FMEA)和危害性分析(CA)两部分组成。只有在进行 FMEA 的基础上,才能进行 CA 分析。

1)故障模式、影响分析(FMEA)

FMEA 的目的是通过全面地分析系统中每一产品所有可能出现的故障模式、故障原因、故障影响等,从而找出系统设计、产品设计中的薄弱环节,并对设计加以改进,从而提高系统的可靠性。

在研制过程中,产品设计人员均应按本指南适时地开展 FMEA 工作。不同阶段的 FMEA 结果应当反映更改设计的效果,同时 FMEA 结果应为更改设计提供依据。

在方案论证和初步设计阶段,可采用功能 FMEA 方法,即从系统的功能框图开始,将每个功能块的输出逐一列出,并对它们的故障模式进行分析。

在详细设计阶段,应采用硬件 FMEA 方法,即从设计图纸开始,将组成系统的硬件逐一列出,对其故障模式进行分析。

2)危害性分析(CA)

CA 的目的是,在 FMEA 基础上,对系统中每个产品按其故障影响的

发生概率和严重程度进行综合评估，按其危害性大小对系统中的每个产品进行排序，从而更进一步地发现系统设计、产品设计中的薄弱环节。

产品设计人员应按以下内容开展不同程度的 CA 工作。

(1) 当不能获得产品技术状态数据或故障率（λ_p）时，应采用定性分析法进行分析；

(2) 当可以获得产品的技术状态数据及故障率（λ_p）时，应以定量的方法进行计算并分析其危害度。

2. 基本规则和假设

(1) 进行 FMECA 时应确定分析方法、分析的初始约定层次和最低约定层次、故障判据、故障模式的严酷度、故障模式的发生概率等级，以及假设条件等；

(2) 满足单故障假设，即假定分析的故障是此时产品唯一发生的故障，不考虑多个故障共同作用或相互作用产生的影响；

(3) 对于采用了余度设计、备用工作方式设计或故障检测与保护设计的产品，应暂不考虑这些设计措施而直接分析产品故障模式的最坏影响，并根据这一影响确定其严酷度等级。对于此情况，应在表格中指明产品针对这种故障模式影响已经采取了上述设计措施，且此时所分析的故障模式不作为单点故障模式；

(4) 对于超过损伤容限的潜在故障，应估计到它们可能发展成故障模式并对其影响进行分析。

7.3.2 分析方法

1. 功能 FMECA

功能 FMECA 是指根据产品每个功能的故障模式，对各种可能产生该功能故障模式的原因及其影响进行分析。

功能 FMECA 认为每个产品可以完成若干功能，将各功能按输出进行分类并一一列出，然后，对它们的功能故障模式及影响进行分析。当选用功能 FMECA 时，需要考虑以下几方面内容：

(1) 采用功能 FMECA 分析时，从分析产品的功能框图入手，而不是从分析产品的硬件清单入手；

(2) 分析时，根据功能框图，分析每个功能模块潜在的故障模式。分析需要反复迭代；

(3) 功能 FMECA 易于分析多种功能故障模式以及外部影响；

（4）当产品构成或结构尚不确定或不完全确定时，采用功能 FMECA 分析。

2. 硬件 FMECA

硬件 FMECA 是指根据产品的每个硬件故障模式，对各种可能产生该硬件故障模式的原因及其影响进行分析。

硬件 FMECA 需要列出每个产品的详细硬件组成，并分析每个硬件组成所有的可能故障模式及故障影响。当采用硬件 FMECA 时，需要考虑以下几方面内容：

（1）硬件 FMECA 根据产品的功能对硬件产品的每个故障模式进行评价，并对可能发生的故障模式及其影响进行分析。各产品故障的影响与产品功能有关。

（2）当产品构成或结构及其设计图纸资料明确时，采用硬件 FMECA。这种方法必须基于详细而严格的任务可靠性框图。

7.3.3 实施步骤

FMECA 的基本流程如图 7.2 所示，主要分为故障模式及影响分析、危害性分析，生成 FMECA 报告三个部分，主要步骤及目的如下：

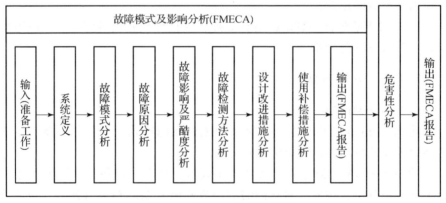

图 7.2　FMECA 的基本流程

（1）输入（准备工作）。主要是收集资料及可靠性数据，利用设计资料和图纸确定完成规定功能的产品及其设计状态；分析故障模式需要有关的可靠性数据，常采用外场数据或相同条件下进行的可靠性试验数据。如没有上述数据，可利用 GJB/Z 299C—2006、MIL‑HDBK‑217F 或其他能得到的故障率数据库。采用的可靠性数据应符合分析产品的实际情况。

(2) 系统定义。系统定义的目的是使分析人员有针对性地对被分析产品在给定任务功能下进行所有可能的故障模式、原因及影响分析。系统定义可概括为产品结构树及约定层次，产品的每项任务描述，每个任务阶段以及各种工作方式的功能描述，功能原理图、功能框图和任务可靠性框图的绘制。

(3) 故障模式分析。故障模式分析的目的是找出产品所有可能出现的故障模式。

(4) 故障原因分析。故障原因分析的目的是找出每个故障模式产生的原因，进而采取针对性的有效改进措施，减少故障模式发生的可能性。

(5) 故障影响及严酷度分析。故障影响分析的目的是找出产品的每个可能的故障模式所产生的影响，并对其严重程度进行分析。

(6) 故障检测方法分析。故障检测方法分析的目的是为产品的维修性与测试性设计，以及维修工作分析等提供依据。

(7) 设计改进措施与使用补偿措施分析。设计改进措施与使用补偿措施分析的目的是：针对每个故障模式的影响在设计与使用方面采取了哪些措施，以消除或减轻故障影响，进而提高产品的可靠性。

危害性分析是对系统中每个产品按其故障的发生概率和严重程度进行综合评估。可以按照约定的 FMECA 表格开展相应工作，并进行填写，最后形成 FMECA 报告。

7.3.3.1 系统定义

系统的完整定义至少应包括如下内容：产品的组成、环境条件，产品的每项任务描述，每个任务阶段以及各种工作方式的功能和输入输出描述，任务时间以及故障判据描述等，并给出功能原理图、功能框图和任务可靠性框图。

1. 产品结构组成及功能框图

根据现役产品的设计方案、设计样图，分解其硬件构成。其中，电子产品至少分解到功能电路级，在条件允许的情况下最好分解到元器件级，非电子产品应细化到不可拆分零件，并对每部分结构进行编码。各级产品之间连接的总线、连接件、管路最好也作为独立的硬件构成，进行编码和分析。

绘制产品功能框图。功能框图不同于产品的原理图、结构图和信号流图，它是表示产品各个组成部分所承担的任务或功能间的相互关系，以及产品每个约定层次间的功能逻辑、数据流、接口的一种功能模型。典型的功能框图如图 7.3 所示。

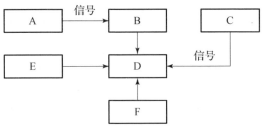

图 7.3 典型的功能框图

如果系统非常简单,只有一个产品等级且无接口存在,则可不绘制功能框图;如果系统存在多个不同的工作模式,在这些工作模式下约定层次间的功能逻辑、数据流、接口不同,则应对各个工作模式下的功能框图分别进行描述。

2. 任务阶段/工作模式

确定系统各产品等级的任务阶段及工作模式,列出每个任务阶段及工作模式下系统各产品等级的功能输出清单。当有一个以上工作模式完成一种规定功能时,应确定替换的功能或程序。

3. 任务时间

定量说明系统完成功能的时间,说明在不同任务阶段以不同工作模式工作的产品或仅在需要时工作的产品完成功能的时间。

4. 环境剖面

确定环境剖面,说明每项任务和每个任务阶段预期的环境条件。对在几种不同环境中使用的系统,应分别确定环境剖面。

5. 产品任务可靠性框图

产品任务可靠性框图描述产品整体可靠性与其组成部分的可靠性之间的关系。它不反映产品组成部分间的功能关系,而是表示故障影响的逻辑关系。如果产品具有多项任务或多个工作模式,则应分别建立相应的任务可靠性框图。产品的每一层级应分别绘制相应的可靠性框图。

构造可靠性框图时尽量使用编码体系。该编码应与结构组成中的编码相一致。采用统一的编码体系,才能使整个分析中硬件、功能单元和故障模式的标识一致和明确,便于跟踪所有的分析单元。

7.3.3.2 划分约定层次

为确保对产品进行全面的 FMEA,并保证分析结果的规范性和有效性,各承研单位应在报告中正确地划分产品的约定层次。根据组成产品的实际情况划分约定层次。对于采用了成熟设计、继承性较好且经过了可靠性、维修性和安全性等良好验证的产品，其约定层次可划分得少而粗；反之，对于任何新设计的或虽有继承性但其可靠性、维修性和安全性水平未经验证的产品，其约定层次可划分得多而细。

初始约定层次一般为承研单位协议书中产品所在层次；约定层次的划分要与产品的维修级别相协调，对于电子产品应该将功能电路模块独立划分为一层；最低约定层次的划分，子系统至少应分析到 LRU 级，LRU 应至少分析到功能电路/零部件级。

7.3.3.3 确定故障判据

故障判据一般根据规定的产品功能要求、相应的性能参数要求和允许极限确定，在 FMECA 报告中应该予以明确表述。

确定故障判据可以从以下几方面考虑：

（1）在规定条件或时间内，不能完成规定功能；

（2）在规定条件或时间内，技术指标不能满足要求；

（3）在规定条件或时间内，能源、物资等的消耗，或对人员、环境及设施的影响超出了允许范围；

（4）技术合同、用户或其他文件规定的故障判据。

在 FMECA 报告中，尽可能给出产品各级约定层次的故障判据，针对每级产品的功能及其输入输出，准确地给出故障判据。描述故障判据时应尽可能量化，以参数指标的形式说明（包括特征参数及其阈值范围）。

7.3.3.4 划分严酷度类别

在进行故障影响分析之前，应对严酷度类别（或等级）进行定义。严酷度定义必须与初始约定层次产品相一致，定义描述时应当具体、明确和清楚，便于文件的使用者和阅读者"对号入座"，不能采用定性或宏观语言描述。

分析人员可以参照表 7.5 和表 7.6 严酷度等级划分的定义内容，结合所承担产品的特点详细地给出具体的严酷度等级划分定义。

表 7.5 初始约定层次为装备的严酷度类别定义及评分准则

严酷度等级	名称	严重程度定义	系数
I	灾难的	引起人员死亡或装备毁坏、重大环境损害	9~10

续表

严酷度等级	名称	严重程度定义	系数
Ⅱ	致命的	引起人员的严重伤害或重大经济损失或导致任务失败、装备严重损坏及严重环境损害	7~8
Ⅲ	中等的	引起人员的中等程度伤害或中等程度经济损失或导致任务延误或降级、装备中等损坏及中等环境损害	4~6
Ⅳ	轻度的	不足以导致人员伤害或轻度的经济损失或装备轻度损坏及轻度环境损害，但它会导致非计划性维修或护理	1~3

表 7.6　初始约定层次为设备级的严酷度类别定义及评分准则

严酷度等级	名称	严重程度定义	系数
Ⅰ	灾难的	引起设备的主要或关键功能全部丧失，或对空间环境、工作环境或工作人员造成危害	9~10
Ⅱ	致命的	丧失设备部分主要功能或部分关键功能	7~8
Ⅲ	中等的	引起设备部分功能丧失，但不影响主要功能的执行	4~6
Ⅳ	轻度的	引起设备的性能降低及设备的非计划性维护或维修	1~3

7.3.3.5　故障模式、原因及影响分析

根据系统定义中的功能描述、故障判据的要求和已有的较完整的故障模式库，确定最低约定层次所有可能的硬件/功能故障模式，分析其故障原因，确定每个故障模式的局部影响、对上一级的影响以及最终影响，并针对每个故障模式产生的原因，给出可采取的针对性的有效改进措施，以减少该故障模式发生的可能性。填写 FMEA 表。详细的 FMEA 表的填写要求见本书的 6.3 节。

7.3.3.6　危害性分析

危害性分析（CA）的目的是按每个故障模式的严重程度及该故障模式发生的概率所产生的综合影响对系统中的产品分类，以便全面评价系统中各种可能出现的产品故障的影响。CA 是 FMEA 的补充或扩展，只有在进行 FMEA 的基础上才能进行 CA。

危害性分析方法主要采用危害性矩阵法，其包含定性分析和定量分析两类。当不能获得产品的准确故障率数据时，选择定性危害性矩阵法；反之，选择定量危害性矩阵法。

1. 危害性矩阵法

1）定性分析方法

定性分析方法用 A、B、C、D、E 五个不同的等级表示故障模式发生的可能性，然后分析人员按所定义的级别对每个故障模式进行评定。故障模式发生概率等级划分可参考表 7.7。

表 7.7 故障模式发生概率等级划分

等级	定义	按下列规定定义故障模式发生概率		
		车队或库存（寿命期）	特定产品（工作时间）	特定产品的故障模式（工作时间）发生概率
A	经常的	接连发生	经常发生	某个故障模式发生概率大于产品总故障概率的 20%
B	有时的	发生频繁	发生几次	某个故障模式发生概率大于产品总故障概率的 10%，小于或等于 20%
C	偶然的	发生几次	不太可能发生	某个故障模式发生概率大于产品总故障概率的 1%，小于或等于 10%
D	很少的	发生可能性很小	不太可能发生甚至不会发生	某个故障模式发生概率大于产品总故障概率的 0.1%，小于或等于 1%
E	极少的	几乎不可能发生甚至可不加以说明	发生概率基本为零	某个故障模式发生概率小于或等于产品总故障概率的 0.1%

完成对故障模式发生概率等级的评定后，再应用危害性矩阵对每个故障模式进行危害性分析。

2）定量分析方法

定量分析方法是根据产品的失效率、失效模式百分比、工作时间等数据计算产品的故障模式危害度或产品危害度，并用危害度来表示故障模式的发生概率，然后进一步用危害性矩阵对每个故障模式进行危害性分析。

（1）故障模式危害度 C_{mj}。它表示在特定严酷度下，某一故障模式的发生概率，是特定严酷度下产品危害度的一部分，表示为

$$C_m(j) = \lambda_p \cdot \beta \cdot \alpha \cdot t \quad (j = \text{I}, \text{II}, \text{III}, \text{IV}) \tag{7-1}$$

（2）产品危害度 C_r。它表示在特定严酷度下，产品失效的发生概率，等于产品的故障模式危害度 C_{mj} 之和，表示为

$$C_r(j) = \sum_i^n C_m(j) \qquad (7-2)$$

2. 填写 FMECA 表

填写 FMECA 表，并将故障概率等级或危害性计算结果填入 CA 表中。

3. 绘制危害度矩阵

使用危害度矩阵综合分析故障模式的严酷度及该故障模式的发生概率所产生的综合影响，以确定每个故障模式影响的危害程度，进而为确定关键产品清单以及改进措施的先后顺序提供依据。危害度矩阵如图 7.4 所示。

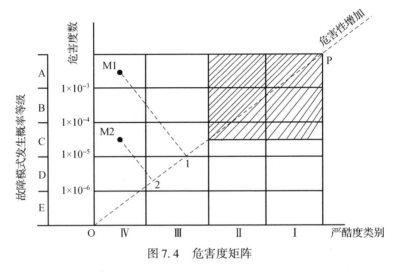

图 7.4 危害度矩阵

图 7.4 中，纵坐标是故障模式发生概率等级（采用定性分析方法时）或产品或故障模式的危害度（采用定量分析方法时），横坐标一般是按等距离表示严酷度类别（Ⅰ，Ⅱ，Ⅲ，Ⅳ），按此坐标填入故障模式编码（见 FMECA 工作表）。具体做法是：首先按危害度的数值或故障模式概率等级在纵坐标上查到对应的点；再在横坐标上选取代表其严酷度类别的直线或区间，并在直线上或区间标注产品或故障模式代码，从而构成产品或故障模式的危害度矩阵图，即在图中得到各产品或故障模式危害度的分布情况。

利用危害度矩阵，可以在给定的严酷度下，将故障模式进行相互比较，以确定采取措施的先后顺序。具体做法：在危害度矩阵中所标记的故障模式分布点向从原点出发的对角线作垂线，将该垂线与对角线的交点到原点的距离作为度量故障模式（或产品）危害度数大小的依据。一般离原点越远，危害性越大，越需要尽快采取改进措施。图 7.4 中，故障模式 M1 比故障模式 M2 的危害性大。

危害度矩阵及通过危害性矩阵得出的分析结论应作为 FMECA 报告的一部分。

7.3.3.7 结论和建议

该部分应包括通过 FMEA 或 CA 后，得到的各类重点故障模式清单，针对关键故障模式或既是Ⅰ、Ⅱ类又是单点，且不可检测的故障模式，必须说明各种可能的补偿措施（如设计、试验、工艺、检验、操作、维修等），以及预计采取所有措施后能取得效果的说明（如降低了发生概率或严酷度等）。

在分析结论中应明确说明通过 FMECA 工作是否发现了系统设计中的薄弱环节、发现的薄弱环节采取了哪些设计改进措施。

报告应提供如下附表：

(1) 严酷度Ⅰ、Ⅱ类单点故障模式清单（表 7.8）；
(2) 可靠性关键产品清单（表 7.9）。

表 7.8 严酷度Ⅰ、Ⅱ类单点故障模式清单

系统名称：_____ 填表：_____ 审核：_____ 第___页·共___页
校对：_____ 批准：_____ 填表日期：

序号	产品名称	故障模式	故障最终影响	严酷度等级	危害度等级	设计改进措施	使用补偿措施	故障模式未被消除的原因	备注

表 7.9 可靠性关键产品清单

系统名称：_____ 填表：_____ 审核：_____ 第___页·共___页
校对：_____ 批准：_____ 填表日期：

序号	产品名称	关键故障模式	最终故障影响	严酷度等级	危害度等级	设计改进措施	使用补偿措施	实施部门	实施情况	备注

7.3.4 FMECA 表填写要求及注意事项

1. FMEA 表填写要求

FMEA 从最低约定层次开始，一层一层地逐层向上分析，当 FMEA 表

中的初始约定层次的产品名称与约定层次产品名称一致时,该产品的 FMEA 结束。FMEA 表见表 7.10。

表 7.10　FMEA 表

初始约定层次:＿＿＿　　任务:＿＿＿　　审批:＿＿＿　　第＿＿页·共＿＿页
约定层次:＿＿＿　　分析人员:＿＿＿　　批准:＿＿＿　　填表日期:＿＿＿

序号	产品标识		产品功能	故障模式编码	故障模式	故障原因	任务阶段/工作模式	故障影响			严酷度类别	检测方法	设计改进措施	使用补偿措施	备注
	产品名称	产品标识号						局部影响	对高一层次的影响	最终影响					

填表要求:

(1) 初始约定层次:承研单位的协议产品。

(2) 约定层次:根据划分的约定层次填写每一层次的对象。

(3) 任务:初始约定层次产品的任务。

(4) 产品名称:填入被分析产品(或功能)的名称,该产品应为约定层次产品的组成。

(5) 产品标识号:按照编码体系规则填写产品的编码。

(6) 产品功能:简要说明被分析的硬件或功能块所需完成的功能。

(7) 故障模式编码:填入分析对象的故障模式的编码,在产品编码后面加".故障编码"即可。

(8) 故障模式:填写故障的表现形式。应尽可能穷举产品在每种工作模式下的所有可能的故障模式。除最低约定层次产品外,其他层次产品的故障模式应由其下一级产品对该产品的故障影响转化而来。

(9) 故障原因:故障模式发生的原因,包括直接原因和间接原因。除最低约定层次产品外,其他层次产品的故障原因可由其下一级产品的故障模式转化而来。

(10) 任务阶段/工作模式:简单说明发生故障模式时该产品可能处于哪一个任务剖面中的哪些任务阶段和工作方式。

(11) 局部影响:产品的故障模式对该产品自身及周边同级产品的使用、功能或状态的影响。

（12）对高一层次的影响：产品对该产品的高一层次产品，即约定层次对象的使用、功能或状态的影响。

（13）最终影响：产品对初始约定层次产品安全、任务能力、性能、使用及状态的影响。注：在进行故障模式影响分析时，可采用边界图、P 图法进行辅助分析（见附录 B）。

（14）严酷度类别：依据严酷度等级划分，并根据故障影响中的最终影响确定每个故障模式的严酷度等级。

（15）检测方法：简要描述故障检测方法，记录发现故障模式的方法和手段，如目视检查、音响监控设备、自动敏感装置、状态监控指示器、BIT 等。

（16）设计改进措施：针对每个故障模式的原因、影响，提出可能采取的设计补偿措施，如选元器件、热设计、工艺改进、余度、安全装置、监控技术、替换的工作方式等。

（17）使用补偿措施：针对每个故障模式的原因、影响，提出可能采取的使用补偿措施，如特殊的使用和维护规程、一旦出现某故障后操作人员应采取的最恰当的补救措施等。

（18）备注：补充需要特别说明的内容，如隐蔽故障、特殊的使用环境、余度设备的故障影响等。

2. CA 表填写要求

CA 表是在 FMEA 表的基础上扩充而来的，表格见表 7.11，其中表头的前 8 列与 FMEA 表相同。当进行定性分析时，仅填写表中 1~9 项和 16 项即可；当进行定量分析时，需要填写全部表格内容。

表 7.11 CA 表

初始约定层次：_____ 任务：_____ 审批：_____ 第____页·共____页

约定层次：_____ 分析人员：_____ 批准：_____ 填表日期：_____

序号	产品标识		故障模式编码	故障模式	故障原因	任务阶段与工作方式	严酷度类别	故障模式发生概率等级/故障数据源	危害度计算						备注
	产品名称	产品标识号							故障率	故障模式频数比	故障模式影响概率	工作时间	故障模式危害度	产品危害度	危害度代码	
1	2	3	4	5	6	7	8	9	10	11	12	13	14	15	16	17

填表要求：

（1）故障模式发生概率等级/故障数据源：定性分析时，填写故障模式发生概率等级；定量分析时，填写故障数据源，即说明故障率及失效模式百分比等数据的来源。

（2）故障率 λ_p：填写产品的失效率，可以通过 GJB 299C、可靠性预计或外场数据得来。

（3）故障模式频数比 α：产品的故障表现为确定的故障模式的比例。如果考虑某产品所有可能的故障模式，则其故障模式频数比之和为 1。电子元器件的故障模式频数比一般通过 GJB 299C 得出，机械零部件的故障模式频数比一般通过经验统计得出，中间约定层次产品的故障模式频数比通过下层向上的传递关系计算得出。

（4）故障模式影响概率 β：表示产品在某故障模式发生的条件下，其最终影响导致"初始约定层次"出现某严酷度等级的条件概率。某一故障模式可能发生多种最终影响，分析人员不但要分析这些最终影响，还应进一步指明该故障模式引起的每种最终故障影响的百分比，此百分比是 β。β 值的确定是代表分析人员对产品故障模式、原因和影响等掌握的程度。故障影响概率 β_j 的取值原则见表 7.12。

表 7.12 故障影响概率 β_j 的取值原则

说明	取值范围
该故障模式发生时，其导致的故障影响肯定发生	$\beta_j = 1$
该故障模式发生时，其导致的故障影响可能发生	$0.1 < \beta_j < 1$
该故障模式发生时，其导致的故障影响不大可能发生	$0 < \beta_j \leq 0.1$
该故障模式发生时，其导致的故障影响肯定不发生	$\beta_j = 0$

（1）工作时间：以每次任务产品工作小时或产品工作周期数表示。

（2）故障模式危害度 C_m：根据式（7-1）计算每个故障模式的危害度 $C_m(j)$，即产品的工作时间 t 内以某一故障模式发生第 j 类严酷度类别的故障次数。不同严酷度类别需要分别计算。

（3）产品危害度 C_r：根据式（7-2）计算每个产品的危害度 $C_r(j)$，即产品在工作时间 t 内产生的第 j 类严酷度类别的故障次数。不同严酷度类别需要分别计算。

（4）危害度代码：由代表严酷度等级的罗马数字和代表危害度等级的英文大写字母表示，仅对定性分析有效。如危害度代码ⅡB——表示该故障模式的严酷度为Ⅱ，危害度等级（故障模式发生概率等级）为 B。

(5) 备注：对前面各栏的补充说明。

3. 注意事项

(1) 应按本指南的要求计划和实施 FMECA。

(2) 产品设计人员负责 FMECA 并编制 FMECA 报告。

(3) 设计人员应负责 FMECA 的自查，并且应负责检查与分析对象有接口的其他系统/子系统的 FMECA 结果。

(4) 产品设计部门负责 FMECA 报告的技术性审查。

(5) 质量安全部门负责 FMECA 报告的规范性审查和闭环确认。

(6) FMECA 应在早期设计阶段开始，并在以后的设计阶段中不断完善，反复迭代。

(7) FMECA 应与可靠性大纲、维修性大纲及后勤保障分析大纲等的要求相协调，以共享 FMECA 的分析成果，避免重复劳动。

7.4 故障树分析

故障树分析（fault tree analysis，FTA）是一种特殊的倒立树状逻辑因果关系图，构图的元素是事件和逻辑门。其中，逻辑门的输入事件是输出事件的"因"，逻辑门的输出事件是输入事件的"果"；事件用来描述系统和元部件故障的状态，逻辑门把事件联系起来，表示事件之间的逻辑关系。

故障树分析将一个不希望发生的产品故障事件（或灾难性的产品危险）即顶事件作为分析的目标，通过自上而下严格地按层次的故障因果逻辑分析，采用演绎推理的方法，逐层找出故障事件的必要而充分的直接原因，最终找出顶事件发生的所有原因和原因组合，并计算它们的发生概率，然后通过设计改进和实施有效的故障检测、维修等措施，设法减少其发生概率，给出产品的改进建议。故障树分析可分析多种故障因素的组合对产品的影响。

FTA 主要步骤如图 7.5 所示。

图 7.5 FTA 主要步骤

7.4.1 故障树建树与分析的准备工作

准备工作是故障树分析的先决条件，包括熟悉产品、确定分析目的和确定故障判据。

1. 收集数据和资料

在实施 FTA 之前，需要准备的主要技术资料和信息包括：
(1) 技术协议及设计任务书；
(2) 方案设计报告及相关资料；
(3) 设计图纸和相关数据；
(4) 故障历史数据；
(5) 相似产品或可靠性增长前产品的 FTA 技术报告；
(6) FMEA 报告。

开始建树时，资料往往不全，必须补充收集某些资料作为必要假设来弥补这种欠缺。随着资料的逐步完善，故障树会修改得更加符合实际情况。

2. 熟悉产品

熟悉产品设计说明书、设计图（如原理图、结构图、流程图）、各组装等级测试方法、各组装等级试验要求和其他有关资料（运行规程、维修规程），透彻掌握产品设计意图、结构、功能、边界和环境情况；在产品故障树分析时应注意了解各子系统、各组件接口之间的关系。

辨明人为因素和软件对产品的影响，辨识产品可能的各种状态模式，分析这些模式之间的转换过程，必要时应绘制产品状态模式及转换图以帮助弄清产品正常与故障之间的关系；在现役装备故障树分析时应分析产品在地面试验、运行、停运等各种状态的不同工作模式，明确模式之间的关系。

在故障树分析前，最好开展 FMEA 或 FMECA，以帮助辨识顶事件和各级结果事件。

根据各组件的复杂程度，必要时应绘制产品系统可靠性框图以帮助正确形成故障树的顶部结构和实现故障树的早期模块化，缩小建树的规模。

3. 确定分析目的和范围

分析人员应根据任务要求和对产品的了解程度明确进行故障树分析的目的和范围。同一产品因分析目的不同，建立的故障树也大不相同。如果分析关注的对象是硬件故障，则建模时可以略去人为因素；如果关注的对象是内部事件，则建模时可以不考虑外部事件；如果进行全面分析，则需要考虑硬件/软件故障、人的失误和外部事件等所有因素。

4. 确定故障判据

根据产品功能和性能要求确定产品的故障判据，只有故障判据确切，才能辨明故障模式，从而确定故障的起因。

5. 确定顶事件

顶事件的确定是建立故障树的基础，确定的顶事件不同，则建立的故障树也不同。大多数情况下，产品会有多个不希望发生的重大故障事件，在充分熟悉资料和产品的基础上，应做到既不遗漏又分清主次地将全部重大故障事件一一确定，分别作为顶事件建立故障树并进行分析；并且，产品会有多个工作模式，顶事件应该在各个工作模式下单独分析。确定顶事件的方法如下：

（1）在设计过程中进行 FTA，一般从显著影响产品技术性能、经济性、可靠性和安全性的故障中选择确定顶事件；

（2）通过 FMECA 找出影响安全及任务成功的关键故障模式，即从严酷度为Ⅰ、Ⅱ类的故障模式中确定顶事件；

（3）结合外场或历史数据，将外场重大故障作为顶事件。

在确定顶事件时应注意：针对不同的分析级别应分别给出相应的顶事件。例如：对无人系统开展 FTA 时，顶事件是指无人系统的故障模式和状态；对分系统级开展 FTA 时，顶事件是指分系统的故障模式和状态；对设备展开 FTA 时，顶事件是指该设备的故障模式和状态，以此类推，顶事件所在级别越高，下一级展开得越充分，故障树越庞大。

7.4.2 故障树建造

确定顶事件后，应遵循建造故障树的基本规则和方法，利用故障树专用的事件和逻辑门符号，将故障事件之间的逻辑推理关系表达出来，建造出所需的故障树。

7.4.2.1 故障树建造的基本规则

1）明确建树边界条件

故障树的边界应和系统的边界一致，避免遗漏和重复，根据边界条件明确故障树需要建到何处为止。通常边界条件包括以下几方面内容：

（1）确定顶事件。

（2）确定初始条件，它是与顶事件相适应的。凡是具有一个以上工作状态的部件，就要规定某工作状态作为初始条件。如果电路中有开关，则需要明确初始条件是"开关闭合"还是"开关打开"。

(3) 规定不许可的事件,指建树时规定不允许发生的事件。例如,根据分析目的不同,分析硬件故障时,应明确不考虑人为因素。

2) 简化系统构成

简化系统构成可考虑以下几方面内容:

(1) 对系统进行必要的合理假设,如不考虑人为故障、不考虑一些设备或接线故障,对一些设备做出偏安全保守的假设等。

(2) 对于复杂系统,可在 FMEA 的基础上,将对顶事件不重要的部分舍去,以简化系统,然后再进行建树。同时,又要避免主观地把看起来"不重要"的底事件压缩掉,导致漏掉了要寻找的隐患。因此,需要做出正确的工程判断。

3) 严格定义的故障事件

故障事件必须严格定义,否则建出的故障树不正确。对于结果事件,应当根据需要准确表示为"故障是什么"和"什么情况下发生"的形式。例如,"泵启动后压力罐破裂","开关合上后灯泡不亮"。

4) 应从上到下逐级建树

建树应从上到下逐级进行,在同一逻辑门的全部必要而又充分的直接输入未列出之前,不能进行下一逻辑门的任何输入。一棵庞大的故障树,每一级输入数可能很多,而每个输入都可能仍然是一棵庞大的子树,因此,逐级建树可以避免遗漏。

5) 建树时不允许门—门直接相连

建树时不允许不经过结果事件而将门—门直接连接。每个门的输出事件都应有明确的定义,主要目的是防止建树者不从文字上对中间事件下定义直接发展该子树,其次门—门相连的故障树使评审者难以判断对错。

6) 把对事件的抽象描述具体化

为了促使故障树向下发展,必须使比较具体的直接事件逐步取代比较抽象的间接事件,例如在建树时可能形成不经任何逻辑门的"事件—事件"串,需要逐一定义并写在长方框中。

7) 处理共因事件和互斥事件

共同的故障原因会引起不同的部件或系统故障。共同原因的故障事件,简称共因事件。对于故障树中存在的共因事件,必须使用同一事件标号。不可能同时发生的事件称为互斥事件,对于与门输入端的事件和子树应注意是否存在互斥事件,若存在则应采用异或门变换处理。

7.4.2.2 故障树建造流程

故障树建造流程如图 7.6 所示。具体说明如下：

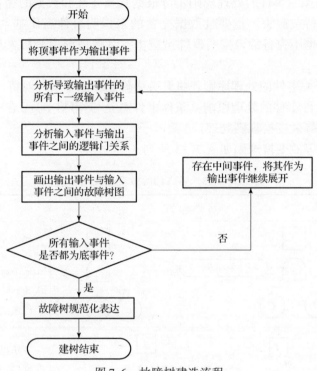

图 7.6 故障树建造流程

（1）将顶事件作为输出事件，将导致顶事件发生的所有直接原因事件作为下一级输入事件，建立这些输入事件与输出事件之间的逻辑门关系，并画出输出事件与输入事件之间的故障树；

（2）以此类推，将这些下一级事件作为输出事件进行展开，直到所有的输入事件都作为底事件时停止，至此初步的故障树建造完毕；

（3）对故障树中的事件建立定义和表达符号，利用符号取代故障树中的事件文字描述，利用转移符号简化故障树，实现故障树的规范化表达。

7.4.2.3 故障树的规范化和简化

为了减少分析的工作量，需要对建立的故障树进行规范化、简化和模块化分解。

1. 故障树的规范化

将建造出来的故障树变换为仅含有基本事件、结果事件以及"与"

"或""非"三种逻辑门的故障树的过程,称为故障树的规范化。

特殊事件的处理规则:

(1) 未探明事件的处理规则:可根据其重要性和数据的完备性,当作基本事件对待或删去。重要且数据完备的未探明事件当作基本事件对待;不重要且数据不完备的未探明事件可删去;其他情况由分析人员根据工程实际决定。

(2) 开关事件的处理原则:将开关事件当作基本事件对待。

(3) 条件事件的处理原则:条件事件总是与特殊门联系在一起的,依据特殊门的等效变换规则处理。

特殊门等效变换规则如表7.13所列。

表7.13 特殊门等效变换规则

特殊门	图示	说明
顺序与门变换为与门		输出不变,顺序与门变为与门,原输入不变,新增加一个输入事件——顺序条件事件 X
表决门变换为或门和与门的组合		原输出事件下接一个或门,或门之下有个 C_n^r 个输入事件,每个输入事件之下再接一个与门,每个与门之下有 r 个原输入事件
		原输出事件下接一个与门,与门之下有 C_n^{n-r+1} 个输入事件,每个输入事件下接一个或门,每个或门之下有 $n-r+1$ 个原输入事件

续表

特殊门	图示	说明
异或门变换为或门、非门和与门的组合	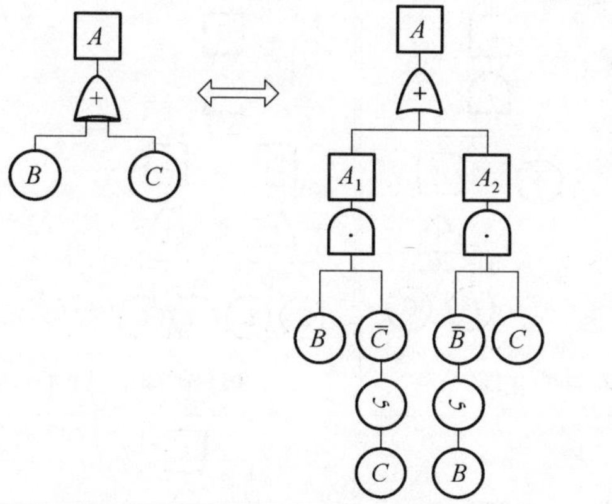	原输出事件不变,异或门变为或门,或门下接两个事件,这两个事件下分别接一个与门,每个与门之下分别接一个原输入事件和一个非门,非门之下接一个原输入事件
禁止门变换为与门	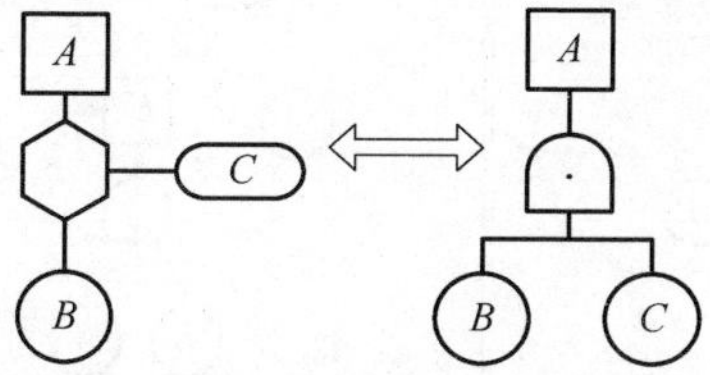	原输出事件不变,禁止门变换为与门,与门之下有两个输入,一个为原输入事件,另一个为条件事件

2. 故障树的简化

故障树的简化不是故障树分析的必要步骤,并不会影响以后定性分析和定量分析的结果。然而,对故障树尽可能地简化是减小故障树规模,进而减小工作量的有效措施。

用相同转移符号表示相同子树,用相似转移符号表示相似子树;去掉明显的逻辑多余事件和明显的逻辑多余门。

按照集合运算规则,可得如表 7.14 所列简化故障树的基本原理。

表 7.14 简化故障树的基本原理

基本原理项示例	基本原理项示例
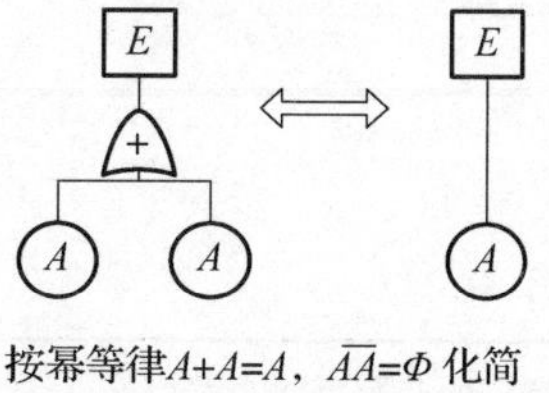 按幂等律 $A+A=A$, $\overline{A}A=\Phi$ 化简	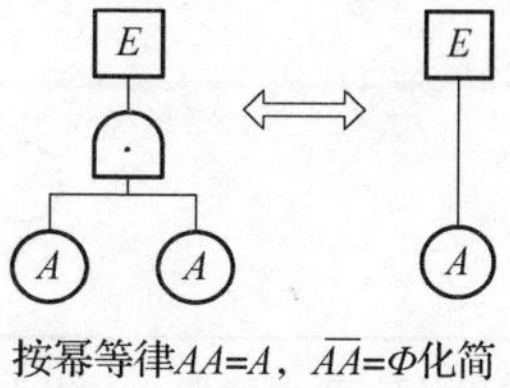 按幂等律 $AA=A$, $\overline{A}A=\Phi$ 化简

续表

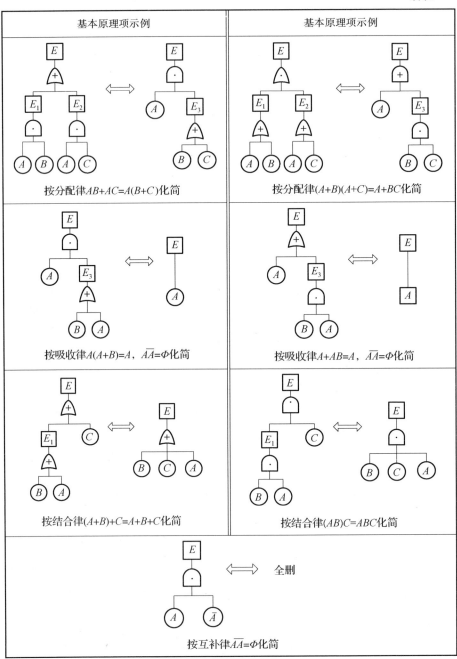

注：表中符号"+"、"-"和"."表示的是逻辑运算符而非数字运算符。

3. 故障树的模块化分解

故障树的模块化分解不是故障树分析的必要步骤，它不会影响以后定性分析和定量分析的结果。然而，对故障树尽可能地模块化分解是减小故障树规模，进而减小分析工作量的有效措施。故障树的模块化分解按下列步骤进行：

（1）按模块和最大模块的定义，找出故障树中尽可能大的模块。如果有计算机辅助软件，可方便求出故障树的所有最大模块；

（2）对每个模块可单独进行定量计算和定性分析；

（3）对每个模块用一个等效的虚设底事件来代替，减少原故障树的规模；

（4）在故障树定性分析和定量计算后，可根据实际需要，将顶事件和各模块之间的关系，转换为顶事件和底事件之间的关系。

7.4.3 故障树定性分析

故障树定性分析的目的在于寻找无人装备顶事件发生的原因事件或原因事件的组合，即识别导致顶事件发生的所有故障模式集合，确定故障树的割集和最小割集，通过对比分析最小割集和底事件，从定性的角度确定出较为重要的底事件，帮助分析人员发现潜在故障，揭露设计的薄弱环节，以便改进设计，还可用于指导故障诊断，改进使用方案和维修方案。

1. 最小割集的作用

一个最小割集代表系统的一种故障模式，故障树定性分析的任务就是要寻找故障树的全部最小割集。最小割集的作用主要体现在两个方面：

（1）预防故障的角度。如果设计中能做到使每个最小割集中至少有一个底事件不发生（发生概率极低），则顶事件就发生。所以找出最小割集对降低复杂系统潜在故障的风险、改善系统设计意义重大。从保证系统正常工作的状态出发，对于一个系统的故障模式，只需避免其中任一个底事件的发生，即可消除对应的故障模式。

（2）系统的故障诊断和维修的角度。当进行故障诊断时，如果发现某个部件故障后及时进行修复，系统可以恢复功能，但其可靠性水平未必能恢复如初。由最小割集的概念可知，只有最小割集中的全部部件发生故障时，系统才发生故障，而只要任意部件修复，系统即可恢复功能，但此时，依然可能存在同一最小割集中其他的故障部件未修复的情况，使得系统再次发生故障的概率很高。所以系统故障诊断和维修时，应追查同一割集中的其他部件故障情况并设法全部修复，如此，才能恢复系统可靠性、安全性设计水平。

2. 求最小割集的方法

在完成建树并对故障树规范化后，需要计算故障树的最小割集。最小割集的计算常用上行法和下行法，对于复杂的故障树，求最小割集常用FTA软件工具。

上行法和下行法求解故障树最小割集的步骤如表 7.15 所列。

表 7.15　上行法和下行法求解故障树最小割集的步骤

项目	下行法	上行法
特点	从顶事件开始，由上而下逐级寻找事件集合，最终获得故障树的最小割集	从底事件开始，由下而上逐级寻找事件集合，最终获得故障树的最小割集
步骤	（1）确定顶事件； （2）分析顶事件所对应的逻辑门； （3）将顶事件展开为逻辑门的输入事件（用"与门"连接的输入事件列在同一行，用"或门"连接的输入事件分别各占一行）； （4）按步骤（3）向下将各个中间事件按同样规则展开，直至所有的事件均为底事件； （5）表格的最后一列的每一行都是故障树的割集； （6）通过割集间的比较，利用布尔代数运算规则合并消元，最终得到故障树的全部最小割集	（1）确定所有底事件； （2）分析底事件所对应的逻辑门； （3）通过事件运算关系表示该逻辑门的输入事件（"与门"用布尔集表示，"或门"用布尔和表示）； （4）按步骤（3）向上迭代，直至故障树的顶事件； （5）将所得布尔等式用布尔运算规则进行简化； （6）最后得到用底事件积之和表示顶事件的最简式； （7）在最简式中，每个底事件的"积"项表示故障树的一个最小割集，全部"积"项就是故障树的所有最小割集

3. 最小割集的分析

在求得全部最小割集之后，可按以下原则对最小割集和底事件进行定性比较，以便将定性比较的结果应用于指导故障诊断，确定维修次序并提示系统改进的方向。在进行最小割集分析时满足以下原则：

（1）阶数越小的最小割集越重要；

（2）在低阶最小割集中出现的底事件比高阶最小割集中的底事件重要；

(3) 在同一最小割集阶数的条件下，在不同最小割集中重复出现的次数越多的底事件越重要；

(4) 为了减少分析工作量，可略去阶数大于 3 的所有最小割集进行近似分析。

7.4.4 故障树定量分析

故障树定量分析的目的在于在求得故障树最小割集的基础上，根据故障树的底事件发生概率计算得出故障树顶事件的发生概率，确定每个最小割集的发生概率，以便改进设计、提高产品的可靠性和安全性水平。

1. 假设

(1) 故障树中的底事件之间是相互独立的。这种独立性需要从工程实际的角度进行判断，若某些底事件不相互独立，按照统计独立的假设进行计算将出现较大误差，则应进行修正。

(2) 每个底事件或顶事件有发生与不发生两种状态。

2. 事件发生概率计算

顶事件的发生概率可以通过最小割集来求解。在工程上，应尽可能采用计算机辅助设计（CAD）软件辅助计算，可以保证计算效率和准确性。

3. 顶事件发生概率的计算方法

在大多数情况下，底事件可能在几个最小割集中重复出现，即最小割集之间是相交的，此时，精确计算顶事件发生概率就必须用相容事件的概率公式，而在工程实际中，精确计算是不必要的，使用以下三种近似计算顶事件发生概率的方法，通常可满足工程需要。

方法一：

$$P(T) \approx \sum_{i=1}^{N_k} P(K_i) \qquad (7-3)$$

式中：$P(T)$ 为顶事件发生概率；$P(K_i)$ 为第 i 个最小割集发生的概率；N_k 为最小割集数。

方法二：

$$P(T) \approx \sum_{i=1}^{N_k} P(K_i) - \frac{1}{2}\sum_{j=1}^{N_k} P(K_i K_j) \quad (i<j) \qquad (7-4)$$

式中：$P(K_j)$ 为第 j 个最小割集发生的概率；$\sum P(K_i K_j)$ 为最小割集两两乘积之和。

方法三：

$$P(T) = 1 - \prod_{i=1}^{N_k}[1 - P(K_i)] \qquad (7-5)$$

方法三的前提是最小割集的发生概率较低，可假设各个割集之间是相互独立的，即两个以上割集同时发生的情况可忽略不计。

4. 重要度分析

底事件对顶事件发生的贡献称为该底事件的重要度。通过重要度分析可以确定产品中的可靠性薄弱环节，为改进和完善产品设计，确定产品需要监测的部位、制定产品故障诊断清单等工作提供依据。工程上常用概率重要度进行分析。

概率重要度的定义：第 i 个底事件发生概率的变化引起顶事件发生概率变化的程度，其数学表达式为

$$I_i^{Pr}(t) = \frac{\partial F_s(t)}{\partial F_i(t)} \qquad (7-6)$$

式中：$I_i^{Pr}(t)$ 为概率重要度；$F_i(t)$ 为底事件 i 发生概率；$F_s(t)$ 为顶事件发生概率，$F_s(t) = g[F(t)] = g[F_1(t), F_2(t), \cdots, F_n(t)]$。

概率重要度的物理含义为：系统处于当且仅当底事件 i 故障发生时，顶事件发生的概率。它表示由于底事件 i 导致顶事件发生概率变化的程度。

7.4.5 确定改进措施

根据定性、定量分析结果，找出可靠性薄弱环节，分析并制定改进措施，可从如下方面开展：

（1）首先，分析当前采取的检查手段和诊断方法：填入操作人员或维修人员检测和诊断当前故障模式的方法。应指明是目视检查或者音响报警装置、自动传感装置、传感仪器或其他独特的显示手段，还是无任何检测方法，并声明检测周期。

（2）其次，分析当前采用的预防措施，包括已经被证明有效的设计措施和补偿措施等。设计措施通常是针对过去发生的故障采取的根本解决措施，并已经被证明是有效的；补偿措施是用来消除或明显降低故障影响的措施，例如：

①节点产品发生故障时，能继续工作的冗余设备；

②安全或保险装置（如监控及报警装置）；

③可替换的工作方式（如备用或辅助设备）；

④可以消除或减轻故障影响的设计或工艺改进；

⑤特殊的使用和维护规程；

⑥如果有需要采取进一步控制措施，分析并制定改进措施，规定责任人和完成时间；

⑦所有的设计改进均应反映到原理方案设计图纸中。

7.5 可靠性研制试验与增长试验

可靠性研制试验对样机施加一定的环境应力和/或工作应力，以暴露样机设计和工艺缺陷的试验、分析和改进过程。可靠性研制试验通过对受试产品施加应力将产品中存在的材料、元器件、设计和工艺缺陷激发为故障，进行故障分析定位后，采取纠正措施加以排除，这实际也是一个试验、分析、改进的过程，即试验－分析－改进（TAAF）过程。

可靠性增长试验为暴露产品的薄弱环节，有计划、有目标地对产品施加模拟实际环境的综合环境应力及工作应力，以激发故障，分析故障并改进设计与工艺，通过试验验证改进措施有效性。可靠性增长试验是一种有计划的试验、分析和改进的过程。在这一试验过程中，产品处于真实或模拟的环境下，以暴露设计中的缺陷，便于对暴露出的问题采取纠正措施，从而达到预期的可靠性增长目标，保证产品能够顺利通过可靠性鉴定试验。

两者在试验目的、适用时机、试验方法和环境条件等方面有一定的区别，见表7.16。

表7.16 可靠性研制试验与可靠性增长试验之间的区别

试验类型	可靠性研制试验	可靠性增长试验
目的	提高产品的固有可靠性水平	使产品可靠性达到规定的要求
适用时机	研制样机造出之后尽早进行	工程研制阶段后期，可靠性鉴定试验之前
试验方法	可靠性增长摸底试验、可靠性强化试验、或高加速应力试验、或与性能试验、环境试验相结合	有模型的可靠性增长试验
试验施加的环境条件	模拟实际使用环境或加速应力环境	模拟实际使用环境

可靠性鉴定与验收试验可参考《可靠性鉴定和验收试验》(GJB 899A—2009)进行。

7.5.1 可靠性研制试验

可靠性研制试验的最终目的是使产品尽快达到规定的可靠性要求,但其直接目的在研制阶段前后期有所不同,在研制阶段前期,试验目的侧重于充分地暴露缺陷,通过采取纠正措施,提高可靠性。因此,大多采用加速的环境应力,以激发故障。而在研制阶段后期,试验的目的侧重于了解产品的可靠性与规定要求的接近程度,并对发现的问题,通过采取纠正措施,进一步提高产品的可靠性。因此,试验条件应尽可能模拟实际使用条件,大多采用综合环境应力。可靠性增长试验可视为一种特定的可靠性研制试验。

可靠性研制试验根据试验的直接目的和所处阶段以及施加的应力水平,可分为可靠性增长摸底试验(或可靠性摸底试验)、可靠性强化试验[或高加速应力(寿命)试验]等,也包括结合性能试验、环境试验开展的可靠性研制试验。

7.5.1.1 可靠性增长摸底试验

可靠性增长摸底试验是根据我国国情开展的一种可靠性研制试验。它是一种以可靠性增长为目的,无增长模型,也不确定增长目标值的短期可靠性增长试验。其试验目的是在模拟实际使用的综合应力条件下,用较短的时间、较少的费用,暴露产品的潜在缺陷,并及时采取纠正措施,使产品的可靠性水平得到增长,以保证产品维持一定的可靠性和安全性水平,同时为产品的后续可靠性工作提供信息。在产品有了试验件后,应尽早进行可靠性增长摸底试验。

1. 试验对象

可靠性增长摸底试验的对象主要是电子产品。以较为复杂的、重要度较高的、无继承性的新研或改进型电子产品为主,也可适当考虑类似的机电产品。

2. 试验时间

可靠性增长摸底试验的试验时间取 100~200h 较为合适,或按型号统一规定,或取产品 MTBF 设计定型最低可接受值的 20%~30%(型号无规定时)。

3. 试验剖面

采用实测应力或模拟产品实际使用条件制定试验剖面，包括环境条件、工作条件和使用维护条件。

4. 受试产品

受试产品应具备产品规范要求的功能和性能。受试产品在设计、材料、结构与布局及工艺等方面应能基本反映将来生产的产品。

5. 试验设备和检测仪器

试验设备和检测仪器应能保证试验所需的综合环境试验条件和产品性能参数的检测要求，并按要求进行定期校核和计量检定，保证其在计量合格有效期内。

6. 试验实施程序

可靠性增长摸底试验流程如图7.7所示。

7.5.1.2　可靠性强化试验［或高加速应力（寿命）试验］

1. 试验对象

可靠性强化试验［或高加速应力（寿命）试验］的对象主要是电子产品。以较为复杂的、重要度较高的、无继承性的新研或改进型电子产品为主，可适当考虑类似的机电产品。

2. 试验时间

总试验时间包括低温步进应力试验、高温步进应力试验、快速温度循环应力试验、振动步进应力试验和综合应力试验的时间。具体试验时间取决于试验的实际情况。

3. 试验剖面

可靠性强化试验（或高加速应力试验）剖面包括低温步进应力试验剖面、高温步进应力试验剖面、快速温变循环试验剖面、振动步进应力试验剖面和综合应力试验剖面。

4. 受试产品

受试产品应具备产品规范要求的功能和性能。受试产品在设计、材料、结构与布局及工艺等方面应能基本反映将来生产的产品。

受试产品可不经环境试验，直接进入可靠性强化试验（或高加速应力试验）阶段。但受试产品必须经过全面的功能、性能试验，以确认产品已经达到技术规范规定的要求。

5. 试验设备和检测仪器

试验使用的试验设备是以液氮制冷技术来实现超高温变率的温度循环

环境,以气锤连续冲击多向激励技术来实现三轴向六自由度的全轴振动环境,也可利用传统的电动台和温湿箱。

检测仪器应保证产品性能参数的检测要求,并按要求进行计量检定,且处于计量合格有效期内。

6. 试验程序与步进应力施加方法

1) 试验程序(图7.8)

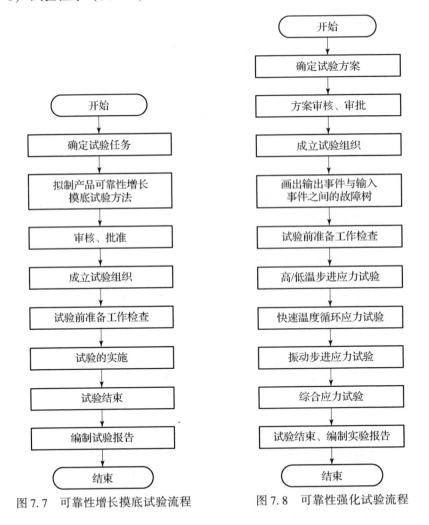

图7.7 可靠性增长摸底试验流程　　图7.8 可靠性强化试验流程

2) 高/低温步进应力试验

(1) 起始点温度。通常取室温或接近室温的温度条件。

(2) 每步保持时间。包括元器件及其零部件完全热/冷透的时间（即产品温度达到稳定所需的时间）和产品检测所需的时间。

(3) 步长。应视产品的具体情况而定。建议在高/低温工作极限前步长设定为10℃，高/低温工作极限后步长调整为5℃。

(4) 高/低温工作极限和高/低温破坏极限。在高/低温步进应力试验的过程中，一旦发现产品出现异常，立即将温度恢复至上一量级，然后对产品进行全面检测；如果产品恢复正常，则判定产品出现异常的温度应力为产品的高/低温工作极限；如果产品仍然不正常，则判定产品出现异常的温度应力为产品的高/低温破坏极限。

(5) 试验终止判据。试验应该持续到试件的破坏极限或者达到试验箱的最高/低温度为止。

3) 快速温度循环应力试验

(1) 上下限温度。选取原则以析出产品缺陷而不损坏产品的最少循环数为准。通常不超过产品破坏极限的80%。

(2) 温变率。温变率一般在15~60℃/min。选取原则：考虑产品本身的热惯性，以达到快速激发产品缺陷、缩短试验时间、节约试验经费的目的。

(3) 上下限温度持续时间。上下限温度持续时间包括元器件（零部件）温度达到稳定所需时间和在上下限温度浸泡时间。浸泡时间用于两个目的：一是保证材料发生蠕变；二是完成功能测试。

(4) 温度循环次数。无固定限制，以尽量少的循环次数激发出产品潜在缺陷为准。为了节约试验费用，循环次数一般不超过6次。

(5) 试验终止判据。试验在以下情况终止：
①产品发生不可修复故障；
②修复产品出现的故障所需费用超过修复所带来的效益；
③温变率已到达试验箱的最大值，完成6个循环后仍不出现故障。

4) 振动步进应力试验

(1) 振动应力初始值。根据不同试件而定。全轴向振动台振动步进应力试验的初始值一般为$0.3~0.5\text{m/s}^2$；电动振动台振动步进应力试验的初始值一般为$0.1~0.2\text{m/s}^2$。

(2) 每步停留时间。每步停留时间包括产品振动稳定后的驻留时间以及功能/性能检测时间。振动稳定后的驻留时间一般为5~10min，功能/性能检测应在振动稳定后进行，所需时间视具体产品而定。

(3) 步长。全轴向振动台步进应力步长一般为 $0.3\sim0.5\mathrm{m/s^2}$；电动台振动步进应力步长一般为 $0.2\sim3\mathrm{m/s^2}$；具体选择依据产品能够承受的最大应力和产品的实际使用情况。在试验过程中，可以根据实际情况适当调整。

当应力达到产品工作极限后，应适当减小步长继续试验以找到破坏极限。

(4) 工作极限和破坏极限。在振动步进应力试验过程中，一旦发现产品出现异常，立即将振动量级恢复至上一量级，然后对产品进行全面检测；如果产品恢复正常，则判定产品出现异常的振动应力为产品的振动应力工作极限；如果产品仍然不正常，则判定当前应力为产品的振动应力破坏极限。

(5) 试验终止判据。试验应持续到试件的破坏极限被确定后或者试验设备提供应力到达最大振动量值为止。

5) 综合应力试验

(1) 温度循环。参见快速温度循环应力试验内容。

(2) 振动应力。振动应力一般分为恒定振动应力和步进振动应力。

恒定振动应力的前几个循环按破坏极限的 50% 施加，最后一个循环施加微振动应力；步进振动应力，根据已完成试验获得的振动应力破坏极限和设定的循环次数确定步长。

(3) 试验终止判据。试验在以下情况终止：①完成设定的试验剖面；②发生不可修复的故障。

7.5.2 可靠性增长试验

可靠性增长试验的目的是通过对产品施加模拟实际使用环境的综合环境应力，暴露产品中潜在的缺陷并采取纠正措施，使产品的可靠性达到规定的要求。

1. 试验对象

由于可靠性增长试验要求采用综合环境条件，对于综合试验设备，试验时间较长，需要投入较大的资源，因此，一般只对那些有定量的可靠性要求，新技术含量高，且属重要、关键的产品进行可靠性增长试验。受试产品的具体选择可参照如下原则。

(1) 重要度较高、较为复杂的、新研、缺乏继承性的产品；

(2) 在研制试验和系统综合试验中问题较多的产品；

(3) 对装备的可靠性指标影响较大的产品；

（4）在研制阶段现场使用中暴露问题较多的产品；

（5）在实验室或现场具备进行可靠性增长试验条件的产品。

2. 试验时间

试验总时间决定于可靠性增长模型、工程经验及对产品的可靠性要求。一般取产品 MTBF 目标值的 5~25 倍。

3. 试验剖面

应模拟产品的实际使用条件制定试验剖面，包括环境条件、工作条件和使用维护条件。

由于可靠性增长试验是在产品研制阶段后期，即在可靠性鉴定试验之前进行，因此尽可能采用实测应力。

4. 受试设备

（1）受试设备应具备产品规范要求的功能和性能，并已完成规定的环境试验项目及环境应力筛选。

（2）用有依据的数据对设备进行最新的可靠性预计。

（3）对受试设备进行故障模式、影响及危害性分析（FMECA），指出设计的薄弱环节。

5. 试验设备和检测仪器

试验设备和检测仪器应能保证试验所需的综合环境试验条件和产品性能参数的检测要求，并按要求进行定期校核和计量检定，保证设备在计量合格有效期内。

6. 故障报告、分析和纠正措施系统（FRACAS）

（1）应使用闭环 FRACAS 来收集试验期间出现的所有故障数据，分析这些故障发生的原因，采取纠正故障的措施，并做好记录。

（2）为保证纠正措施的有效性，验证应在发生故障的环境下进行。纠正措施应经过批准后实施。如果不需采取纠正措施，应说明理由。

（3）故障报告闭环系统对出现的问题、故障及分析和纠正措施进行跟踪，以检验故障纠正措施的有效性。

7.5.2.1　可靠性增长试验程序和要求

1. 试验流程

可靠性增长试验流程如图 7.9 所示。

2. 试验程序和要求

1）确定试验任务来源

如果试验任务已在合同或研制任务书中给出或由上级机关下达，则按其规定执行；若合同或研制任务书中没有规定，上级机关也没有要求，则根据实际需要，由各方协商确定。

2）拟制产品可靠性增长试验大纲

应在试验前拟制产品可靠性增长试验大纲，试验大纲应包括以下内容：

（1）试验的目的和要求；

（2）受试设备说明和数量；

（3）试验仪器及试验设备的说明及要求；

（4）试验环境条件、性能合格范围、故障判据及故障处理等；

（5）可靠性增长模型；

（6）试验进度表及试验程序；

（7）预防性维修说明；

（8）数据的收集和记录要求；

（9）试验报告的内容要求；

（10）用于分析故障及改进设计等所需要的工作时间及资源要求；

（11）受试设备的最后处理；

（12）其他有关事项。

3）大纲审查、评审及审批

（1）设计师系统负责试验大纲及试验程序的拟制，产品总设计师负责审核；必要时，大纲应交给顾客代表审查。

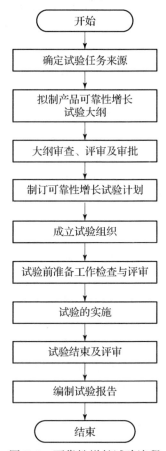

图 7.9 可靠性增长试验流程

（2）质量部门负责组织大纲的评审。

（3）可靠性增长试验大纲及试验程序的会签与批准按规定进行，型号工程产品按系统统一要求履行审批和上报手续。

7.5.2.2 制订可靠性增长试验计划

1. 绘制可靠性增长试验计划曲线

试验开始前，产品可靠性设计师应参照相关标准选定增长模型，如杜安模型、AMSAA 模型，并根据增长模型绘制一条试验计划曲线，作为监控试验的依据。绘制试验计划曲线应考虑以下原则。

1）按以下方法确定试验计划曲线的起始点

(1) 根据以往类似设备信息确定起始点的纵坐标;

(2) 指定为满足规定的要求必须达到的最低可靠性水平为起始点的纵坐标;

(3) 对设计和以往某项研制试验的数据作一次工程上的估计,确定起始点的纵坐标;

(4) 以受试设备已有的累计试验时间为横坐标。

应尽量利用与实际起始点有关的信息,若实际信息不足以确定起始点时,可参照以下方法确定。

当预计的 MTBF 值不大于 200h 时,以 100h 试验时间为横坐标,以预计的 MTBF 值的 10% 为纵坐标画出起始点;当预计的 MTBF 值大于 200h 时,以预计的 MTBF 值的 50% 为横坐标,以预计的 MTBF 值的 10% 为纵坐标画出起始点。根据设备的可靠性水平和工程经验,纵坐标也可放宽到预计 MTBF 值的 20%。

增长率的确定应综合考虑研制计划、经费及技术水平等。特别值得注意的是增长率指杜安模型中的 m,它与 AMSAA 模型中的 b 值之和等于 1。

可靠性增长率 m 的可能范围在 $0.3 \sim 0.6$。m 在 $0.1 \sim 0.3$,表明改进措施不太有力;而 m 在 $0.6 \sim 0.7$ 表明在实施增长试验大纲过程中,采取了有力的故障分析和纠正措施,是增长率的极限值。

2) 绘制试验计划曲线的步骤

(1) 在双对数坐标纸上,按要求的 MTBF 值画一条水平线;

(2) 从所选的起始点开始,按所选的增长率,画出试验计划曲线,以该曲线为基准线,根据这条基准线可以在可靠性增长试验过程中评估可靠性增长;

(3) 试验计划曲线与要求的 MTBF 线的交点的横坐标代表要求的总试验时间的近似值。

2. 可靠性增长试验评审点的确定

一般来说,如果可靠性增长试验时间较长,都应设立阶段评审点以防试验失控,评审点的确定可根据需要设定,不一定按相等的时间长度来安排,同时应考虑试验循环过程,不要把评审点安排在某一试验循环过程中。

7.5.3 成立试验组织

7.5.3.1 联合试验小组的构成

在进行可靠性增长试验前,应成立由各相关方参加的联合试验小组,负责具体试验的组织和实施工作。

（1）顾客代表担任联合试验小组组长，并负责主持可靠性增长试验；

（2）试验单位负责参加并提供满足可靠性增长试验要求的受试设备，并为确保设备顺利进行可靠性增长试验提供技术保障；

（3）设计师系统负责提供试验条件保证，并提供相应的试验记录；负责参与试验过程的监督；

（4）计划调度部门负责试验的组织。

7.5.3.2 联合试验小组的职责

（1）确认提交试验的设备技术状态是否符合"试验大纲"的相应要求；

（2）检查试验前的各项准备工作（试验设备、测试仪器、受试设备、参试人员等），确认是否具备开始试验的条件；

（3）检查受试设备的安装方式是否满足施加环境应力的条件要求；

（4）负责处理试验日常事务及试验中关键节点的评审；

（5）审核试验过程中试验条件保证情况和试验数据记录；

（6）审核试验实施中根据试验现场需要，对试验所作的临时性调整，确认是否符合"试验大纲"的要求；

（7）确认试验现场故障并填写相应的故障报告表；

（8）安排故障分析及纠正工作；

（9）召集联合试验小组扩大会议，总结试验。

7.5.4 试验前准备工作检查与评审

7.5.4.1 试验前准备工作的要求

（1）试验设备的调试和检测；

（2）受试设备的安装、调试和检测；

（3）受试设备的可靠性预计；

（4）产品通过环境应力筛选、性能试验和环境试验；

（5）经过预处理程序；

（6）其他。

7.5.4.2 试验前准备工作检查与评审内容

（1）环境试验报告；

（2）环境应力筛选报告；

（3）可靠性摸底试验报告；

（4）可靠性预计报告；

(5) 受试设备的技术状态报告;
(6) 专用测试设备和试验设备的检测结果和状态报告;
(7) 其他。

7.5.5 试验的实施

7.5.5.1 试验的监控

可靠性增长的监控应贯穿整个试验过程,其方法是不断地将观测的 MTBF 值和计划的增长值进行比较,根据累积增长曲线的前 3~6 个点直接确定增长率,并将该增长率与计划的增长率相比较,如果存在差异,应分析原因。若差异并不是由试验本身引起的(试验的环境条件是适当的,纠正措施是得力的),则应根据直接确定的增长率重新制订计划的增长曲线,即对原计划的增长曲线进行调整。以实现对增长率和资金进行再分配和控制。监控一般采用以下两种方法。

1. 图分析法

只要在试验过程中努力提高可靠性,就可用杜安模型,绘制累积的增长曲线,将观测累积 MTBF 点估计值画在双对数坐标纸上,作出拟合曲线并与试验计划曲线进行比较,只要实际达到的可靠性增长曲线与试验计划曲线之间呈现出以下三种特性之一,就可以认为可靠性增长试验是有效果的。增长试验是否良好的判据:

(1) 所画出的观测的 MTBF 值处于试验计划曲线上或上方;
(2) 最佳拟合线与试验计划曲线吻合或在试验计划曲线上方;
(3) 最佳拟合线前段低于试验计划曲线,但最佳拟合曲线从试验计划曲线与要求的 MTBF 水平线的交点穿过要求的 MTBF 水平线。

否则,就可以认为试验不可能达到计划要求的可靠性,应制定改正措施方案。应注意不要因为现在或将来的设计变更消除由过去故障对该曲线进行的调整。

杜安曲线的缺陷是综合试验数据时,因前面数据多,临近试验结束的点有被埋没的趋势。平均故障率曲线则可以弥补这个缺陷。

2. 统计分析法

在试验过程中或试验结束时,可利用 AMSAA 模型对增长趋势进行统计分析,对试验中的 MTBF 进行估计。统计分析法分定时截尾和定数截尾两种情况。

7.5.5.2 可靠性增长试验中故障的处理

在可靠性增长试验中,对所发生的故障有三种处理方式:

1. 试验—改进—试验方式

在试验过程中,发现故障及时改进,它的优点是能够保持增长曲线的连续性;但其缺点是,由于随时采取纠正措施,很可能要延长试验的日历持续时间。

2. 试验—查找问题—试验方式

将整个试验时间划分为几个阶段,在每个阶段中,对发现的故障只采取修理措施,而等到该阶段结束后,再分析故障,采取相应的纠正措施。这样做的优点是可缩短日历持续时间,同时可避免对偶然故障采取不必要的纠正措施;但其缺点是不能保持增长曲线的连续性,且由于每次跳跃的数值在当时是不清楚的,尤其是在最后一个阶段,无法验证纠正措施的有效性,致使结尾时的可靠性水平不详,且其不能利用 AMSAA 模型进行评估。

3. 综合方法

综合方法结合前两种方法,是一种最常用的方法。即将试验时间分成几个试验段,在每个试验段中发现故障都可以随时改进。

7.5.5.3 故障产品的退出和返回

当受试产品在试验过程中发生故障时,对单台样品,应立即停止试验,取出故障产品,对其进行分析,采取纠正或修理措施,然后在故障发生的相同条件下,验证纠正措施的有效性。

对于多台样品,当试验过程中并不是所有样品同时发生故障或在一个完整的试验循环前相继发生故障时,一般都等到一个完整的试验循环结束后,再取出故障样品,进行分析,并采取纠正或修理措施;当下一个完整的试验循环完成后,取出其他样品,将对故障样品采取纠正措施的同时纳入另外未发生故障的样品,再放回试验箱继续试验。

如果在一个合理时间内未发生故障,则认为纠正措施有效,应继续进行实验,且试验时间计入总的累积试验时间;而如果在一个合理的长时间内,又发生了相同的故障模式,则认为纠正措施无效,应按上述方法停止试验,取出试验样品,重新进行分析,且该段试验时间不计入总的累积试验时间。

7.5.6 试验结束及评审

7.5.6.1 试验结束

可靠性增长试验结束的方式如下:

1) 试验开始后一直无故障

在这种情况下,可根据鉴定试验方案的原理,提前终止试验,并认为产品符合规定的要求。

当故障数为零时,试验的中止时间可规定为 MTBF 的 2.3 倍,此时使用方风险率为 10%;使用方风险率为 20% 时,试验的中止时间可定为规定的 MTBF 的 1.61 倍;使用方风险率为 30% 时,试验的中止时间可定为规定的 MTBF 的 1.20 倍。

2) 在总试验时间结束前已经达到要求的 MTBF 值

如果在总试验时间结束前,根据可靠性增长试验估计的当前的 MTBF 值,在这种情况下,可以提前结束试验,并认为可靠性增长试验已圆满实现了增长大纲的规定要求。

3) 试验过程中产品长时间无故障

在试验过程中,产品虽然发生几次故障,但在最后一次故障后,一直未出现故障情况,也可以按 1) 的情况提前终止试验。

4) 试验过程中产品的增长趋势下降

出现这种情况时,在确认检查故障检测的措施正确无误的前提下,应及时采取有效措施,抑制这种趋势的发展。如果再观察一段时间后,趋势仍然下降,则应提前终止试验,并认真分析原因,为再次试验做好准备。

5) 总试验时间结束时仍未达到要求的 MTBF 值

这种情况虽然与情况 4) 不同,但增长的最终目的没有达到,即未达到规定的阶段目标,也应终止试验,并认真分析,查找原因,论证是否需要再次进行试验。如需要,则应细致准备,对此次试验中的问题、原因进行总结;如不需要,应详细说明原因。

7.5.6.2 试验结束后评审

试验结束后应及时对试验结果进行评审,以评定试验结果是否符合合同、产品规范及大纲的要求,主要应评审以下内容:

(1) 试验记录和报告的完整性及真实性,包括试验日志、试验设备测试记录、受试设备测试记录、故障报告、分析及纠正措施报告、可靠性增长试验报告;

(2) 根据试验结果对当前可靠性增长的估计值和达到值,包括用杜安模型评估的点估计值和用 AMSAA 模型评估的区间估计值,检查这些值与计划值的符合性;

(3) 试验过程中故障的处理方式和故障诊断是否正确,采取的纠正措施是否有效；

（4）试验结果分析的合理性，以及如果是提前结束试验，其依据是否充分；

（5）尚未解决的问题和故障情况以及预计的改进措施；

（6）根据前期评审结果指定的工作项目的完成情况；

（7）评审结论等。

7.5.7 编制试验报告

试验完成后，质量保证部受联合试验小组委托起草可靠性试验报告，并经联合试验小组组长确认，试验报告应概述全部试验过程和结果、故障摘要和分析、可靠性试验的结论意见等，其内容主要包括：

（1）参试单位及成员构成；

（2）MTBF 目标值、试验依据及引用文件；

（3）试验日志、试验设备运行记录和试验时间数据记录；

（4）装备性能测试以及故障发生时机、故障发生时应力条件和故障现象记录；

（5）纠正措施及效果报告；

（6）联合试验小组在试验过程各阶段评审记录；

（7）试验结论等。

第 8 章 无人集群可靠性

无人集群是由多个功能相互联系、相互作用的无人装备及相关支持系统协同工作、有机整合形成的新质作战力量。无人机群复杂而高度协同，可靠性是反映其能否顺利且正常运行的核心要素。无人集群可靠性与任务可靠性不仅关系到单个装备的稳定性和性能，更直接反映了整个集群的作战效能。

由于无人集群具有节点异质性、连边有向性和杀伤网可重构等特性，传统基于复杂网络的集群可靠性与任务可靠性评估方法难以体现其特征。同时，基于多智能体或作战仿真方法，计算效率低，难以实现面向任务快速响应的无人集群可靠性与任务可靠性动态评估。因此，在考虑内外部干扰模式和动态重构策略情况下，本章介绍了无人集群可靠性与任务可靠性概念内涵，并给出了无人集群可靠性与任务可靠性的建模与评估方法。

8.1 无人集群可靠性概念与要素分析

8.1.1 无人集群结构及要素分析

若干具有单独作战能力的团簇或装备平台（驱逐舰、护卫舰等大型装备平台）通过"资源与信息共享"形成了以网络为中心的、具有协同作战能力的装备无人集群。在无人集群中，每个团簇或装备平台都需要执行一组子任务（目标或子目标）以完成集群总体任务。为了完成总体任务无人集群需要解决任务分配、冲突处理、系统间协同等问题。无人集群组成系统与关键设备通过通信网络实现资源与信息的共享，进而形成一个有机整体。无人集群层次结构的划分体现出了集群复杂性和涌现性等特征，而不同的集群结构层次划分方式对集群研究的侧重点和作用也各有不同。根据各个层次的特性对整个集群属性的不同影响，本节的无人集群结构层次划分如图8.1所示。

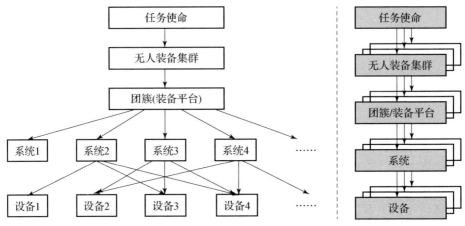

图 8.1 无人集群结构层次划分

无人集群实际作战过程涉及的军事装备及作战资源种类繁多，基于OODA环理论，本节将无人集群要素定义为影响无人集群核心作战能力的主要组成系统或装备。影响无人集群作战能力的系统或装备有很多，对基于OODA环的无人集群要素识别无法也没有必要涵盖各平台所有系统。因此，在无人集群分析或指标构建时，需要简化或者忽略对无人集群影响较小的因素，将无人集群影响较大的系统或装备视为无人集群的关键要素。

依据无人集群结构及OODA环内涵，在无人装备设计、运行及执行任务等各个阶段，按照影响无人集群的关键能力得到影响无人集群的四个要素。

1. 侦察探测要素

侦察探测系统如同无人集群的眼睛，肩负发现敌情、识别敌情等重要职责。同时，每个作战平台都有多台各司其职的探测系统协同工作。因此，将侦察探测要素确定为影响无人集群作战能力的主要因素之一。

2. 指挥控制要素

指挥控制系统如同无人集群的大脑，肩负处理敌情、下达作战指令等重要职责。无人集群的每个作战平台都配有作战指挥控制设备，且以其中某一指挥控制系统为主指挥控制系统，负责下达所有作战指令，其他指挥控制系统则互为备份。因此，指挥控制要素是影响无人集群作战能力的主要因素之一。

3. 武器要素

武器要素即火力系统，如同无人集群的四肢，肩负火力打击、防空反导等重要职责。其中，不同作战平台装载不同型号的武器以及独立的火控系统，因此无人集群的各平台具有不同的火力打击能力。作为无人集群最终的执行机构，火力要素被确定为影响无人集群作战能力的主要因素之一。

4. 通信要素

通信系统如同无人集群的神经，肩负联合组网、信息传递等重要职责。同时，每个作战平台通过内部有线局域网和平台之间的无线数据链，实现了无人集群内节点之间侦察探测信息、指挥控制信息、协同火控信息的实时传输和交换，并且使无人集群实现了资源共享、信息融合、协同探测、武器协同作战。因此，将通信要素也确定为影响无人集群作战能力的主要因素之一。

无人集群要素是作战力量的主要源泉，上述四个关键要素是实现作战活动 OODA 过程的基础，其他辅助系统对无人集群效能的影响程度较低，故本节将侦察探测、指挥控制、武器和通信确定为无人集群要素，并对其进行建模与分析。针对主要的作战要素，以图论中的节点为模型，忽略其无人装备实际大小与飞行角度等因素的影响，等效为有向图中的节点。根据无人装备与资源实际作战功能不同，将无人集群节点分为侦察探测节点、指挥控制节点、火力打击节点三类。无人集群各平台的物理资源之间以信息为介质，以网络为载体，进行资源与信息的共享，以实现共同的目标，完成共同的使命，通信网络是实现各物理资源之间"资源与信息共享"的前提与基础，它的功能丧失会使平台或系统节点失去协同作战能力，本节将节点之间的通信等效为链路。团簇通常指无人系统集群（如无人机集群），本书也代指大型装备平台（如侦察机、驱逐舰和护卫舰等大型作战装备）。无人集群节点和链路类型及节点功能如表 8.1 所列。

表 8.1 无人集群节点和链路类型及节点功能

无人集群节点/链路类型	节点功能
探测节点（S）	对敌方目标侦察，获取敌方情报，感知战场环境
决策节点（D）	分析处理战场信息与态势，指挥与控制

续表

无人集群节点/链路类型	节点功能
打击节点（W）	对敌方目标进行精确的火力打击和电子干扰等
通信链路（E）	不同节点之间信息交流的主要媒介

8.1.2 OODA 环与杀伤链理论

OODA 环是由美国空军上校约翰·博伊德在 1987 年提出的，主要包括观察（observation）、判断（orientation）、决策（decision）、执行（action）四个过程，观察就是通过雷达等传感器感知自身周围的作战环境；判断是通过先前经验等对现状的分析；决策是在观察和定向信息的指导下，对当前环境状况的若干可行策略进行选择的过程；执行是通过与环境的互动来检验所选假设的过程。而与环境互动的结果能够再通过观察阶段，接受其反馈的信息，进入下一次的循环，其主要观点是在实际作战过程中，敌我双方实时侦测观察战场环境变化，分析相关信息，找出威胁目标，并及时对自身状态做出调整，采取相应的攻击或防御行为。OODA 环如图 8.2 所示。

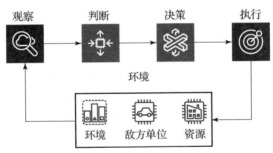

图 8.2　OODA 环

OODA 环旨在利用性能优于敌方的 OODA 环来阻挡和破坏敌方的 OODA 闭环。与计划、执行、检查、处理（PDCA）循环和其他决策理论不同，利用不同策略与敌方交互是 OODA 环理论研究的核心。然而，在实际作战过程中，OODA 环的不同环节需要大量不同类型的探测、处理器之间相互协调配合，进而完成快速对敌打击的任务，对 OODA 环实际的闭环速度提出了极高要求。进入 21 世纪，为了提升 OODA 闭环速度将人工智能算法引入决策与判断环节，进一步取代人在 OODA 环中发挥的作用，进而弥补人类在理解战略战术环境中的不足，提升决策与判断速度。OODA 环的优势在于其循环性和快速反应能力，使决策者能够更好地适应和应对复杂、快速变化的环境。它被广泛应用于军事战略、竞争战略、企业管理和安全领域，帮助组织和个人在高度竞争的环境中取得优势。

"杀伤链"这一概念最早由美国空军前参谋长罗纳德·福格尔曼将军在 1996 年的空军协会研讨会上提出，指的是"在打击一个目标的过程中各个相互依赖的环节构成的有序链条"。即针对某类目标，各链路要素基于预先规划的固定架构，相互依赖、依序运行，对目标产生线性杀伤效果的任务环路闭合模式。在作战网络中，杀伤链是指从侦察到破坏敌人目标之间的一条完整的作战路线，每条杀伤链都是一种作战方式。

对于单个目标而言，杀伤链数目越多，则有更多的方式来攻击此目标。从另一个角度来说，杀伤链条数反映了集群作战能力的冗余，杀伤链数量越高，冗余程度就越大。因此，杀伤链的数量在一定程度上可以反映无人集群的作战能力与抗毁能力。

8.1.3 无人集群可靠性概念

1. 无人集群可靠性

无人集群可靠性是指在规定的条件下和规定的时间内，完成规定任务的能力。它是通过计算集群中针对当前任务形成的有效 OODA 环数量与初始时刻 OODA 环总数的比值。有效 OODA 环是考虑节点和链路失效与动态重构条件下，无人集群从侦察探测到火力毁伤的连续综合行动，一个任务使命有多个 OODA 环耦合意味着有多种作战或者重构策略选择，从而提高无人集群整体效能和作战适用性。一个有效 OODA 环标志着一次有效作战任务的执行，OODA 环的数量直接反映了无人集群作战能力的冗余程度，OODA 环数越多，冗余度越大，集群的可靠性也就越高。因此，本书选用无人集群中的 OODA 环数量作为衡量集群可靠性的指标。无人集群可靠性一般用 $R_{SoS}(t)$ 表示。集群可靠性概念中的 OODA 环为广义作战环，即既定无人集群组成要素（侦、控、打、引、防、保、评等）的作战或功能链条及其关联关系，也是无人集群形成作战能力的最小链路。通过类比系统可靠性定义可得，若无人集群内广义 OODA 环总数为 $N_{OODA}(0)$，执行任务到 t 时刻时广义 OODA 环发生断链数为 $r_{OODA}(t)$，则无人集群在 t 时刻的可靠度观测值为

$$R_{\text{SoS}}(t) = \frac{N_{\text{OODA}}(0) - r_{\text{OODA}}(t)}{N_{\text{OODA}}(0)} \qquad (8-1)$$

式中：$N_{\text{eOODA}}(t)$ 为无人集群在 t 时刻的有效广义 OODA 环数量，即 $N_{\text{eOODA}}(t) = N_{\text{OODA}}(0) - r_{\text{OODA}}(t)$。

2. 无人集群任务可靠性

无人集群任务可靠性是指无人集群在任务剖面内完成规定任务使命的能力。它是通过计算集群中形成有效杀伤链以完成任务目标的数量与目标总数的比值。一条有效杀伤链的闭环代表了一次有效的任务执行，因此，需要充分考虑作战资源约束与节点属性约束。本节考虑内外部因素对杀伤链节点与连边的影响，考虑节点与连边失效，并融入动态重构策略建立有效杀伤网模型。本节定义 $N_{\text{eol}}(t)$ 为无人集群在 t 时刻的有效杀伤链数量，即 $N_{\text{eol}}(t) = N_{\text{ol}}(0) - r_{\text{OL}}(t)$。若任务基线（阈值）为摧毁 τ 个敌方节点无人集群应至少由 τ 个包含不同打击节点的有效杀伤链组成，才能有效完成任务；否则，任务视为失败。计算公式如下：

$$\text{TR}_{\text{SoS}}(t) = \frac{\text{Num}_{\text{task-success}}(t)}{N_{\text{sim}}} \qquad (8-2)$$

式中：$\text{Num}_{\text{task-success}}(t)$ 为 t 时刻成功完成任务的总数；N_{sim} 为无人集群面对的总任务数。

8.2 无人集群可靠性建模与评估

本节基于 OODA 环理论，根据无人集群的拓扑结构和要素，建立其节点和链路模型。随后，利用异质有向图建立无人集群 OODA 环和 OODA 网络模型。

8.2.1 无人集群有效 OODA 网络模型

1. 无人集群节点模型

在理想状态下，无人集群各节点可以相互连接，形成一个全连通的网络。在实际任务场景中，不同类型的节点会受到自身属性和作战资源约束。本书定义 $s_i(i=1,2,\cdots,I)$ 表示第 i 个探测节点，$d_j(j=1,2,\cdots,J)$ 表示第 j 个决策节点，$w_m(m=1,2,\cdots,M)$ 表示第 m 个武器节点，I、J、M 表示不同类型节点的数量；e_{s_i,d_j} 和 e_{d_j,w_m} 分别表示节点 s_i 到 d_j 和 d_j 到 w_m 的关联关系。基于 OODA 环的无人集群组成结构如图 8.3 所示。

第 8 章 无人集群可靠性

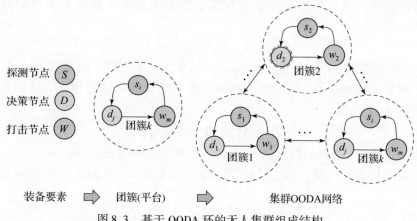

图 8.3 基于 OODA 环的无人集群组成结构

1) 节点失效模型

针对节点失效建模，首先，无人装备在任务过程中会发生自然退化和随机失效。此外，在作战任务过程中节点或团簇容易遭受各种类型的外部冲击和干扰，如病毒、电磁冲击和火力打击等，不同冲击类型对不同节点造成的损伤程度也不相同，且会同时影响到集群中的部分节点或全部节点。同时，同平台或者团簇内的节点具有关联关系会产生共因失效。因此，需要同时考虑节点的上述失效模式建立节点失效模型。

随机失效以不可预测的方式发生，导致节点从集群中移除。考虑到无人装备固有的可靠性，采用指数分布或泊松分布结合蒙特卡罗方法来准确描述其失效行为。节点 s_i、d_j、w_m 的失效或消亡由参数为 λ_i^s、λ_j^d、λ_m^w 的泊松分布来描述。节点 s_i、d_j、w_m 的修复或生成由参数为 μ_i^s、μ_j^d、μ_m^w 的指数或泊松分布描述。

蓄意攻击是指对系统或其组件造成伤害或破坏的蓄意行为。这些攻击一般都有特定的目标和策略。其中，最常见的蓄意攻击策略包含最大度攻击策略、最大介数攻击策略和树形攻击策略等。最大度攻击策略和最大介数攻击策略是分别根据节点的度和介数中心性从高到低排序的节点移除策略，树形攻击策略主要应用于网络病毒入侵等类型的外部干扰分析。本书以最大度攻击策略为例分析其对集群的影响，设 k_i^s、k_j^d、k_m^w 表示节点 s_i、d_j、w_m 的度。

2) 节点属性分析

对于探测节点 S，其主要是雷达、侦查无人机等装备。由于侦查探测

装备的型号不同,其可靠性也会有较大的差距。探测节点 S 的模型建立如下:

$$s_i(I, \lambda_i^s, \mu_i^s, k_i^s, \text{cluster}_k)$$

式中:I 为探测节点的数量;cluster_k 表示节点 s_i 是团簇 k 的成员。

对于决策节点 D,其主要由指挥决策系统和地面站等组成。D 的属性模型建立如下:

$$d_j(J, \lambda_j^d, \mu_j^d, k_j^d, \text{cluster}_k)$$

式中:J 为决策节点的数量;cluster_k 表示 d_j 是团簇 k 的成员。

对于打击节点 W,其主要包括导弹、巡飞弹等。打击节点 W 的模型建立如下:

$$w_m(M, \lambda_m^w, \mu_m^w, k_m^w, \text{cluster}_k)$$

式中:M 为打击节点的数量;cluster_k 表示 W_m 是团簇 k 的成员。

2. 无人集群连边模型

无人集群连边代表节点之间的通信和关联关系。连边承载的信息促进了集群内节点之间的数据传输、命令和任务分配。边的存在表明其所连接的节点之间存在直接联系和交互,其在实现集群节点之间的协调行动、协作和信息交换方面发挥着至关重要的作用,最终提升无人集群整体作战效能。集群节点之间通过有线局域网或无线数据链连接,节点间的通信表现为有向关系,本节将团簇内和团簇间的通信定义为具有不同权重的有向边,给出基于加权有向图的无人集群连边模型。

首先,给出基于 OODA 环的加权有向边模型:

$$E = \{e_{s_i,d_j}, e_{d_j,w_m}\}$$

连边 e_{s_i,d_j} 传输侦察任务指令,考虑了节点 s_i 和 d_j 之间的通信距离和可靠性。e_{s_i,d_j} 模型建立如下:

$$e_{s_i,d_j}(d_{s_i,d_j}, R^c_{s_i,d_j})$$

式中:d_{s_i,d_j} 和 $R^c_{s_i,d_j}$ 分别为 s_i 和 d_j 的通信距离和可靠性。

连边 e_{d_j,w_m} 传输作战任务指令,其中考虑了节点 d_j 和 w_m 之间的通信距离和可靠性。e_{d_j,w_m} 模型建立如下:

$$e_{d_j,w_m}(d_{d_j,w_m}, R^c_{d_j,w_m})$$

式中:d_{d_j,w_m} 和 $R^c_{d_j,w_m}$ 分别为 d_j 和 w_m 的通信距离和可靠性。

3. 有效 OODA 网络模型

无人集群组成系统和关联关系存在差异。简单的同质有向网络无法有效描述不同系统之间的关系。因此，本节采用异质网络模型建立有效 OODA 网络模型，以赋予不同节点和连边实际意义。异质有向网络的定义如下。

异质有向网络：给定一个有向图 $D=(V,E,\varphi,\psi)$，该有向图有一个节点类型映射函数为 $\varphi(V)\to\xi$，其中 $v\in V$ 属于特定的节点类型 $\varphi(v)\in\xi$。图中每条边 e 都由一对有序节点 (u,v) 表示方向，其中 u 是起点，v 是终点。边类型映射函数为 $\psi:E\to\zeta$，其中每条边 $e\in E$ 都属于一个特定的关系 $\psi(e)\in\zeta$。如果图的节点类型 $|\xi|>1$ 或边类型 $|\zeta|>1$，则该网络模型为异质有向网络。

本书中，无人集群由不同类型系统组成，其中 $V=(S,D,W)$，$E=\{e_{s_i,d_j},e_{d_j,w_m}\}$，其中 $|\xi|=4$，$|\zeta|=4$，$S=\{s_1,s_2,\cdots,s_I\}$，$D=\{d_1,d_2,\cdots,d_J\}$，$W=\{w_1,w_2,\cdots,w_m\}$。连边 $e_{s_i,d_j}\in E(i=1,2,\cdots,I;j=1,2,\cdots,J)$ 意味着从 s_i 到 d_j 的信息传输。

OODA 环是一种闭环结构，在现实战场中，无人集群通常需要多个 OODA 环交互耦合，共同完成作战任务。本节考虑内外部干扰因素对 OODA 环节点与连边的影响，并融入动态重构策略提出有效 OODA 环模型。一个 OODA 环中的节点也可能出现在其他 OODA 环中，而且同类节点之间可以进行信息融合与资源共享。因此，OODA 环通过共享相似节点进行协作，从而形成如图 8.4 所示的无人集群有效 OODA 网络。本书给出的有效 OODA 网络模型（effective OODA network model）定义如下。

有效 OODA 网络模型是通过对传统 OODA 环模型进行扩展，纳入了节点随机失效、蓄意攻击和集群动态重构等因素对 OODA 环完成任务实际效果的影响，无人集群中的线性 OODA 环交叉融合形成的异质有向网络结构，集群中的组成系统通过共享资源和整合信息来实现任务目标。有效 OODA 网络模型可用一个集合表示：

$$\text{eOODA\_network}=\{A,V,E\}$$

其中，$A=\{A_{SD},A_{DW}\}$ 为描述不同节点之间连接的邻接矩阵集合。节点 S 和 D 的邻接矩阵如下所示：

$$A_{SD}=\begin{array}{c} \\ s_1\\ s_2\\ s_3\\ \vdots\\ s_I \end{array}\begin{array}{cccccc} d_1 & d_2 & d_3 & \cdots & d_J \end{array}\\ \left[\begin{matrix} x_{s_1,d_1} & x_{s_1,d_2} & x_{s_1,d_3} & \cdots & x_{s_1,d_J}\\ x_{s_2,d_1} & x_{s_2,d_2} & x_{s_2,d_3} & \cdots & x_{s_2,d_J}\\ x_{s_3,d_1} & x_{s_3,d_2} & x_{s_3,d_3} & \cdots & x_{s_3,d_J}\\ \vdots & \vdots & \vdots & \ddots & \vdots\\ x_{s_I,d_1} & x_{s_I,d_2} & x_{s_I,d_3} & \cdots & x_{s_I,d_J} \end{matrix}\right] \quad (8-3)$$

式中：$x_{s_i,d_j}(i=1,2,\cdots,I;j=1,2,\cdots,J)$ 为邻接矩阵 $\boldsymbol{A}_{SD}$ 的元素。

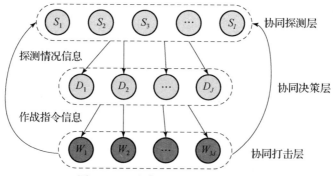

图 8.4 无人集群有效 OODA 网络

8.2.2 考虑动态重构的无人集群可靠性建模与评估

本节给出考虑动态重构策略的无人集群可靠性模型，并根据无人集群有效 OODA 网络模型给出有效 OODA 环及无人集群可靠性评估算法。

1. 无人集群有效 OODA 环计算

本节利用转移矩阵计算无人集群的有效 OODA 环数量，具体计算步骤如下：

(1) $\boldsymbol{A}=[\boldsymbol{A}_{SD},\boldsymbol{A}_{DW}]$ 为无人集群异质有向图的转移矩阵（$S \to D \to W$）。如果节点 s_i、d_j、w_m 存在，且节点之间连通，元素 $x_{s_i,d_j}=x_{d_j,w_m}=1$，若节点之间不连通，元素 $x_{s_i,d_j}=x_{d_j,w_m}=0$。可得 x_{s_i,d_j}、x_{d_j,w_m} 的值为节点和连边示性函数的乘积，表达式为

$$\begin{cases} x_{s_i,d_j}=\alpha(s_i)\times\alpha(d_j)\times\alpha(e_{s_i,d_j}) \\ x_{d_j,w_m}=\alpha(d_j)\times\alpha(w_n)\times\alpha(e_{d_j,w_m}) \end{cases} \quad (8-4)$$

式中：$\alpha(\cdot)$ 表示每个节点和连边的存在性。

(2) 节点 S 与 W 的邻接矩阵为 $\boldsymbol{A}_{SW}$：相邻的转移矩阵 $\boldsymbol{A}_{SD}$ 和 $\boldsymbol{A}_{DW}$ 被定义为 $\boldsymbol{A}_{SD}$ 的到达节点类型与 $\boldsymbol{A}_{DW}$ 的起始节点类型相匹配的矩阵，通过将相邻的转移矩阵相乘得到。$\boldsymbol{A}_{SW}$ 提供了有向图从一种节点类型转换到另一种节点类型的信息，可得 OODA 环数量为

$$N_{\text{OODA}}=\sum_{j=1}^{J} x_{s_i,d_j}\times x_{d_j,w_m} \quad (8-5)$$

式中：N_{OODA} 为无人集群中有效 OODA 环的数量；$\boldsymbol{A}_{SD}$ 和 $\boldsymbol{A}_{DW}$ 的维数分别为 $I\times J$ 和 $J\times M$。进一步地，t 时刻无人集群的有效 OODA 环数量 $N_{\text{eOODA}}(t)$ 计

算如下：

每个矩阵元素的存在概率可以表示 2 个节点存在概率及其连边存在概率的乘积，即

$$\begin{cases} p(x_{s_i,d_j}) = p(s_i) \times p(d_j) \times p(e_{s_i,d_j}) \\ p(x_{d_j,w_m}) = p(d_j) \times p(w_n) \times p(e_{d_j,w_m}) \end{cases}$$

在节点失效和生成条件约束下，各节点存在概率为

$$\begin{cases} p(s_i) = 1 - F_i^s(t_{\lambda_i^s}) + F_i^s(t_{\lambda_i^s}) \times G_i^s(t_{\mu_i^s}) \\ p(d_j) = 1 - F_j^d(t_{\lambda_j^d}) + F_j^d(t_{\lambda_j^d}) \times G_j^d(t_{\mu_j^d}) \\ p(w_m) = 1 - F_m^w(t_{\lambda_m^w}) + F_m^w(t_{\lambda_m^w}) \times G_m^w(t_{\mu_m^w}) \end{cases} \quad 或者$$

$$\begin{cases} p(s_i) = 1 - F_i^s(t_{\lambda_i^s}) \times [1 - G_i^s(t_{\mu_i^s})] \\ p(d_j) = 1 - F_j^d(t_{\lambda_j^d}) \times [1 - G_j^d(t_{\mu_j^d})] \\ p(w_m) = 1 - F_m^w(t_{\lambda_m^w}) \times [1 - G_m^w(t_{\mu_m^w})] \end{cases}$$

若节点的失效或生成服从指数分布，则有

$$\begin{cases} p(s_i) = 1 - \exp(-\lambda_i^s \times t_{\lambda_i^s}) + \exp(-\lambda_i^s \times t_{\lambda_i^s}) \times \exp(-\mu_i^s \times t_{\mu_i^s}) \\ p(d_j) = 1 - \exp(-\lambda_j^d \times t_{\lambda_j^d}) + \exp(-\lambda_j^d \times t_{\lambda_j^d}) \times \exp(-\mu_j^d \times t_{\mu_j^d}) \\ p(w_m) = 1 - \exp(-\lambda_m^w \times t_{\lambda_m^w}) + \exp(-\lambda_m^w \times t_{\lambda_m^w}) \times \exp(-\mu_m^w \times t_{\mu_m^w}) \end{cases}$$

若节点的失效或生成服从指数分布，且考虑节点最大度攻击失效，则有

$$\begin{cases} p(s_i) = [1 - \exp(-\lambda_i^s \times t_{\lambda_i^s}) + \exp(-\lambda_i^s \times t_{\lambda_i^s}) \times \exp(-\mu_i^s \times t_{\mu_i^s})] \times \alpha(k_i^s) \\ p(d_j) = [1 - \exp(-\lambda_j^d \times t_{\lambda_j^d}) + \exp(-\lambda_j^d \times t_{\lambda_j^d}) \times \exp(-\mu_j^d \times t_{\mu_j^d})] \times \alpha(k_j^d) \\ p(w_m) = [1 - \exp(-\lambda_m^w \times t_{\lambda_m^w}) + \exp(-\lambda_m^w \times t_{\lambda_m^w}) \times \exp(-\mu_m^w \times t_{\mu_m^w})] \times \alpha(k_m^w) \end{cases}$$

式中：$F_i^s(t_{\lambda_i^s})$、$F_j^d(t_{\lambda_j^d})$ 和 $F_m^w(t_{\lambda_m^w})$ 表示自各节点上次修复以来时间的故障累积分布函数；$G_i^s(t_{\mu_i^s})$、$G_j^d(t_{\mu_j^d})$ 和 $G_m^w(t_{\mu_m^w})$ 表示失效节点自故障以来时间的修复或节点生成累积分布函数；$t_{\lambda_i^s}$、$t_{\lambda_j^d}$ 和 $t_{\lambda_m^w}$ 表示各节点上次修复后的时间；$t_{\mu_i^s}$、$t_{\mu_j^d}$ 和 $t_{\mu_m^w}$ 表示各节点上次故障后的时间；$\alpha(k_i^s)$、$\alpha(k_j^d)$ 和 $\alpha(k_m^w)$ 表示在最大度攻击下节点是否被移除的示性函数。

无人集群有效 OODA 环中通信链路的连通概率为

$$\begin{cases} p(e_{s_i,d_j}) = \alpha(cd_{s_i,d_j}) \times R_{s_i,d_j}^c \\ p(e_{d_j,w_m}) = \alpha(cd_{d_j,w_m}) \times R_{d_j,w_m}^c \end{cases}$$

式中：$R^c_{s_i,d_j}$、$R^c_{d_j,w_m}$ 为通信系统可靠性，由其分布函数计算得到；$\alpha(cd_{s_i,d_j})$、$\alpha(cd_{d_j,w_m})$ 表示节点之间的距离在有效通信范围内，由如下示性函数表示：

$$\alpha(d_{s_i,d_j}) = \begin{cases} 1 & [cd_{s_i,d_j} \leq \min(cd^{s_i}_{\max}, cd^{d_j}_{\max})] \\ 0 & [cd_{s_i,d_j} > \min(cd^{s_i}_{\max}, cd^{d_j}_{\max})] \end{cases}$$

$$\alpha(d_{d_j,w_m}) = \begin{cases} 1 & [cd_{d_j,w_m} \leq \min(cd^{s_i}_{\max}, cd^{d_j}_{\max})] \\ 0 & [cd_{d_j,w_m} > \min(cd^{d_j}_{\max}, cd^{w_m}_{\max})] \end{cases}$$

2. 无人集群重构策略

本节介绍无人集群的动态重构策略，旨在提高无人集群在动态环境中的适应能力和任务成功率。动态重构策略使集群根据不断变化的任务需求、资源可用性和环境条件动态调整其配置和行为。

由于无人集群具有信息交互能力，可通过无人集群耦合网络拓扑调控来抑制不同类型与强度的内外部扰动。现阶段对无人集群耦合网络拓扑结构的防控策略主要关注防控策略和约束条件（经济和技术）等方面。资源层内所有感知与火力打击节点均围绕顶层任务进行多层决策，因此，一旦杀伤链中的某个节点遭到破坏，其决策机制能够快速反应，立即组织其余功能相似的节点进行重构，从而构成新的杀伤链对目标进行打击。通过上述分析，本书给出三类基于规则的无人集群重构策略，如图8.5所示。

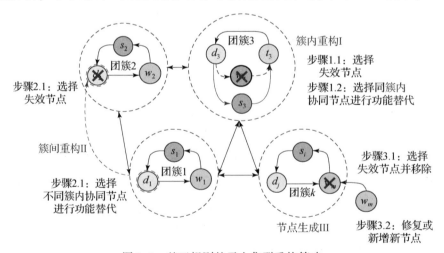

图 8.5 基于规则的无人集群重构策略

重构策略 I：簇内重构，当簇内节点失效时，同一团簇内同类节点可进行协同重构，该策略使集群进行降级使用，保持在任务基线之上。

重构策略Ⅱ：簇间重构，当团簇 k 内节点失效，相邻团簇同类节点可通过中继节点进行协同，该策略允许集群进行降级使用，保持在任务基线之上。

重构策略Ⅲ：节点生成，当节点失效时，可通过修复或新增节点进行重构，使集群恢复至完好状态，但该策略需要消耗额外资源与费用。

3. 无人集群可靠性仿真算法

首先给出无人集群在随机攻击和度最大攻击策略下的节点失效算法如表 8.2 所列。

表8.2 随机攻击和度最大攻击策略下无人系统集群节点失效算法

---

1. **输入**：初始集群演化模型 $V_i = \{s_i, c_i, w_i, t_i\}$；$\lambda_s$，$\lambda_c$，$\lambda_w$，$\lambda_t$，$\mu_s$，$\mu_c$，$\mu_w$，$\mu_t$，$\lambda_{e1}$，$\lambda_{e2}$ 及其分布函数。
2. **输出**：移除列表，t 时刻海上集群演化网络拓扑 $V'(t)$。
3. 通过蒙特卡罗仿真来确定平台和系统的失效时间和数量。
   确定攻击模式，包括随机攻击和度最大攻击策略。
       Switch（攻击模式）
           case 0：随机攻击，根据采样结果随机删除失效系统节点及其连边；
           default：度最大攻击策略；当前网络中的系统按当前节点度降序排列，并删除相应数量的失效系统节点。
       Switch（故障节点类型）
           case 0：平台 V_i，删除 V_i 和它的连边；
           case 1：系统 t_i，删除 V_i 和它的连边；
           case 2：系统 s_i，删除 s_i 和它的连边；
           case 3：系统 w_i，删除 w_i 和它的连边；
           default：系统 c_i，去除 c_i 和它的连边。
       for each in 平台 list V_i
           if 平台 V_i 中的**系统** s_i，w_i 和 c_i **失效**
           then 移除 V_i 和它的连边。
           end if
       end for
4. 通过蒙特卡罗模拟，确定并去除失效节点连边。
5. 移除孤立系统节点。
6. 将删除列表平台和系统状态设置为失效。
7. 返回移除列表和一个新的 $V'(t)$。

根据无人集群可靠性模型，通过邻接矩阵和蒙特卡罗算法，建立仿真

算法得到无人集群有效 OODA 环数和可靠度，N_{sim} 为模拟次数。无人集群可靠性及有效 OODA 环仿真算法如表 8.3 所列。

表 8.3　无人集群可靠性及有效 OODA 环仿真算法

1. 输入：初始网络 $D = (V, E, \varphi, \psi)$；节点属性：$s_j$，$d_j$，$w_m$ 连边属性：e_{s_i, d_j}，e_{d_j, w_m}；迭代次数 N_{sim}，仿真时间 T_{sim}。
2. 输出：集群可靠性：$R_{\text{SoS}}(t)$ 和有效 OODA 环数量：$N_{\text{eOODA}}(t)$。
3. 仿真初始化 $n_{\text{sim}} = 0$，$t_{\text{sim}} = 0$
4. 　　**for** t_{sim} to T_{sim}

　　　　for n_{sim} to N_{sim}

5. 　　**随机失效**：通过**蒙特卡罗**仿真及节点失效率及其分布确定无人集群的节点失效数量，随机移除失效节点及其连边，并将失效节点添加至失效**节点列表**
6. 　　**最大度攻击失效**：确定攻击模式，将集群中的系统按照节点度数降序排列，然后移除相应数量的失效节点及其连边
7. 　　**for** 失效节点列表中的每个节点

　　　　簇内重构：集群间的相同节点可以相互替换

　　　　簇间重构：每个集群中的相同节点可以相互替换

　　　　节点连边修复和生成：通过蒙特卡罗方法添加新节点或修复失效节点，生成相应节点和连边

　　　　end

8. 　　**节点存在**：基于示性函数和蒙特卡罗方法来确定节点的存在
9. 　　**连边存在**：基于示性函数和蒙特卡罗方法来确定连边的存在
10. 　　计算**邻接矩阵**元素：$\begin{cases} x_{s_i, d_j} = \alpha(s_i) \times \alpha(d_j) \times \alpha(e_{s_i, d_j}) \\ x_{d_j, w_m} = \alpha(d_j) \times \alpha(w_n) \times \alpha(e_{d_j, w_m}) \end{cases}$
11. 　　计算节点 S 与 W 的邻接矩阵为 $\boldsymbol{A}_{SW}$
12. 　　该次仿真有效 OODA 环数量：$N_{\text{eOODA}}(n_{\text{sim}}) = \sum_{j=1}^{J} x_{s_i, d_j} \times x_{d_j, w_m}$
13. 　　**end for**

　　　　$N_{\text{eol}}(t) = \text{sum}(N_{\text{eOODA}}(n_{\text{sim}})) / N_{\text{sim}}$

　　　　$R_{\text{SoS}}(t) = N_{\text{eol}}(t) / N_{\text{OODA}}(0)$

　　end for

14. **Return** $N_{\text{eol}}(t)$ and $R_{\text{SoS}}(t)$

8.2.3　案例研究

为了验证本书提出模型与算法的有效性，以 100 个异构无人机构成的

无人集群为研究对象进行案例应用研究。该无人集群拥有包括侦察、指挥和火力打击等功能,其中包含40个侦察类节点,20个决策类节点,40个打击类节点,通过高效协同为无人集群提供了强大的情报获取和打击能力,其他可靠性建模与预计所需参数如表8.4所列。

表8.4 无人集群可靠性评估算法参数

参数	值	参数	值
N_{sim}	1000	T_{sim}	100
P_{SD}	0.7	P_{DW}	0.8
λ_S	0.00025	μ_S	0.004
λ_D	0.00012	μ_D	0.007
λ_W	0.00015	μ_W	0.005

首先,不考虑动态重构策略对随机失效与蓄意攻击对无人集群影响进行分析,得到如图8.6与图8.7所示的无人集群有效OODA环数及可靠性变化情况。

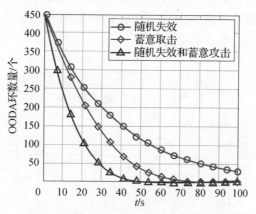

图8.6 不同攻击策略对OODA环数影响

通过对比图8.6与图8.7可以得出,在两种不同节点失效模式下,无人集群的有效OODA环数会随着时间的推移而减少,且两者在仿真初期,下降趋势较快;仿真后期,下降速度减缓。通过对随机失效和蓄意攻击策略比较,可以看出,蓄意攻击对无人集群的影响较大,因为蓄意攻击策略有选择地首先攻击无人集群中度最大的节点，无人集群作战网络中会有更多的节点和链路被移除，从而加速了无人集群 OODA 环数和可靠性的降低。当两类失效方式共同作用时，无人集群作战网络中的 OODA 环数及无人集群可靠性在初期大幅度下降，最终在仿真时间 t 为 45s 时降至 0，比其他两类失效模型对无人集群的影响更大，无人集群更容易被摧毁瓦解。

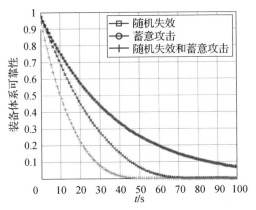

图 8.7　不同攻击策略对无人集群可靠性影响

然后，考虑随机失效和三种动态重构策略情况下，对无人集群 OODA 环数及可靠性变化情况进行对比分析，得到如图 8.8 和图 8.9 所示的有效 OODA 环数量及无人集群可靠性。

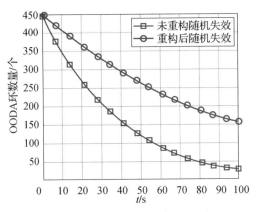

图 8.8　考虑随机失效和重构策略的无人集群有效 OODA 环数量分析

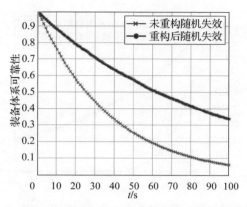

图 8.9 考虑随机失效和重构策略的无人集群可靠性分析

在考虑作战任务分配和物理资源约束的情况下，基于动态重构策略的无人集群的 OODA 环数量和可靠性在实际作战过程随时间变化的趋势大致相同。随着重构策略Ⅰ、Ⅱ、Ⅲ的加入，两者的变化都相对稳定，呈现缓慢下降趋势。通过 1000 次仿真模拟，当 $t=100\mathrm{s}$ 时，有效 OODA 环的平均数量为 156，无人集群可靠性为 0.357，相比未加入动态重构策略时 OODA 环平均数量为 36，无人集群可靠性为 0.073。可见加入动态重构策略后，对无人集群有效 OODA 环数量及可靠性有了较为明显提升。

通过图 8.8、图 8.9 可知，在当两类失效方式共同作用时对无人集群有效 OODA 环数量及可靠性影响最大，无人集群有效 OODA 环数量及可靠性都更迅速地下降为 0。通过比较是否考虑动态重构策略对无人集群有效 OODA 环数及可靠性进行影响分析，结果如图 8.10 和图 8.11 所示。

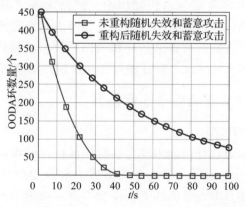

图 8.10 考虑随机失效、蓄意攻击失效和重构策略的无人集群有效 OODA 环数量分析

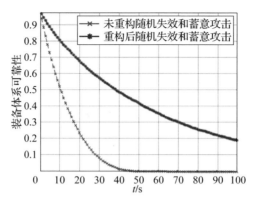

图 8.11 考虑随机失效、蓄意攻击失效和重构策略的无人集群可靠性分析

可以看出,在考虑随机失效和蓄意攻击两种攻击模式共同作用的情况下,考虑动态重构策略的无人集群有效 OODA 环数量和可靠性在实际作战过程随时间变化趋势大致相同。随着重构策略Ⅰ、Ⅱ、Ⅲ加入,两者变化相对稳定,呈现缓慢下降趋势。通过仿真分析得出,当 $t=100\text{s}$ 时,有效 OODA 环平均数量为 82,无人集群可靠性为 0.197,而未考虑动态重构策略时有效 OODA 环数量及无人集群可靠性均在仿真时间 $t=45\text{s}$ 时降为 0。可见加入动态重构策略,使无人集群有效 OODA 环数量及可靠性产生较为明显提升,有效提高了无人集群的抗毁性及作战效能。

8.3 无人集群任务可靠性建模与评估

本节首先基于有向图与杀伤链理论,根据无人集群的拓扑结构和要素,考虑节点异质性和链路有向性,建立其节点和链路模型;随后,利用异质有向图建立无人集群有效杀伤链和杀伤网模型;最后,给出了一种基于有效杀伤网的可重构无人集群任务可靠性建模评估方法。

8.3.1 无人集群有效杀伤网模型

1. 有效杀伤网模型

无人集群中节点属性可能因其在集群任务执行过程中扮演的角色和发挥的功能不同而产生差异。根据无人集群中节点功能异质性和杀伤链理论,本书将无人集群节点分为四类:探测节点、决策节点、打击节点和目标节点。这些类型分别用 S、D、W、T 表示。每个无人集群节点都具备通信能力，可以实现无人集群成员之间资源共享与信息融合，无人集群及杀伤网结构如图 8.12 所示。

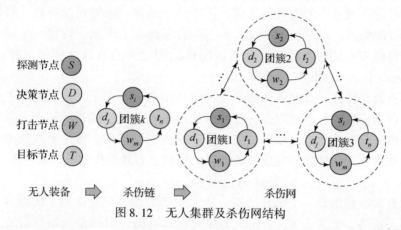

图 8.12 无人集群及杀伤网结构

根据任务要求，无人集群由若干执行特定任务的小无人集群团簇组成，每个团簇包含各种类型的无人装备节点。探测节点负责侦察和环境感知，提供侦察探测信息；决策节点在决策和控制集群整体行为方面发挥关键作用；打击节点具备火力能力，能有效打击目标；目标节点代表无人集群要攻击或互动的特定目标或实体。考虑到无人集群节点位置对节点间通信的影响，本书分析了二维平面上的节点坐标，并在平面上建立坐标系。

在理想状态下，无人集群各节点可以相互连接，形成一个全连通网络。然而，在实际任务场景中，组成系统不同类型的节点会受到自身属性和运行资源的限制。令 $s_i(i=1,2,\cdots,I)$ 代表第 i 个探测节点，$d_j(i=1,2,\cdots,J)$ 代表第 j 个决策节点，$w_m(m=1,2,\cdots,M)$ 代表第 m 个打击节点，$t_n(n=1,2,\cdots,N)$ 代表第 n 个目标节点，I、J、M、N 代表不同类型节点的数量。

无人集群由多种类型的无人装备组成，每种无人装备都具有不同的功能和相互关系。简单的同构有向网络不足以有效描述不同系统之间的关系。因此，本节基于异构有向图建立了一个有效杀伤网模型，为不同的节点和边赋予实际意义。

在本节中，定义异构无人集群为一个有向图 $G=(V,E,\xi,\zeta)$，其中 $V=(S,D,W,T)$，$E=\{e_{t_n,s_i},e_{s_i,d_j},e_{d_j,w_m},e_{w_m,t_n}\}$，其中 $|\xi|=4$，$|\zeta|=4$，$S=\{s_1,s_2,\cdots,s_I\}$，$D=\{d_1,d_2,\cdots,d_J\}$，$W=\{w_1,w_2,\cdots,w_m\}$，$T=\{t_1,t_2,\cdots,t_n\}$。边 $e_{s_i,d_j}\in E$ 意味着从 s_i 到 d_j 的信息传输。

在无人集群中，存在多种不同类型的杀伤链。然而，确定传统杀伤链对目标节点的实际影响并评估集群的整体任务完成情况较为困难。因此，必须考虑四类节点的失效和生成、任务分配结果、关键性能指标、打击节点的资源限制，以及任务基线。本节综合考量以上因素，构建一个能有效影响目标节点的闭环结构，并将该闭环结构定义为有效杀伤链（effective operation loop，EOL），定义如下：

有效杀伤链：有效杀伤链是一种闭环结构，考虑了无人集群任务执行过程中随机失效、蓄意攻击、任务分配结果、关键性能指标和火力资源限制等内外部因素的综合影响。将传统杀伤链模型扩展，考虑节点故障和资源约束等对杀伤链实际完成任务效果的影响。有效杀伤链可以表示为

$$eol = t_n \to s_i \to d_j \to w_m \to t_n$$

有效杀伤链是一个闭环结构，从节点 T 开始，包括探测、决策和影响过程，最终返回节点 T。杀伤链的连接模式可能因有效杀伤链所包含节点而异。此外，节点失效和能力影响也可能导致杀伤链中的节点失效。

然而，由于作战场景的复杂性，无人集群要产生多个有效杀伤链才能完成任务，一条有效杀伤链中的节点也可能出现在多条有效杀伤链中（如果打击节点是物理节点，则只能出现一次），同类节点可以进行信息融合和资源共享。因此，杀伤链通过共享同类节点进行协作，从而形成有效杀伤网，如图 8.13 所示。有效杀伤网的定义如下。

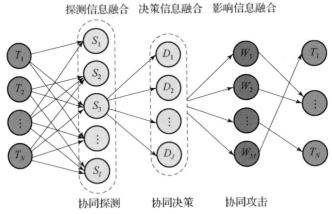

图 8.13 无人集群有效杀伤网模型

有效杀伤网：有效杀伤网（EON）是由无人集群中的线性有效杀伤链耦合形成的有向封闭网络结构。以有效杀伤链的概念为基础，集群中的各种系统通过资源共享与信息融合来实现任务目标。有效杀伤网可以用一个集合来表示：

$$\text{eon} = \{A, V, E\}$$

式中：$A = \{A_{TS}, A_{SD}, A_{DW}, A_{WT}\}$为描述不同节点之间连接的邻接矩阵集合。节点 S 和 D 的邻接矩阵如下所示：

$$A_{SD} = \begin{matrix} & \begin{matrix} d_1 & d_2 & d_3 & \cdots & d_J \end{matrix} \\ \begin{matrix} s_1 \\ s_2 \\ s_3 \\ \vdots \\ s_I \end{matrix} & \begin{bmatrix} x_{s_1,d_1} & x_{s_1,d_2} & x_{s_1,d_3} & \cdots & x_{s_1,d_J} \\ x_{s_2,d_1} & x_{s_2,d_2} & x_{s_2,d_3} & \cdots & x_{s_2,d_J} \\ x_{s_3,d_1} & x_{s_3,d_2} & x_{s_3,d_3} & \cdots & x_{s_3,d_J} \\ \vdots & \vdots & \vdots & \ddots & \vdots \\ x_{s_I,d_1} & x_{s_I,d_2} & x_{s_I,d_3} & \cdots & x_{s_I,d_J} \end{bmatrix} \end{matrix} \quad (8-6)$$

式中：$x_{s_i,d_j}(i=1,2,\cdots,I;j=1,2,\cdots,J)$为邻接矩阵 A_{SD} 的元素。

2. 无人集群节点模型

在无人集群的背景下，分析节点属性并考虑资源约束是至关重要的。无人集群中的每个节点都具有一定的属性，并受到特定的性能约束。通过研究各类节点属性和限制，可以对无人集群行为和能力大小进行定量与定性分析。

对于主要包括侦察、探测装备在内的探测节点（S）而言，不同的探测装备之间可能存在显著的性能差异。设 $\text{sd}_{\max}^{s_i}$ 表示节点 s_i 的最大探测距离，如果与目标的距离超过 $\text{sd}_{\max}^{s_i}$，则探测节点无法探测发现目标。探测节点的探测概率是指探测节点在其感知范围内成功探测到目标的概率。探测节点 S 的属性模型建立如下：

$$s_i(I, \lambda_i^s, \mu_i^s, k_i^s, x_i^s, y_i^s, \text{cluster}_k, \text{cd}_{\max}^{s_i}, \text{sd}_{\max}^{s_i})$$

式中：x_i^s、y_i^s 为探测节点 s_i 的二维位置坐标；cluster_k 表示 s_i 是团簇 k 的成员；$\text{cd}_{\max}^{s_i}$ 为 s_i 的最大通信距离；$\text{sd}_{\max}^{s_i}$ 为最大探测距离。

对于决策节点（D）而言，其主要性能指标包括响应时间、吞吐量和准确性。决策节点的探测和打击任务分配结果会影响整个 OODA 循环和杀伤链的生成和效果。此外，决策节点的通信能力直接影响其向其他节点发布任务的能力。决策节点 D 的属性模型建立如下：

$$d_j(J,\lambda_j^d,\mu_j^d,k_j^d,x_j^d(t),y_j^d(t),\text{cluster}_k,\text{cd}_{\max}^{d_j})$$

式中：x_j^d、y_j^d 为 d_j 的二维位置坐标；cluster_k 表示 d_j 是团簇 k 的成员；$\text{cd}_{\max}^{d_j}$ 为 d_j 的最大通信距离。

对于打击节点（W）而言，不同类型的 W 具有不同的能力，主要性能指标包括打击精度、最大杀伤距离和毁伤概率。W 的属性模型建立如下：

$$w_m(M,\lambda_m^w,\mu_m^w,k_m^w,x_m^w,y_m^w,\text{cluster}_k,\text{cd}_{\max}^{w_m},\text{wd}_{\max}^{w_m})$$

式中：x_m^w、y_m^w 为 w_m 的二维位置坐标；cluster_k 表示 w_m 是团簇 k 的成员；$\text{cd}_{\max}^{w_m}$、$\text{wd}_{\max}^{w_m}$ 分别为 w_m 的最大通信距离和杀伤距离。

不同的目标节点（T）表现出不同的特征，主要性能指标包括目标价值、探测难度和打击难度。这为探测节点的探测过程和打击节点的打击过程带来了巨大挑战。目标节点的属性模型建立如下：

$$t_n(N,\lambda_n^t,\mu_n^t,x_n^t,y_n^t,\text{cluster}_k,\text{value}_n^t)$$

式中：N 为目标节点的数量；x_n^t、y_n^t 为 t_n 的二维位置坐标；cluster_k 表示 t_n 是团簇 k 的成员；value_n^t 为目标价值。

节点的存在示性函数如下：

$$c_{s_i}=\begin{cases}1 & (s_i\text{ 存在}) \\ 0 & (s_i\text{ 不存在})\end{cases} \quad c_{d_j}=\begin{cases}1 & (d_j\text{ 存在}) \\ 0 & (d_j\text{ 不存在})\end{cases} \quad c_{w_m}=\begin{cases}1 & (w_m\text{ 存在}) \\ 0 & (w_m\text{ 不存在})\end{cases}$$

式中：c_{s_i}、c_{d_j}、c_{w_m} 分别为节点 s_i、d_j、w_m 的存在指示变量，当节点存在时为 1，当节点不存在时为 0。

3. 无人集群连边模型

无人集群中的边代表节点之间的通信和关联关系，承载了大量信息，为无人集群内节点之间的数据传输、命令下达和任务分配提供了保障。边的存在表明其所连接的节点之间存在直接联系和交互，在实现无人集群节点之间的行动协调、协作和信息交换方面发挥着至关重要的作用，有助于提高无人集群的整体功能和效率。本节基于图论建立了无人集群边模型，以描述节点之间的数据信息传输和关联。无人集群中的四类节点表现出不同的连接模式，同时节点之间的通信和关联表现为有向关系。此外，边的存在是通过考虑其在实际任务过程中所具备的物理意义来确定的。

在实际任务过程中，探测节点通过边将侦察探测信息传送给决策节点，决策节点根据探测节点和敌方目标的属性分配不同的探测任务。然后，决策节点根据探测信息分配打击任务，并将分配结果传输给打击节点。打击节点收到任务信息后执行打击任务。无人集群连边的含义如表 8.5 所列。

第 8 章 无人集群可靠性

表 8.5 无人集群连边的含义

连接模式	含义
S→D	侦察装备将侦察到的情报信息上传给决策装备
D→W	一个决策装备从另一个决策装备处接收到控制命令
W→T	打击装备攻击或干扰目标装备
T→S	侦察装备侦测到敌方目标并获取一定的情报信息

本节建立了一个基于杀伤链的边模型。e_{t_n,s_i} 代表从 t_n 到 s_i 的有向边,e_{s_i,d_j} 代表从 s_i 到 d_j 的有向边,e_{d_j,w_m} 代表从 d_j 到 w_m 的有向边,e_{w_m,t_n} 代表从 w_m 到 t_n 的有向边。

边 e_{t_n,s_i} 考虑了探测任务的分配结果和探测概率。e_{t_n,s_i} 模型建立如下:

$$e_{t_n,s_i}(d_{t_n,s_i}, \text{result}_{t_n,s_i}, \text{sp}_{t_n,s_i}, \cdots)$$

式中:result_{t_n,s_i} 为探测任务分配的结果;d_{t_n,s_i} 为 s_i 和 t_n 的距离;sp_{t_n,s_i} 为 s_i 对 t_n 的探测概率。

边 e_{s_i,d_j} 考虑了节点 s_i 和 d_j 之间的通信可靠性和丢包问题。e_{s_i,d_j} 模型建立如下:

$$e_{s_i,d_j}(d_{s_i,d_j}, R^c_{s_i,d_j}, \text{plr}^c_{s_i,d_j}, \cdots)$$

式中:d_{s_i,d_j}、$R^c_{s_i,d_j}$ 和 $\text{plr}^c_{s_i,d_j}$ 分别为 s_i 和 d_j 的距离、通信可靠性和丢包率。

边 e_{d_j,w_m} 传输任务指令,其中考虑了节点 d_j 和 w_m 之间的通信可靠性和数据包丢失。e_{d_j,w_m} 模型建立如下:

$$e_{d_j,w_m}(d_{d_j,w_m}, R^c_{d_j,w_m}, \text{plr}^c_{d_j,w_m}, \cdots)$$

式中:d_{d_j,w_m}、$R^c_{d_j,w_m}$ 和 $\text{plr}^c_{d_j,w_m}$ 分别为 d_j 和 w_m 的距离、通信可靠性和丢包率等。

边 e_{w_m,t_n} 考虑了打击任务的分配结果、突防概率和毁伤概率。e_{w_m,t_n} 模型建立如下:

$$e_{w_m,t_n}(d_{w_m,t_n}, \text{result}_{w_m,t_n}, \text{wp}_{w_m,t_n}, \cdots)$$

式中:result_{w_m,t_n} 为打击任务的分配结果;d_{w_m,t_n} 为 w_m 和 t_n 的距离;wp_{w_m,t_n} 为 w_m 对 t_n 的毁伤概率。

有向边的两个顶点代表其起点与终点,是有向边不可或缺的元素,因此两个顶点存在是有向边存在的前提。在确定了边两端节点的存在后，就可以计算边存在性。边存在性示性函数如下：

$$c_{e_{s_i,d_j}} = \begin{cases} 1 & (e_{s_i,d_j} \text{存在}) \\ 0 & (e_{s_i,d_j} \text{不存在}) \end{cases}, \quad c_{e_{t_n,s_i}} = \begin{cases} 1 & (e_{t_n,s_i} \text{存在}) \\ 0 & (e_{t_n,s_i} \text{不存在}) \end{cases}$$

$$c_{e_{d_j,w_m}} = \begin{cases} 1 & (e_{d_j,w_m} \text{存在}) \\ 0 & (e_{d_j,w_m} \text{不存在}) \end{cases}, \quad c_{e_{w_m,t_n}} = \begin{cases} 1 & (e_{w_m,t_n} \text{存在}) \\ 0 & (e_{w_m,t_n} \text{不存在}) \end{cases}$$

8.3.2 无人集群任务可靠性建模与评估

1. 无人集群有效杀伤链计算

有效杀伤链是指从探测到摧毁目标的一系列综合行动，每条有效杀伤链都代表影响目标的特定方法。一个目标有多个有效杀伤链意味着有多种消灭目标的选择，从而提高无人集群的整体效能和应变能力。有效杀伤链的数量直接反映了集群可替换操作的冗余程度。有效杀伤链数量越多，冗余度越大，无人集群的任务可靠性也就越高。因此，有效杀伤链数量可以作为衡量无人集群任务可靠度的指标。计算大规模无人集群的有效杀伤链需要利用转移矩阵和到达矩阵来生成杀伤链矩阵。

(1) 转移矩阵：$A = [A_{TS}, A_{SD}, A_{DW}, A_{WT}]$ 是无人集群关于异构有向图 $T \to S \to D \to W \to T$ 的转移矩阵。如果节点 s_i、d_j、w_m 和 t_n 存在，且节点之间存在关系，则元素 $x_{t_n,s_i} = x_{s_i,d_j} = x_{d_j,w_m} = x_{w_m,t_n} = 1$，如果节点之间不存在关系，则元素 $x_{t_n,s_i} = x_{s_i,d_j} = x_{d_j,w_m} = x_{w_m,t_n} = 0$。例如，元素 x_{t_n,s_i}、x_{s_i,d_j}、x_{d_j,w_m} 和 x_{w_m,t_n} 可以表示为节点和边的指示函数的乘积，如下所示：

$$\begin{cases} x_{t_n,s_i} = \alpha(t_n) \times \alpha(s_i) \times \alpha(e_{t_n,s_i}) \\ x_{s_i,d_j} = \alpha(s_i) \times \alpha(d_j) \times \alpha(e_{s_i,d_j}) \\ x_{d_j,w_m} = \alpha(d_j) \times \alpha(w_n) \times \alpha(e_{d_j,w_m}) \\ x_{w_m,t_n} = \alpha(w_m) \times \alpha(t_n) \times \alpha(e_{w_m,t_n}) \end{cases} \quad (8-7)$$

式中：$\alpha(\cdot)$ 表示每个节点和边的存在性。

(2) 到达矩阵：相邻的转移矩阵 A_{TS} 和 A_{SD} 被定义为 A_{TS} 的到达节点类型与 A_{SD} 的起始节点类型相匹配的矩阵。通过在相邻的转换矩阵之间进行矩阵乘法，我们可以得到 $A_{TT} = A_{TS} \times A_{SD} \times A_{DW} \times A_{WT}$，其中 A_{TT} 是一个方形矩阵，代表节点类型 T 的到达矩阵。到达矩阵提供了在网络中从一种节点类型转换到另一种节点类型的信息。本书通过使用矩阵迹来计算杀伤网中

的有效杀伤链数量,如下式所示:

$$N_{\text{eol}} = \text{Trace}(\boldsymbol{A}_{TT}) \tag{8-8}$$

式中:N_{eol} 为有效杀伤链数;$\boldsymbol{A}_{TS}$、$\boldsymbol{A}_{SD}$、$\boldsymbol{A}_{DW}$ 和 $\boldsymbol{A}_{WT}$ 的维数分别为 $N \times I$、$I \times J$、$J \times M$ 和 $M \times N$。

为了更好地针对每个目标节点 T 考虑其各类影响因素对打击节点数量和能力限制,首先应使用 A_{TT} 计算针对每个 T 节点的杀伤链数量,如下式所示:

$$N_{t_n} = A_{TT}(x_{t_n, t_n}) \tag{8-9}$$

式中:N_{t_n} 为针对节点 t_n 的杀伤链数。那么,考虑打击节点数量下任务成功与否的计算公式如下:

$$\alpha(\text{task success}) = \begin{cases} 1 & (N_{\text{eol}} \geq \tau) \\ 0 & (N_{\text{eol}} < \tau) \end{cases}$$

然而,确保任务成功的重要因素之一是确保杀伤链是连通的,即杀伤链所含节点之间的邻接矩阵是存在的。邻接矩阵元素的存在概率如下:

$$\begin{cases} p(x_{t_n, s_i}) = p(t_n) \times p(s_i) \times p(e_{t_n, s_i}) \\ p(x_{s_i, d_j}) = p(s_i) \times p(d_j) \times p(e_{s_i, d_j}) \\ p(x_{d_j, w_m}) = p(d_j) \times p(w_n) \times p(e_{d_j, w_m}) \\ p(x_{w_m, t_n}) = p(w_m) \times p(t_n) \times p(e_{w_m, t_n}) \end{cases}$$

要分别计算节点和边的存在概率,这与节点和连边的属性和资源限制有关。每个节点的存在概率可以表示为

$$\begin{cases} p(t_n) = 1 - F_n^t(t_{\lambda_n^t}) \times G_n^t(t_{\mu_n^t}) \\ p(s_i) = 1 - F_i^s(t_{\lambda_i^s}) \times G_i^s(t_{\mu_i^s}) \\ p(d_j) = 1 - F_j^d(t_{\lambda_j^d}) \times G_j^d(t_{\mu_j^d}) \\ p(w_m) = 1 - F_m^w(t_{\lambda_m^w}) \times G_m^w(t_{\mu_m^w}) \end{cases}$$

如果节点的失效和生成服从指数分布,可以得到:

$$\begin{cases} p(t_n) = 1 - \exp(-\lambda_n^t \times t_{\lambda_n^t}) \times \exp(-\mu_n^t \times t_{\mu_n^t}) \\ p(s_i) = 1 - \exp(-\lambda_i^s \times t_{\lambda_i^s}) \times \exp(-\mu_i^s \times t_{\mu_i^s}) \\ p(d_j) = 1 - \exp(-\lambda_j^d \times t_{\lambda_j^d}) \times \exp(-\mu_j^d \times t_{\mu_j^d}) \\ p(w_m) = 1 - \exp(-\lambda_m^w \times t_{\lambda_m^w}) \times \exp(-\mu_m^w \times t_{\lambda_m^w}) \end{cases}$$

$$\Rightarrow \begin{cases} p(t_n) = [1 - \exp(-\lambda_n^t \times t_{\lambda_n^t}) \times \exp(-\mu_n^t \times t_{\mu_n^t})] \times \alpha(k_n^t) \\ p(s_i) = [1 - \exp(-\lambda_i^s \times t_{\lambda_i^s}) \times \exp(-\mu_i^s \times t_{\mu_i^s})] \times \alpha(k_i^s) \\ p(d_j) = [1 - \exp(-\lambda_j^d \times t_{\lambda_j^d}) \times \exp(-\mu_j^d \times t_{\mu_j^d})] \times \alpha(k_j^d) \\ p(w_m) = [1 - \exp(-\lambda_m^w \times t_{\lambda_m^w}) \times \exp(-\mu_m^w \times t_{\lambda_m^w})] \times \alpha(k_m^w) \end{cases}$$

式中：$F_i^s(t_{\lambda_i^s})$、$F_i^s(t_{\lambda_i^s})$、$F_j^d(t_{\lambda_j^d})$ 和 $F_m^w(t_{\lambda_m^w})$ 表示自每个节点上次修复以来的时间的累积分布函数；$G_i^s(t_{\mu_i^s})$、$G_i^s(t_{\mu_i^s})$、$G_j^d(t_{\mu_j^d})$ 和 $G_m^w(t_{\mu_m^w})$ 表示自每个节点上次失效以来的时间的修复或节点生成累积分布函数；$t_{\lambda_n^t}$、$t_{\lambda_i^s}$、$t_{\lambda_j^d}$ 和 $t_{\lambda_m^w}$ 表示每个节点上次修复后的时间；$t_{\mu_n^t}$、$t_{\mu_i^s}$、$t_{\mu_j^d}$ 和 $t_{\mu_m^w}$ 表示每个节点上次失效后的时间；$\alpha(k_n^t)$、$\alpha(k_i^s)$、$\alpha(k_j^d)$ 和 $\alpha(k_m^w)$ 表示在最大度攻击下节点是否被移除。

每条边的存在概率可以表示为

$$\begin{cases} p(e_{t_n,s_i}) = \alpha(\text{result}_{t_n,s_i}) \times \alpha(d_{t_n,s_i}) \times \text{sp}_{t_n,s_i} \\ p(e_{s_i,d_j}) = \alpha(\text{cd}_{s_i,d_j}) \times R_{s_i,d_j}^c \times (1 - \text{plr}_{s_i,d_j}^c) \\ p(e_{d_j,w_m}) = \alpha(\text{cd}_{d_j,w_m}) \times R_{d_j,w_m}^c \times (1 - \text{plr}_{d_j,w_m}^c) \\ p(e_{w_m,t_n}) = \alpha(\text{result}_{w_m,t_n}) \times \alpha(d_{w_m,t_n}) \times \text{wp}_{w_m,t_n} \end{cases}$$

式中：$\alpha(\text{result}_{t_n,s_i})$ 和 $\alpha(\text{result}_{w_m,t_n})$ 分别为探测任务和打击任务的分配结果。

其中

$$\alpha(\text{result}_{t_n,s_i}) = \begin{cases} 1 & (s_i \text{ 分配至 } t_n) \\ 0 & (s_i \text{ 未分配至 } t_n) \end{cases}$$

$$\alpha(\text{result}_{w_m,t_n}) = \begin{cases} 1 & (w_m \text{ 分配至 } t_n) \\ 0 & (w_m \text{ 未分配至 } t_n) \end{cases}$$

式中：$\alpha(cd_{s_i,d_j})$、$\alpha(cd_{d_j,w_m})$ 表示节点之间的有效通信。

其中

$$\alpha(d_{s_i,d_j}) = \begin{cases} 1 & (\text{cd}_{s_i,d_j} \leq \min(\text{cd}_{\max}^{s_i},\text{cd}_{\max}^{d_j})) \\ 0 & (\text{cd}_{s_i,d_j} > \min(\text{cd}_{\max}^{s_i},\text{cd}_{\max}^{d_j})) \end{cases}$$

$$\alpha(d_{d_j,w_m}) = \begin{cases} 1 & (\text{cd}_{d_j,w_m} \leq \min(\text{cd}_{\max}^{s_i},\text{cd}_{\max}^{d_j})) \\ 0 & (\text{cd}_{d_j,w_m} > \min(\text{cd}_{\max}^{d_j},\text{cd}_{\max}^{w_m})) \end{cases}$$

式中：$\alpha(d_{t_n,s_i})$、$\alpha(d_{w_m,t_n})$ 分别为节点间的有效探测距离和打击距离。

其中

第 8 章　无人集群可靠性

$$\alpha(d_{t_n,s_i}) = \begin{cases} 1 & (d_{t_n,s_i} \leq \mathrm{sd}_{\max}^{s_i}) \\ 0 & (d_{t_n,s_i} > \mathrm{sd}_{\max}^{s_i}) \end{cases}$$

$$\alpha(d_{w_m,t_n}) = \begin{cases} 1 & (d_{w_m,t_n} \leq \mathrm{wd}_{\max}^{w_m}) \\ 0 & (d_{w_m,t_n} > \mathrm{wd}_{\max}^{w_m}) \end{cases}$$

2. 无人集群动态重构策略

无人集群动态重构策略，旨在提高无人集群在动态环境中的应变能力和任务成功率。这些策略使无人集群能够根据不断变化的任务要求、资源可用性和环境条件动态调整其配置和行为。

本节提出了四种重构策略：簇间重构、簇内重构、节点修复或生成和任务重分配，如图 8.14 所示。

簇间重构 1：指调整或重构集群内不同团簇之间的连接和关系的过程。这涉及修改无人集群间的通信模式和互动关系，以提高集群性能，实现预期目标。

簇内重构 2：涉及修改同一团簇内节点之间的连接和关系。这一过程旨在优化无人集群的内部结构和协调，使节点之间的通信、资源分配和任务分配更加高效。

节点修复或生成 3：指在团簇内修复或增加新节点。这可能涉及部署额外的团簇或激活休眠节点，以提高集群整体的能力和容量。

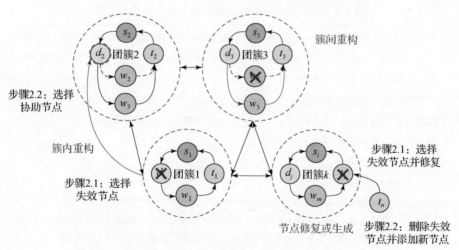

图 8.14　基于规则的杀伤网动态重构策略

重构策略 1~3 为基于规则的无人集群动态重构策略, 如图 8.14 所示。基于任务时序逻辑的集群任务重构, 如图 8.15 所示, 根据顶层任务和战场态势变化, 利用实时任务规划调整集群拓扑结构, 形成新的有效杀伤网。

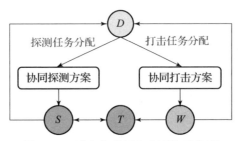

图 8.15 无人集群任务分配和重分配

3. 无人集群任务可靠性仿真算法

在计算无人集群杀伤链数量并建立动态重构策略后, 充分考虑内外部因素对杀伤链节点与连边的影响, 考虑节点失效与边失效, 并融入动态重构策略以提升整个集群的作战效能, 最终引入任务成功率对杀伤链的影响, 建立有效杀伤链模型。

通过到达矩阵和蒙特卡罗算法, 可以计算出无人集群中的有效杀伤链数, 模拟出无人集群的任务可靠性, N_{sim} 为模拟次数。算法的具体伪代码如表 8.6 所列。

表 8.6 无人集群有效杀伤链及任务可靠性仿真算法

1.	输入: 初始网络 $D=(V,E,\varphi,\psi)$; 节点属性 $s_i(I,\lambda_i^s,\mu_i^s,k_i^s,x_i^s,y_i^s,\text{cluster}_k,\text{cd}_{\max}^{s_i},\text{sd}_{\max}^{s_i})$, $d_j(J,\lambda_j^d,\mu_j^d,k_j^d,x_j^d(t),y_j^d(t),\text{cluster}_k,\text{cd}_{\max}^{d_j})$, $w_m(M,\lambda_m^w,\mu_m^w,k_m^w,x_m^w,y_m^w,\text{cluster}_k,\text{cd}_{\max}^{w_m},\text{wd}_{\max}^{w_m})$ 和 $t_n(N,\lambda_n^t,\mu_n^t,x_n^t,y_n^t,\text{cluster}_k,\text{value}_n^t)$; 边属性: $e_{t_n,s_i}(d_{t_n,s_i},\text{result}_{t_n,s_i},\text{sp}_{t_n,s_i})$, $e_{s_i,d_j}(d_{s_i,d_j},R_{s_i,d_j}^c,\text{plr}_{s_i,d_j}^c)$, $e_{d_j,w_m}(d_{d_j,w_m},R_{d_j,w_m}^c,\text{plr}_{d_j,w_m}^c)$ 和 $e_{w_m,t_n}(d_{w_m,t_n},\text{result}_{w_m,t_n},\text{wp}_{w_m,t_n})$; 迭代次数 N_{sim}, 模拟时间 T_{sim}。
2.	输出: 杀伤网中有效杀伤链的数量: N_{eol}。
3.	仿真初始化 $n_{\text{sim}}=0$, $t_{\text{sim}}=0$
4:	**for** n_{sim} **to** N_{sim} **for** t_{sim} **to** T_{sim}
5.	**随机失效**: 通过蒙特卡罗模拟根据节点失效率及其分布确定 FK 无人集群的节点失效数量, 随机移除失效节点及其边, 并将失效节点添加至失效节点列表
6.	**最大度攻击失效**: 确定攻击模式, 将集群中的系统按照节点度数降序排列, 然后移除相应数量的失效节点及其边

续表

7.	**for** 失效节点列表中的每个节点 　　**集群间重构**：集群间的相同节点可以相互替换 　　**集群内重构**：每个集群中的相同节点可以相互替换 　　**节点自修复**：通过蒙特卡罗方法添加新节点或修复失效节点，生成相应的系统和边 　　**任务重分配**：可以根据任务分配算法重构集群拓扑结构 **end**	
8.	**节点存在**：基于指示函数和蒙特卡罗方法来确定节点的存在	
9.	**边存在**：基于指示函数和蒙特卡罗方法来确定边的存在	
10.	计算邻接矩阵的条目：x_{t_n,s_i}、x_{s_i,d_j}、x_{d_j,w_m} 和 x_{w_m,t_n}	
11.	计算到达矩阵：$\boldsymbol{A}_{TT} = \boldsymbol{A}_{TS} \times \boldsymbol{A}_{SD} \times \boldsymbol{A}_{DW} \times \boldsymbol{A}_{WT}$	
12.	有效杀伤链的数量：$\mathrm{Trace}(\boldsymbol{A}_{TT}) = N_{\mathrm{eol}}$	
13.	**if** $N_{\mathrm{eol}}(t) \geqslant \tau$ 　**then** 　　$\mathrm{Num}_{\mathrm{task-success}} = \mathrm{Num}_{\mathrm{task-success}} + 1$ 　**else** 　　$\mathrm{Num}_{\mathrm{task-success}} = \mathrm{Num}_{\mathrm{task-success}}$ 　**end**	
14.	任务可靠性：$TR_{\mathrm{SoS}}(t) = \mathrm{Num}_{\mathrm{task-success}}(t) / N_{\mathrm{sim}}$ 　**end for** **end for**	
15.	**Return** $N_{\mathrm{eol}}(t)$ and $TR_{\mathrm{SoS}}(t)$	

8.3.3 案例研究

本节旨在验证先前用于无人集群的任务可靠性计算方法。为了降低计算复杂性并避免集群节点数量较少而导致的低置信度和泛化能力差的问题，本节案例使用由 180 个异构节点组成的无人集群，以及 60 个目标，形成一个包含 240 个节点的有效杀伤网。其中，$I = 40$，$J = 20$，$M = 120$，$N = 60$，探测节点的数量为 40，决策节点的数量为 20，打击节点的数量为 120，目标节点的数量为 60。节点的分布情况如图 8.16 所示。此外，不同类型节点之间的连接关系由任务分配算法和随机生成共同确定。鉴于任务分配算法对探测任务分配和打击任务分配的影响相当，本节研究仅关注打击任务分配，忽略了探测任务的分配。因此，边 e_{w_m,t_n} 的分布和边的属性 $\mathrm{result}_{w_m,t_n}$ 可以由任务分配算法确定。

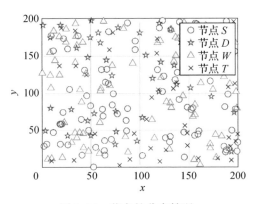

图 8.16 节点的分布情况

对于四种不同的动态重构策略,本节主要针对单个无人集群进行分析。同时,若在任意时刻进行任务重分配,会消耗大量运算资源并消耗决策时间。因此,本节设定只有在任务时间过半,即 $t_s = 50\mathrm{s}$ 后进行任务重分配。在本节中,采用蒙特卡罗采样方法进行仿真,其中 $N_{\mathrm{sim}} = 1000$,$T_{\mathrm{sim}} = 100\mathrm{s}$。仿真分析过程中所需的节点和边的其他参数设置如表 8.7 所列。

表 8.7 任务分配策略选择方法参数

参数	值	参数	值
N_{sim}	1000	T_{sim}	20
λ^S	0.008	μ^S	0.003
λ^D	0.01	μ^D	0.002
λ^W	0.009	μ^W	0.001

本节选取了三种任务分配算法进行任务可靠性及相关研究的仿真比较,分别是匈牙利算法(Hungarian algorithm,HA)、合同网算法(contract net algorithm,CNA)与蚁群算法(ant colony algorithm,ACA)。考虑到故障和动态重构策略对不同任务分配算法形成的不同有效杀伤网节点连边失效与重构效果影响较为相似,本节采用 CNA 作为特例,进行节点故障和动态重构策略研究。本节设定节点度攻击策略仅攻击前 50% 的节点。此外,由于随机失效通常与各个节点的寿命相关,节点失效分布函数通常采用指

数分布进行建模。240个节点的无人集群在未考虑重构策略情况下,一个探测节点按照编号顺序连接一个决策节点以及2个或3个不重复的目标节点,一个决策节点按照编号顺序连接6个不重复的打击节点,打击节点与目标节点之间的连接按照任务分配结果设定。在随机失效和蓄意攻击的影响下,集群任务可靠性分析如图8.17所示。

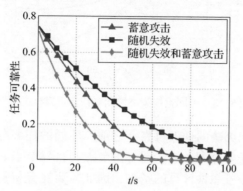

图8.17 随机失效和蓄意攻击影响下的任务可靠性

如图8.17所示,在随机失效和蓄意攻击的共同影响下,任务可靠性迅速下降,且蓄意攻击对集群影响显著高于随机失效。在早期阶段,由于节点连接、火力和通信范围等因素的限制,任务成功率并未达到100%。在随机失效和蓄意攻击,同时影响集群的情况下,有效杀伤链数量迅速减少。在仿真的后期阶段,由于任务可靠性相对较低,有效杀伤链的下降速度显著减缓。这可以归因于节点大量失效后,可用节点数减少,后续节点失效对集群的影响减小。因此,在任务后期任务可靠性降幅变缓。

为降低节点和边失效对集群任务能力的影响,动态重构策略可有效提升集群任务可靠性与作战效能。本节动态重构策略主要分为四类:策略Ⅰ(簇间重构)、策略Ⅱ(簇内重构)、策略Ⅲ(节点修复或生成)和策略Ⅳ(任务重分配)。基于不同动态重构策略对集群任务可靠性进行分析比较,如图8.18所示。

如图8.18所示,策略Ⅲ在一定程度上减缓了任务可靠性的下降。具体而言,在仿真后期阶段,当节点相对较少时,任务可靠性趋于稳态,且由于节点修复能力的影响,其任务可靠性为0.06。策略Ⅰ和策略Ⅱ的效果显著。由于集群拓扑结构变化,任务可靠性在仿真初始阶段短暂达到1。利用策略Ⅰ、策略Ⅱ和策略Ⅲ进行协同重构,任务可靠性相较于采用单一重构策略下降趋势较缓。在$t=60$s时,任务可靠性约为0.38,趋于稳态。在

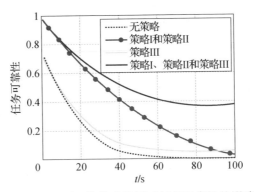

图 8.18　不同重构策略协同对任务可靠性的影响

计算不同任务分配算法的任务可靠性之前,不同的任务分配算法对打击节点产生了不同的任务分配效果,即打击节点与目标节点之间的不同连接方式,这是后续任务可靠性计算的基础,因此需要在分析初始阶段任务分配的效果,而任务分配的效果可以通过分配给每个目标节点的杀伤链数量直观体现,结果如图 8.19 所示。

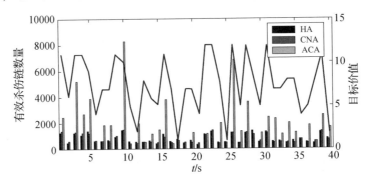

图 8.19　针对 60 个目标节点的三种任务分配算法杀伤链数量分布

如图 8.19 所示,三种任务分配算法分配给高价值目标的有效杀伤链数量均相对较高。同时,由于目标距离和打击节点的最大攻击距离对任务分配算法分配效果的影响,部分高价值目标有效杀伤链数量较少,这是由于相应的高价值目标超出大多数打击节点的攻击距离,仅有少部分打击节点可以对当前高价值目标实现有效打击。通过对三种任务分配算法形成有效杀伤链数量分布的分析,可以明显看出,与其他两种算法相比 ACA 针对不同目标均分配产生了较多的有效杀伤链,显示了其卓越的分配效果。而

HA 和 CNA 产生了几乎相同数量的有效杀伤链，可以粗略认为二者的任务分配效果相似。

无人集群在任务执行过程中，由于装备自身属性以及环境因素的影响而失效频发，集群被迫采取相应的动态重构策略，而本节提出的任务可靠性指标综合考虑上述因素，分析任务实际执行效果，可以很好地对当前任务分配算法与任务分配方案进行基于任务效果的综合评价。因此，基于任务可靠性可对不同任务分配算法和任务分配方案进行择优排序，从而选择最佳分配方案提升任务可靠性与作战效能。为了比较不同任务分配算法的任务分配效果，并反映充分考虑任务实际执行情况的任务可靠性的度量特性，以下选择了有效杀伤链数量和任务可靠性度量，并分别对三种分配算法的分配效果进行比较（图 8.20、图 8.21）。

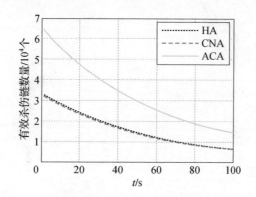

图 8.20　三种任务分配策略对有效杀伤链数量影响分析

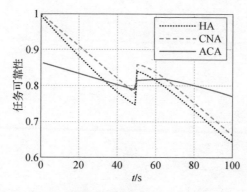

图 8.21　三种任务分配策略对任务可靠性影响分析

在图 8.20 中，以有效杀伤链数量为分配效果的指标时，ACA 表现出最好的效果，其次是 CNA 和 HA。而在图 8.21 中，在初始阶段 ACA 的分配效果不如 CNA 和 HA。这表明，在初始阶段，尽管 ACA 分配产生了更多的有效杀伤链，但任务可靠性不理想。但是 ACA 表现出更好的稳定性，且任务可靠性数值较高始终维持在 0.8 左右，特别是在 CNA 和 HA 迅速下降的后期阶段（50~100s）。因此，可以得出结论，在当前情景下 ACA 表现最佳。此外，对于任务可靠性，当 $t=50s$ 时，三种算法均表现出较为显著的增长，这体现了任务重分配策略带来的任务分配结果显著改进。

第 9 章
无人集群重要度

重要度是保持无人集群可靠性和提高装备效能的重要手段，其贯穿装备全寿命周期，是装备保障工程的重要内容之一。同时，重要度作为维护和韧性管理的有效工具，在无人装备领域具有重要的应用。本章对无人集群的重要度方法进行了分析，首先，介绍了重要度理论的定义和经典方法；其次，针对无人集群各类重要度进行计算方法的推演，主要包括基于一维序贯表决模型的集群重要度分析模型、基于二维序贯表决模型的集群重要度分析模型和多边形无人集群的重要度分析模型；最后，给出了两个无人集群重要度案例的分析，包括基于重要度的多边形无人集群结构优化模型和多边形无人集群结构优化算例分析。

9.1 重要度概述

9.1.1 重要度定义

1969 年，Birnbaum 首先提出了二态系统的重要度分析方法的概念，并定义了三种重要度：一种是结构重要度分析方法，用于评价系统组件的结构关键性，表示在未知组件可靠性的情形下，组件关键路向量数目在所有可能情形中占的比例；一种是可靠性重要度分析方法，表示在已知组件可靠性的情形下，组件可靠性的变化对系统可靠性的影响，其中导致系统可靠性变化程度最大的系统组件具有最高的重要度值；另一种是寿命重要度分析方法，用于评价组件寿命周期内可靠性或性能变化过程对系统性能的影响程度，寿命重要度计算方法在可靠性重要度的基础上，考虑了系统结构函数和系统组件可靠性或性能随时间变化因素,将可靠性重要度计算公式中的组件可靠性值(常数)用组件寿命内可靠性概率分布代替。

在此基础上,众多学者对系统重要度分析方法展开研究并进行了拓展。本书给出国内外学者研究重要度的物理意义及作用,如表9.1所列。

表9.1 主要重要度的物理意义及作用

		重要度	物理意义	作用
二态系统	可靠性重要度	Birnbaum 重要度	组件是系统关键组件的概率	评估某组件可靠性对系统可靠性的影响程度
		Natvig 重要度	与由某一组件失效造成的系统剩余寿命减少的期望成正比	分析系统中不可维修组件对系统寿命的影响
		关键重要度	系统关键组件对系统失效的影响程度	识别故障树中影响顶端事件发生的关键组件
		冗余重要度	冗余组件被激活时,对系统可靠性的提升程度	衡量与冗余组件相对应的组件在系统中的地位
		割集(F-V)重要度	组件最小割集中至少有一个最小割集失效对系统失效的影响程度	衡量组件最小割集在系统中的地位
		风险增加当量(RAW)	当某一组件失效时的系统失效条件概率占系统失效概率的比值	衡量组件维持系统当前可靠性水平的重要程度
		RRW	当前系统失效的概率占某一组件被替换成完好时的系统失效的条件概率的比值	在系统某一组件失效判断错误或者由某一外部因素造成某一组件失效条件下,用于分析替换该组件对系统当前可靠性水平的影响程度
	结构重要度	Birnbaum 重要度	在未知组件可靠性的条件下,某一组关键路向量数目占系统其余所有组件状态组合数目的比值	评估组件在系统结构中的位置重要性

第9章 无人集群重要度

续表

		重要度	物理意义	作用
二态系统	结构重要度	结构（BP）重要度	当所有组件在0到1之间取相同可靠性时，某一组件可靠性在0到1之间连续变化对系统可靠性的影响程度	在组件的可靠性未知的条件下，衡量组件在系统结构中的地位，主要用于系统设计的早期阶段
		割（路）集重要度	与组件最小割（路）集的最小阶数成反比	衡量组件在最小割（路）集中的地位
		F-V重要度	在未知组件可靠性的条件下，F-V结构重要度是F-V可靠性重要度的一个特例（组件的可靠性值取0.5）	衡量组件最小割集在系统中的地位
	寿命重要度		寿命重要度是将可靠性重要度的组件的常数可靠性值用随时间变化的组件寿命可靠性概率分布代替转换而成的，是二态系统重要度转化为多态系统重要度的支撑方法之一	
	成组重要度	联合重要度	系统可靠性方程对两个或两个以上组件可靠性求偏导的结果	评估两个或者两个以上组件联合对系统可靠性的影响程度
		微分重要度	与由某一组件可靠性的变化引起的系统可靠性的变化成正比，具有可加性	用于评估风险信息监管系统的概率安全
多态系统	第一类		将现有的二态系统重要度扩展到多态系统的重要度，使其更具普遍性和适应多态系统的应用	
	第二类	多态决策图重要度	利用决策图对多态系统进行建模，然后利用决策图方法对重要度进行评估和计算	
		多阶段任务重要度	用不含非门的故障树方法和布尔运算来计算组件可靠性对系统可靠性的影响程度	识别多阶段任务中的系统的关键组件
		组合重要度	组件所有状态组合对系统可靠性的影响程度	当系统满足一定需求时，从组件的状态期望考虑，用于识别系统中的关键组件
		不确定因素重要度	不确定性输入参数对系统输出功能函数和可靠性的影响程度	在风险评估中用于识别对输出影响最大的输入参数

国内外学者对系统重要度进行了深入研究，从不同的侧面给出了系统组件可靠性对整个系统可靠性和性能影响的计算公式，并在核能、航空航天、交通等系统领域实现了应用。

然而，传统的系统重要度理论主要从拓扑结构和系统组件可靠性对整个系统性能影响的角度定性计算系统组件的重要度，未考虑系统组件状态转移率对系统可靠性的影响，难以定量计算带有状态转移特征的组件可靠性变化对系统可靠性的影响程度。兑红炎等基于上述问题，在系统可靠性的基础上提出了一种新的重要度计算方法——综合重要度。综合重要度（integrated importance measure，IIM）是在 Birnbaum 等重要度研究成果的基础上，综合评估了组件状态分布概率、状态转移率及其对系统可靠性和性能的影响程度，其主要用来描述单位时间内组件状态转移对系统性能影响的数学期望。

9.1.2 经典重要度方法

本节介绍一些重要度的经典方法，主要包括二态系统和多态系统的 Birnbaum 重要度（BM）和综合重要度。

二态系统的 Birnbaum 重要度描述了组件可靠性变化对系统可靠性变化的影响程度，其表达式为

$$I(\text{BM})_i = \Pr(\Phi(X) = 1 \mid X_i = 1) - \Pr(\Phi(X) = 1 \mid X_i = 0) \quad (9-1)$$

式中：$\Phi(X)$ 为系统的结构函数；$\Phi(X) = \Phi(X_1, X_2, \cdots)$。

二态系统组件综合重要度综合考虑了组件状态分布概率、组件状态转移率对系统可靠性的影响程度，可以定量分析带有状态转移的二态系统组件可靠性变化对系统可靠性的影响程度。二态系统的综合重要度为

$$I(\text{IIM})_i = (\Pr(\Phi(X) = 1 \mid X_i = 1) - \Pr(\Phi(X) = 1 \mid X_i = 0)) \times \Pr(X_i = 1) \times \lambda_i$$
$$(9-2)$$

式中：X_i 为组件 i 的状态；λ_i 为组件 i 的失效率。

Zio 和 Podofillini 把 Birnbaum 重要度从二态系统推广到多态系统，如下式所示：

$$I(\text{BM})_i = \Pr\{\Phi(X) \geq k \mid x_i \geq k\} - \Pr\{\Phi(X) \geq k \mid x_i < k\} \quad (9-3)$$

式中：k 为系统和组件状态的阈值。当 $\Phi(X) \geq k$ 时，系统工作；当 $\Phi(X) < k$ 时，系统失效。当 $x_i \geq k$ 时，组件 i 工作；当 $x_i < k$ 时，组件 i 失效。

多态系统组件综合重要度综合考虑了组件状态分布概率、组件状态转移率对系统可靠性影响程度，可定量分析带有状态转移的多态系统组件可

靠性变化对系统可靠性的影响程度。多态系统的综合重要度为

$$I(\text{IIM})_i = \Pr\{x_i \geq k\} \cdot \lambda_i \cdot \{\Pr\{\Phi(X) \geq k \mid x_i \geq k\} - \Pr\{\Phi(X) \geq k \mid x_i < k\}\} \quad (9-4)$$

式中：k 为组件状态的阈值，当 $x_i \geq k$ 时，组件 i 工作，当 $x_i < k$ 时，组件 i 失效；λ_i 为组件 i 从工作状态劣化到失效状态的失效率，$\lambda_i = \sum_{x=k}^{M} \sum_{y=0}^{k-1} a_i(x,y)$，其中：$a_i(x,y)$ 是组件 i 从状态 x 转移到状态 y 的转移率；$x,y \in \{0,1,2,\cdots,M\}$；$P_{im} = \Pr\{x_i = m\}$（$m = 0,1,2,\cdots,M$）。

9.2 基于序贯表决模型的无人集群重要度分析

9.2.1 基于一维序贯表决模型的集群重要度分析

随着现代化军事的发展以及信息重要性的提高，为了完成各种各样的任务，需要多个无人装备组成无人集群进行协同作战，可有效提升无人装备的任务完成能力和整体作战效能。无人集群经常在复杂、恶劣、高风险环境中执行任务，由于单个无人装备可执行任务范围是有限的，为保证任务完成率，无人集群需要采取一种冗余的思想，即同一集群的不同的无人装备必定会有可执行范围的交集，若出现个别无人装备因为自身、外部环境、敌方干扰等因素的影响而发生失效或坠毁现象，该无人集群仍可以正常运行，但需要采用性能降级的方式完成任务使命。无人集群是大量无人装备通过相互协同、相互配合以及相互完善来执行任务，为更好地完成任务，各无人装备之间都能够进行信息交互。无人集群执行不同的任务时，编队结构也会随之改变，无人集群更多为线形编队队形或者矩形/菱形编队队形。

无人集群执行任务时的线形编队队形可以拟合为线性连续 n 中取 k：F 系统，即一维序贯表决模型。如图9.1所示，在任务开始前无人集群包含 n 架可正常运行的无人装备。无人集群在指定的区域内执行任务时，每个无人装备被认为是一个具有有限执行范围的动态传感器，为了保证完成任务的成功率，每个无人装备的执行范围是存在重叠的。即使有连续 $k-1$ 架无人装备失效，无人集群也可以成功完成任务。只有当有连续 k 架或以上无人装备失效时，任务才会失败。

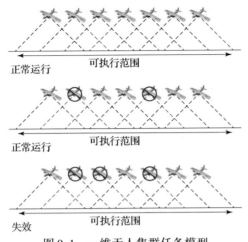

图 9.1 一维无人集群任务模型

当无人集群中某个或者多个无人装备发生故障时,重要度理论可用于评估无人装备的性能变化对集群整体性能的影响。重要度是关于部件可靠性参数和系统结构的函数。通过重要度理论分析系统在不同阶段的状态,可以得到有价值的信息。当在系统设计阶段应用重要度理论时,设计人员可通过其识别系统存在的薄弱环节,并对薄弱环节进行重新设计,实现系统设计的优化;当在系统运行阶段应用重要度理论时,工作人员可利用重要度识别系统的关键部件,并根据各部件的重要度合理分配资源;当在系统维修阶段应用重要度理论时,维修人员可利用重要度确定系统部件的维修优先级,以最小的维修成本使系统可靠性最大化。

在一维序贯表决模型的无人集群中,利用重要度及其扩展识别无人集群薄弱环节,找到该集群中的关键无人装备,从而提高无人集群完成任务的可靠性。

组件 i 在时刻 t 的 Birnbaum 重要度定义为

$$I(\mathrm{BM})_i^t = \Pr\{\Phi(X(t)) = 1 \mid X_i(t) = 1\} - \Pr\{\Phi(X(t)) = 1 \mid X_i(t) = 0\} \tag{9-5}$$

兑红炎等提出并扩展了组件状态的综合重要度,该重要度评估了组件状态的转变如何影响系统性能。组件 i 的在时刻 t 的综合重要度定义为

$$I(\mathrm{IIM})_i^t = \Pr\{X_i(t) = 1\} \cdot \lambda_i(t) \cdot I(\mathrm{BM})_i^t \tag{9-6}$$

式中:$\lambda_i(t)$ 为组件 i 在时刻 t 时的失效率。

根据式 (9-5),对线性连续 n 中取 k 系统,Papastavridis 提出了组件 i 在时刻 t 的 Birnbaum 重要度定义为

$$I(\mathrm{BM})_i^t = \frac{\partial R_{k/n}^t}{\partial p_i(t)} = R_{k/n}^t(X_i(t)=1) - R_{k/n}^t(X_i(t)=0) = \frac{R_{k/i-1}^t R_{k/n-i}^{\prime t} - R_{k/n}^t}{1 - p_i(t)}$$
(9-7)

式中：$R_{k/n}^t$ 为线性连续 n 中取 k 系统在 t 时刻的可靠性；$R_{k/i-1}^t$ 为线性连续 $i-1$ 中取 k 系统（由组件 1，2，$\cdots$，$i-1$ 构成）在 t 时刻的可靠性；$R_{k/n-i}^{\prime t}$ 为线性连续 $n-i$ 中取 k 系统（由组件 $n-i+1$，$n-i+2$，$\cdots$，$n-1$，n 构成）在 t 时刻的可靠性。

对于组件 i 失效时系统的可靠性为
$$R_n = p_i(R(p_1,\cdots,p_{i-1},1,p_{i+1},\cdots,p_n) - R(p_1,\cdots,p_{i-1},0,p_{i+1},\cdots,p_n)) \\ + R(p_1,\cdots,p_{i-1},0,p_{i+1},\cdots,p_n)$$
(9-8)

而对于线性连续 n 中取 k 系统来说
$$R(p_1,\cdots,p_{i-1},1,p_{i+1},\cdots,p_n) = R(p_1,\cdots,p_{i-1})R(p_{i+1},\cdots,p_n) \\ = R_{k/i-1} R_{k/n-i}'$$
(9-9)

根据组件 i 的 Birnbaum 重要度定义即式（9-5）可以得到：
$$I(\mathrm{BM})_i = R(p_1,\cdots,p_{i-1},1,p_{i+1},\cdots,p_n) - R(p_1,\cdots,p_{i-1},0,p_{i+1},\cdots,p_n)$$
(9-10)

结合式（9-8）~式（9-10），可以得到：
$$I(\mathrm{BM})_i = \frac{R_{k/i-1} R_{k/n-i}' - R_{k/n}}{1 - p_i}$$
(9-11)

根据上述公式，对于线性连续 n 中取 k：F 系统，组件 i 在时刻 t 的综合重要度定义为
$$I(\mathrm{IIM})_i^t = \Pr\{X_i(t)=1\} \cdot \lambda_i(t) \cdot I(\mathrm{BM})_i^t \\ = p_i(t) \cdot \lambda_i(t) \cdot \frac{R_{k/i-1}^t R_{k/n-i}^{\prime t} - R_{k/n}^t}{1 - p_i(t)}$$
(9-12)

9.2.2 基于二维序贯表决模型的集群重要度分析

无人集群执行任务时的矩形编队队形可以拟合为连续 (m,n) 中取 (r,s)：F 系统，其是连续 n 中取 k：F 系统的一种，即二维序贯表决模型。以图 9.2 所示的无人机集群为例，在任务开始前无人集群包含 $m \times n$ 架可正常运行的无人机，每架无人机可执行范围为以自身为中心的相邻 4 个 1×1 的矩形区域。即使有多架无人机失效，只要不出现连续 2×2 的

矩形区域内无人机均失效，都可以通过周围相邻的无人机将失效无人机执行区域进行全方位覆盖。当且仅当连续 2×2 的矩形区域内或以上无人机全部失效时，会出现检测盲区，致使任务失败。

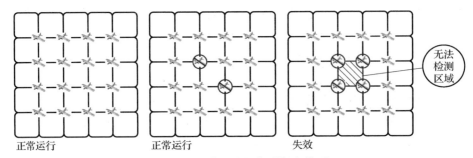

图 9.2　二维无人机集群任务模型

对于连续 (m, n) 中取 (r, s): F 系统来说，其中某个组件的可靠性状态变化对集群性能的影响不是特别显著，所以应分析其中某一列或者某一行组件构成的子系统的可靠性变化对集群性能的影响，而该子系统就相当于一个线性连续 m 中取 r 系统。

根据式 (9-11)，对于连续 (m, n) 中取 (r, s): F 系统，某列组件构成的子系统 j 在时刻 t 的 Birnbaum 重要度定义为

$$I(\mathrm{BM})_j^t = \frac{R_{(r,s)/(m,j-1)}^t R_{(r,s)/(m,n-j)}^{\prime t} - R_{(r,s)/(m,n)}^t}{1 - R_{r/m}^t} \quad (9-13)$$

式中：$R_{(r,s)/(m,n)}^t$ 为连续 (m, n) 中取 (r, s): F 系统在 t 时刻的可靠性；
$R_{(r,s)/(m,j-1)}^t$ 为连续 $(m, j-1)$ 中取 (r, s): F 系统在 t 时刻的可靠性；
$R_{(r,s)/(m,n-j)}^{\prime t}$ 为连续 $(m, n-j)$ 中取 (r, s): F 系统在 t 时刻的可靠性；
$R_{r/m}^t$ 为线性连续 m 中取 r: F 系统在 t 时刻的可靠性。

$$R_{(r,s)/(m,j-1)}^t = R_{(r,s)/(m,j-1)}^t \begin{pmatrix} p_{(1,1)}^t & p_{(1,2)}^t & \cdots & p_{(1,j-1)}^t \\ p_{(2,1)}^t & p_{(2,2)}^t & \cdots & p_{(2,j-1)}^t \\ \vdots & \vdots & & \vdots \\ p_{(m,1)}^t & p_{(m,2)}^t & \cdots & p_{(m,j-1)}^t \end{pmatrix}$$

$$R_{(r,s)/(m,n-j)}^{\prime t} = R_{(r,s)/(m,n-j)}^{\prime t} \begin{pmatrix} p_{(1,n-j+1)}^t & p_{(1,n-j+2)}^t & \cdots & p_{(1,n)}^t \\ p_{(2,n-j+1)}^t & p_{(2,n-j+2)}^t & \cdots & p_{(2,n)}^t \\ \vdots & \vdots & & \vdots \\ p_{(m,n-j+1)}^t & p_{(m,n-j+2)}^t & \cdots & p_{(m,n)}^t \end{pmatrix}$$

根据式（9-13），对于子系统 j，在时刻 t 时系统的可靠性为

$$R^t_{(r,s)/(m,n)} = R^t(p^t_{(1,j)}, p^t_{(2,j)}, \cdots, p^t_{(m,j)})$$

$$\times \left[R^t_{(r,s)/(m,n)} \begin{pmatrix} p^t_{(1,1)} & p^t_{(1,2)} & \cdots & p^t_{(1,j-1)} & 1 & p^t_{(1,j+1)} & \cdots & p^t_{(1,n)} \\ p^t_{(2,1)} & p^t_{(2,2)} & \cdots & p^t_{(2,j-1)} & 1 & p^t_{(2,j+1)} & \cdots & p^t_{(2,n)} \\ \vdots & \vdots & \cdots & \vdots & \vdots & \vdots & \cdots & \vdots \\ p^t_{(m,1)} & p^t_{(m,2)} & \cdots & p^t_{(m,j-1)} & 1 & p^t_{(m,j+1)} & \cdots & p^t_{(m,n)} \end{pmatrix} \right.$$

$$\left. - R^t_{(r,s)/(m,n)} \begin{pmatrix} p^t_{(1,1)} & p^t_{(1,2)} & \cdots & p^t_{(1,j-1)} & 0 & p^t_{(1,j+1)} & \cdots & p^t_{(1,n)} \\ p^t_{(2,1)} & p^t_{(2,2)} & \cdots & p^t_{(2,j-1)} & 0 & p^t_{(2,j+1)} & \cdots & p^t_{(2,n)} \\ \vdots & \vdots & \cdots & \vdots & \vdots & \vdots & \cdots & \vdots \\ p^t_{(m,1)} & p^t_{(m,2)} & \cdots & p^t_{(m,j-1)} & 0 & p^t_{(m,j+1)} & \cdots & p^t_{(m,n)} \end{pmatrix} \right]$$

$$- R^t_{(r,s)/(m,n)} \begin{pmatrix} p^t_{(1,1)} & p^t_{(1,2)} & \cdots & p^t_{(1,j-1)} & 0 & p^t_{(1,j+1)} & \cdots & p^t_{(1,n)} \\ p^t_{(2,1)} & p^t_{(2,2)} & \cdots & p^t_{(2,j-1)} & 0 & p^t_{(2,j+1)} & \cdots & p^t_{(2,n)} \\ \vdots & \vdots & \cdots & \vdots & \vdots & \vdots & \cdots & \vdots \\ p^t_{(m,1)} & p^t_{(m,2)} & \cdots & p^t_{(m,j-1)} & 0 & p^t_{(m,j+1)} & \cdots & p^t_{(m,n)} \end{pmatrix}$$

$$(9-14)$$

对于连续 (m, n) 中取 (r, s)：F 系统，有

$$R^t_{(r,s)/(m,n)} \begin{pmatrix} p^t_{(1,1)} & p^t_{(1,2)} & \cdots & p^t_{(1,j-1)} & 1 & p^t_{(1,j+1)} & \cdots & p^t_{(1,n)} \\ p^t_{(2,1)} & p^t_{(2,2)} & \cdots & p^t_{(2,j-1)} & 1 & p^t_{(2,j+1)} & \cdots & p^t_{(2,n)} \\ \vdots & \vdots & \cdots & \vdots & \vdots & \vdots & \cdots & \vdots \\ p^t_{(m,1)} & p^t_{(m,2)} & \cdots & p^t_{(m,j-1)} & 1 & p^t_{(m,j+1)} & \cdots & p^t_{(m,n)} \end{pmatrix}$$

$$= R^t_{(r,s)/(m,j-1)} \begin{pmatrix} p^t_{(1,1)} & p^t_{(1,2)} & \cdots & p^t_{(1,j-1)} \\ p^t_{(2,1)} & p^t_{(2,2)} & \cdots & p^t_{(2,j-1)} \\ \vdots & \vdots & \cdots & \vdots \\ p^t_{(m,1)} & p^t_{(m,2)} & \cdots & p^t_{(m,j-1)} \end{pmatrix}$$

$$\times R'^t_{(r,s)/(m,n-j)} \begin{pmatrix} p^t_{(1,n-j+1)} & p^t_{(1,n-j+2)} & \cdots & p^t_{(1,n)} \\ p^t_{(2,n-j+1)} & p^t_{(2,n-j+2)} & \cdots & p^t_{(2,n)} \\ \vdots & \vdots & \cdots & \vdots \\ p^t_{(m,n-j+1)} & p^t_{(m,n-j+2)} & \cdots & p^t_{(m,n)} \end{pmatrix}$$

$$= R^t_{(r,s)/(m,j-1)} R'^t_{(r,s)/(m,n-j)}$$

$$(9-15)$$

根据 Birnbaum 重要度定义即式（9-1）可以得到：

$$I(\mathrm{BM})_j^t = R_{(r,s)/(m,n)}^t \begin{pmatrix} p_{(1,1)}^t & p_{(1,2)}^t & \cdots & p_{(1,j-1)}^t & 1 & p_{(1,j+1)}^t & \cdots & p_{(1,n)}^t \\ p_{(2,1)}^t & p_{(2,2)}^t & \cdots & p_{(2,j-1)}^t & 1 & p_{(2,j+1)}^t & \cdots & p_{(2,n)}^t \\ \vdots & \vdots & \cdots & \vdots & \vdots & \vdots & \cdots & \vdots \\ p_{(m,1)}^t & p_{(m,2)}^t & \cdots & p_{(m,j-1)}^t & 1 & p_{(m,j+1)}^t & \cdots & p_{(m,n)}^t \end{pmatrix}$$

$$- R_{(r,s)/(m,n)}^t \begin{pmatrix} p_{(1,1)}^t & p_{(1,2)}^t & \cdots & p_{(1,j-1)}^t & 0 & p_{(1,j+1)}^t & \cdots & p_{(1,n)}^t \\ p_{(2,1)}^t & p_{(2,2)}^t & \cdots & p_{(2,j-1)}^t & 0 & p_{(2,j+1)}^t & \cdots & p_{(2,n)}^t \\ \vdots & \vdots & \cdots & \vdots & \vdots & \vdots & \cdots & \vdots \\ p_{(m,1)}^t & p_{(m,2)}^t & \cdots & p_{(m,j-1)}^t & 0 & p_{(m,j+1)}^t & \cdots & p_{(m,n)}^t \end{pmatrix}$$

(9-16)

结合式（9-14）~式（9-16），可以得到：

$$I(\mathrm{BM})_j^t = \frac{R_{(r,s)/(m,j-1)}^t R_{(r,s)/(m,n-j)}^t - R_{(r,s)/(m,n)}^t}{1 - R_{r/m}^t} \tag{9-17}$$

对于连续 (m, n) 中取 $(r, s): F$ 系统，某列组件构成的子系统 j 在时刻 t 的综合重要度定义为

$$I(\mathrm{IIM})_j^t = R_{r/m}^t \cdot \lambda_j(t) \cdot \frac{R_{(r,s)/(m,j-1)}^t R_{(r,s)/(m,n-j)}^{\prime t} - R_{(r,s)/(m,n)}^t}{1 - R_{r/m}^t} \tag{9-18}$$

9.3 基于任务可靠性的无人集群重要度分析

9.3.1 多阶段任务特征分析

集群任务的多阶段性体现在：无人集群的任务具有严格时序限制，不同任务难以并行完成，必须按既定的时间顺序串联进行，同时其状态在不同阶段间具有连续性和传递性。假设一个无人机集群需要在某区域进行侦察并在指挥下完成打击任务，因此该集群的总任务可以描述为起飞、集结、侦察、打击和返航五个阶段，图9.3中集群任务的五个阶段之间有着明确的先后顺序，任意阶段的失败将导致整个任务的失败，是一种典型的多阶段任务过程。以无人机集群为例的多阶段任务过程如图9.3所示。

从单架无人机的角度来看，其自身需要在正常状态下遍历某项集群任务的各个阶段。而无人装备失效与否取决于各个子系统在各个时刻下的状态，因此无人机能否成功完成某项任务，就完全依赖各个子系统能否健康

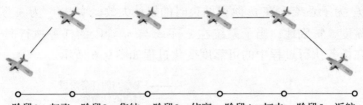

阶段1：起飞　阶段2：集结　阶段3：侦察　阶段4：打击　阶段5：返航

图9.3　多阶段任务过程

地度过整个任务阶段。任意子系统的故障都会对无人装备的任务执行产生影响，但在多阶段任务的执行过程中，某个特定子系统并不一定参与所有阶段的任务执行。例如，通信系统在整个任务过程中都要处于正常状态以保证信息的有效传递，而发射收回系统只参与无人装备的起飞与返航阶段。因此无人装备在各个阶段的失效状况及机理并不相同，可利用可靠性框图对任务各个阶段所需的子系统进行分析。

假设在无人集群中仅有一种子系统，这些子系统由相同的无人装备组成，各个子系统之间相互独立且仅有故障与正常两种状态。对于一个面向 m 个阶段任务的无人集群，设集群中的所有无人装备均相同且由 $S = \{s_1, s_2, \cdots, s_j\}$ 共 j 个子系统组成，则根据子系统的参与情况可以得到任务各个阶段的可靠性框图。例如，在由 2 个任务阶段组成的无人集群任务执行过程中共需要用到 s_a、s_b、s_c、s_d 四个子系统，其中阶段 1 需要用到子系统 s_a、s_b、s_c，阶段 2 需要用到子系统 s_b、s_c、s_d。由于任意子系统的故障都会使无人装备无法完成相应的子任务，因此这两个阶段的可靠性框图分别如图 9.4 和图 9.5 所示。

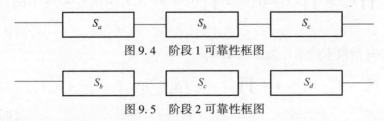

图9.4　阶段1可靠性框图

图9.5　阶段2可靠性框图

假设无人集群在各个阶段的运行时间 $T = [T_1, T_2, \cdots, T_m]$，其中 T_m 表示阶段 m 的持续时间。设子系统 s_i 在 m 阶段的加速系数为 α_m^i，则依据加速失效模型得到：

$$Q_m^i = F_i(\alpha_1^i T_1 + \alpha_2^i T_2 + \cdots + \alpha_m^i T_m) \quad (9-19)$$

$$P_m^i = 1 - Q_m^i \quad (9-20)$$

式中：Q_m^i 为子系统 s_i 在 m 阶段结束时的累计失效概率；P_m^i 为 m 阶段结束时的可靠度。特别地，当子系统在 s_i 不参与 m 阶段的任务执行时 $\alpha_m^i = 0$。子系统在任务执行过程中的可靠度变化过程如图 9.6 所示。

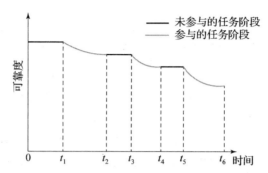

图 9.6 子系统在任务执行过程中的可靠度变化过程

如图 9.6 所示，在 $[0, t_1]$ 阶段该子系统未参与执行任务，可靠度不变；在 $[t_1, t_2]$ 阶段参与任务执行，子系统可靠度降低。通过将整架无人装备的可靠度映射到各个子系统上，通过了解各个子系统的运行状态及结构关系就可以得到整机的可靠度，即整机的可靠度为各子系统的函数：

$$R_{\text{UAV}}(t) = f(R(s_1), R(s_2), \cdots, R(s_L)) \quad (9-21)$$

由于无人装备的目的为完成各阶段的任务，因此定义无人装备的可靠性为在规定条件下的任意阶段能够正常完成该阶段任务的概率。设无人装备的所有子系统组成集合 $S_m = \{s_1, s_2, \cdots, s_L\}$，则无人装备在 m 阶段末的可靠度为

$$P_m = \prod_{i=1}^{L} P_m^i = \prod_{i=1}^{L}(1 - Q_m^i) = \prod_{i=1}^{L}[1 - F_i(\alpha_1^i T_1 + \alpha_2^i T_2 + \cdots + \alpha_m^i T_m)]$$

$$(9-22)$$

在 m 阶段末的累计失效概率为

$$Q_m = 1 - P_m = 1 - \prod_{i=1}^{L}[1 - F_i(\alpha_1^i T_1 + \alpha_2^i T_2 + \cdots + \alpha_m^i T_m)]$$

$$(9-23)$$

进而得到某个无人装备在 m 阶段过程中的失效概率以及可靠度为

$$q_m = Q_m - Q_{m-1} = \prod_{i=1}^{L} F_i(\alpha_1^i T_1 + \alpha_2^i T_2 + \cdots + \alpha_{m-1}^i T_{m-1}) - \prod_{i=1}^{L} F_i(\alpha_1^i T_1 + \alpha_2^i T_2 + \cdots + \alpha_m^i T_m)$$

且 $p_m = 1 - q_m$，假定某个无人装备在 $m-1$ 阶段成功完成任务，则在 m 阶段的失效概率为

$$\theta_m = \frac{q_m}{P_{M-1}} = \frac{Q_m - Q_{m-1}}{\prod_{i=1}^{L}(1 - Q_m^i)} \quad (9-24)$$

9.3.2 基于连续 n 中取 k：F 系统的多阶段任务可靠性分析

集群在任务执行过程中会不可避免地出现单节点失效状况，无人集群可视为一个冗余系统，允许存在一些无人装备的故障，因此并不是任意节点的失效都会直接导致任务失败。例如，在执行侦察任务时，无人装备数量只需要能够覆盖所需要的面积即可认为任务完成。实际上在集群任务的执行过程中会受到任务的特殊要求、自然环境条件的变化、敌方攻击以及其他各种因素的影响，因此集群通常会进行编队调整以适应任务需求和应对随机因素，这也就导致了无人集群的通信拓扑结构会不断变化。此外，近年来，无人装备的自主性和智能化程度越来越高。这主要依赖不断发展的通信系统，集群接收地面任务指令以及自组织等智能行为活动都离不开一个可靠的通信系统。综上所述，无人集群完成某项多阶段任务的必要条件是：在集群正常通信的基础上，能够接收指令应对条件变化，并根据自身装备的有效载荷在指定区域完成指定任务。在任务剖面和通信距离的双重约束下，利用 k/n 表决模型对集群任务的完成条件进行具体分析。

1. 任务剖面下的无人装备数量要求

无人装备数量的多少直接影响着集群的任务完成情况。例如，无人机集群在发射阶段需要集结足够的无人机数量，才能进行正常的自组织活动，否则任务难以执行；在返航阶段，若成功返航的无人机数目过少，则表明任务代价过高，任务执行结果视为失败。除此之外，侦察、打击等各项任务的执行也都需要有足够数量的无人机来支持。

以侦察任务为例，每架无人机的侦察范围都是以自身为圆心以 r_1 为半径的圆，即侦察面积 $s = \pi r_1^2$，而集群的侦察覆盖面积需要达到 S_d。通过无人机集群的编队设计与移动，尽可能地满足覆盖面积要求。在不考虑通信约束的条件下，将 N 架无人机的最大侦察覆盖面积记作：

$$S = S_1 \cup S_2 \cup \cdots \cup S_n = \bigcup_{i=1}^{N} S_i \quad (9-25)$$

式中：S_i 为第 i 架无人机的侦察面积，为满足任务要求，需满足条件：$S_d \subseteq$

S。所以从任务剖面角度来看，集群中的无人机数量 k 须大于最少无人机数量限制 k_r，任务才可以正常进行，具体示例如图 9.7 所示。

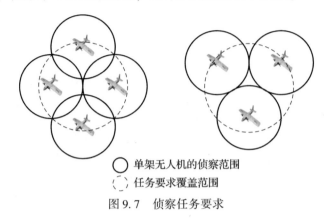

○ 单架无人机的侦察范围
(⌒) 任务要求覆盖范围

图 9.7　侦察任务要求

在对某一指定圆形区域进行全面侦察搜索时，要求集群可以全方位地覆盖该区域，此时就存在最少无人机数量限制。由图 9.7 可以看出，4 架无人机可以调整至特定的编队结构来实现任务要求范围的面积全覆盖。相反地，3 架无人机无论怎样调整编队结构都不能完全覆盖任务要求的侦察范围。所以在不考虑通信约束的条件下，该项任务在侦察阶段的最低无人机数量要求为 4，这也表明了在任务剖面下，无人集群为满足任务需求存在着最低数量要求，即任务基线。

2. 通信约束下的无人装备数量要求

设某架无人机的通信距离为 r_2，则其通信覆盖面积为 πr_2^2，即在集群任务执行过程中，某架无人机可以对在通信覆盖面积内的其他无人机进行通信交互。即使是在编队拓扑结构重构时，一架无人机也只能与通信范围内的其他无人机进行通信重联。进一步地，集群在进行编队结构重构以侦察覆盖面积满足任务要求的同时，无疑将会增大各架无人机之间的距离，这将直接影响集群的通信质量。

若某架无人机不能与其他无人机进行正常通信连接，则集群将因不能实现自组织而导致任务失败。此时，就需要增加一定数量的无人机，以增加侦察面积的重合率为代价，提高集群的任务冗余度来缩短无人机之间的距离以实现集群的正常运行。同时，为满足任务需求，集群中的无人装备数 k 需大于任务基线（阈值）k_c。以无人机集群为例，具体示例如图 9.8 所示。

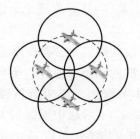
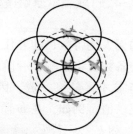

○ 单架无人机的通信范围
⌀ 任务要求覆盖范围

图 9.8 通信范围要求

在图 9.8 的示例中，可以得出 4 架无人机可满足任务覆盖要求，并同时考虑集群的通信能力。如图 9.8 中左图所示，由于通信距离的限制，各个无人机均不在自己的通信范围内，难以实现信息的传递，进而导致任务失败。因此需要以提高侦察重合率为代价，增加无人机来实现通信拓扑的正常进行，实现方式如图 9.8 中右图所示。因此，在考虑通信约束的条件下，该任务的最低无人机数量应该为 5，分析表明无人集群为满足任务需求存在最低数量要求，即任务基线。

3. 无人集群多阶段任务可靠性计算

由上文可知，在任务剖面和通信约束下对集群中的无人装备数目均有最低要求，所以此处可以借助多阶段 k/n 模型对无人集群的多阶段任务可靠性进行分析和计算。设在阶段 m，任务和通信拓扑要求的最低无人装备数分别为 k_m^c 和 k_m^r。实际上，由于任务要求的编队结构不同，k_m^c 和 k_m^r 的大小关系并不确定。而为了保证集群任务的完成，二者的数量要求都需满足，因此阶段 m 中无人装备的最低要求数目为 k_m，满足 $k_m = \max\{k_m^c, k_m^c\}$。基于此，一个面向多阶段任务的无人集群可靠性计算就可以借助 k/n 模型来进行。首先在任务要求和通信拓扑的双重约束下得到所有阶段的无人装备数目要求，组成集合 $K = \{k_1, k_2, \cdots, k_M\}$，其中 M 为任务阶段总数。令 $z_i = k_{M+1-i}$，则 $\{z_1, z_2, \cdots, z_M\}$ 为集合 K 的倒序排列。

设 $y_n = \max\{z_1, z_2, \cdots, z_n\}$，如果 $y_n > y_{n-1}$，即称 z_n 为一个记录值。利用 $\{L_j, j = 1, 2, \cdots, g\}$ 来表示记录值出现的位置，其中 g 为记录值出现的总数。令 $u_j = z_{L_j} (j = 1, 2, \cdots, g)$，则 $\{u_n, n = 1, 2, \cdots, g\}$ 就形成了序列 $\{z_1, z_2, \cdots, z_M\}$ 的高级记录值。由 z_j 的定义可以看出，$u_j = z_{L_j} = k_{M+1-L_j} (j = 1, 2, \cdots, g)$。令 $n_0 = 0$，$n_1 = M + 1 - L_g$，$n_2 = M + 1 - L_{g-1}$，$\cdots$，$n_g = M + 1 - L_1$，所

以 $n_k(k=1,2,\cdots,g)$ 就表示原始序列 $\{k_1,k_2,\cdots,k_M\}$ 出现记录值的阶段位置索引。

集群中的无人装备数目随着任务阶段的推进只会减少不会增多，下一阶段的无人装备数目将依赖上一阶段集群的状态；另外，所有阶段的要求均满足任务需求才算最终完成，因此本节聚焦于需求数目较为特殊的阶段，也就是记录值。例如，在 m 阶段和 $m-1$ 阶段中所需的无人装备最低数量分别为 k_m 和 k_{m-1}，若 $k_m > k_{m-1}$，则直接关注阶段 m 的可靠性。因为若 m 阶段的集群可以满足无人装备数量要求，所以 $m-1$ 阶段的要求一定可以被满足。借助这样一种思想，对一个无人集群的多阶段任务过程可靠性的计算而言，与最低无人装备要求为 $\{k_{n_1}, k_{n_1}, \cdots, k_{n_g}\}$ 的多阶段集群任务等价。

$$k_{n_1} > k_{n_2} > \cdots > k_{n_g}$$
$$k_j > k_{n_r}, n_{r-1}-1 < j \leqslant n_r \quad (r=1,2,\cdots,g)$$

定义 S_i^W 为无人集群在 i 阶段末剩余的可用无人装备数量，设集群任务开始之前投入的无人装备总数量为 n，则在第一阶段末剩余无人装备数量为 j 的可能性为

$$P(S_1^W = j) = C_n^j (1-q_1)^j q_1^{n-j} \tag{9-26}$$

且成功完成第一阶段任务的概率为

$$P(S_1^W \geqslant k_1) = \sum_{j=k_1}^{n} C_n^j (1-q_1)^j q_1^{n-j} \tag{9-27}$$

定义 $B(n,j,q) = C_n^j (1-q)^j q^{n-j}$，则当 $j \geqslant k_1$ 时，$P(S_1^W = j) = B(n,j,q_1)$。为从多阶段任务角度保证整体任务完成的能力，在基于记录值的计算方式下，实际上第一阶段末的完好无人装备数量应大于或等于 k_{n_1}，其概率计算公式为

$$P(S_1^W \geqslant k_1) = \sum_{j=k_{n_1}}^{n} C_n^j (1-q_1)^j q_1^{n-j}$$

令 $p_{i,j} = P(S_i^W = j)$，则当 $h = n_{r-1}+1$，$r=2,3,\cdots,g$ 时，则在第 h 阶段末的状态为 j 的概率可以计算为

$$P(S_h^W = j) = p_{h,j} = \sum_{i=\max\{j, K_{n_{r-1}}\}}^{n} p_{h-1,i} B(i,j,\theta_h) \quad (K_{n_r} \leqslant j \leqslant n)$$

当 $h = n_{r-1}+2 (r=2,3,\cdots,g)$ 时，第 h 阶段末的状态为 j 的概率可以计算为

$$P(S_h^W = j) = p_{h,j} = \sum_{i=j}^{n} p_{h-1,i} B(i,j,\theta_h) \quad (K_{n_r} \leq j \leq n)$$

无人集群的多阶段任务可靠性为所有阶段的任务基线均能满足，因此其可靠度可以计算为

$$R = P(S_M^W \geq K_M) = \sum_{j=K_M}^{n} P(S_M^W = j) = \sum_{j=K_M}^{n} p_{M,j} \quad (9-28)$$

特别地，由于故障检测机制也会发生失效，这导致集群在任务执行过程中发生的一些故障将难以发现。这种情况下，地面决策者将会误以为无人装备仍然具有任务执行能力而进行任务分配或编队指导，进而可能直接导致任务失败。因此，本节定义无人装备失效发生但未发现将直接导致任务失败。设 m 阶段的故障覆盖率为 c_m，定义 $B(n,j,q,c) = C_n^j (1-q)^j (cq)^{n-j}$，令 $t_{i,j} = P(S_i^W = j)$，同理可得到在不完全覆盖下的无人集群多阶段任务可靠性为

$$R = P(S_M^W \geq K_M) = \sum_{j=K_M}^{n} P(S_M^W = j) = \sum_{j=K_M}^{n} t_{M,j} \quad (9-29)$$

9.3.3 无人集群重要度与规模优化方法

由上述分析计算可以明显地看到，无人集群多阶段任务完成的概率与无人集群规模（无人装备数量）密切相关，任务可靠度是初始无人装备数量的函数，有

$$R(x) = \begin{cases} \sum_{j=K_M}^{x} p_{M,j} & \text{（完全覆盖）} \\ \sum_{j=K_M}^{x} t_{M,j} & \text{（不完全覆盖）} \end{cases}$$

式中：x 为无人集群的初始装备数量，然而无人装备的数量并非越多越好。首先，任务可靠性并不一定是初始无人装备数量严格的递增函数；其次，在不完全故障覆盖条件下，过多的无人装备将会使故障不被发现的概率增加，进而降低任务可靠性；最后，过多的无人装备数量势必增加成本和资源投入，不符合经济性要求。为定量衡量无人装备数量变化对任务可靠度的影响，在同时考虑集群数量与可靠度变化的条件下，针对多阶段任务提出基于集群规模的重要度指标。

首先，针对由单一无人装备类型组成的集群，无人集群由相同类型的无人装备组成，其基于集群规模的重要度 $I(x)$ 计算公式为

$$I(x) = \frac{R(x+1) - R(x)}{R(x)} \quad (9-30)$$

该式所表示的含义为：对于单一无人装备类型组成的集群，当无人装备每增加一个时，集群多阶段任务可靠性提升的程度。需要特别注意的是，I 存在小于零的情况，即为无人装备数量的增长有可能造成任务可靠性的下降。

同时，协同合作已经成为无人集群任务执行的必然方向，异构无人集群也越来越多地被应用于实际任务的执行过程。不同类型的无人装备各司其职，协同配合完成某项多阶段任务。例如，在某项集群任务中，需要侦察无人装备进行侦察，打击无人装备进行护航，集群中存在多类无人装备。

集群中的任何一种无人装备数量不满足要求都会导致任务失败，所以从多阶段任务角度来看，不同类型无人装备之间为串联关系。设 E 种不同类型的无人装备 $\{1, 2, \cdots, e, \cdots, E\}$ 共同组成一个集群，且初始投入数量分别为 x_1，x_2，$\cdots$，x_E，各类无人装备的可靠度分别为 R_1，R_2，$\cdots$，R_E，则整个集群的多阶段任务可靠性可表示为

$$R(x_1, x_2, \cdots, x_e, \cdots x_E) = R_1(x_1) \cdot R_2(x_2) \cdot \cdots \cdot R_e(x_e) \cdot \cdots \cdot R_E(x_E)$$

对异构无人集群而言，e 类型无人装备基于集群数量的重要度可以计算为

$$I_e(x_1, x_2, \cdots, x_e, \cdots, x_E) = \frac{R(x_1, x_2, \cdots, x_e + 1, \cdots, x_E) - R(x_1, x_2, \cdots, x_e, \cdots, x_E)}{R(x_1, x_2, \cdots, x_e, \cdots, x_E)}$$

$$(9-31)$$

该式的含义可以表述为：在异构型无人集群中，当每增加一个 e 类型无人装备，多阶段任务可靠性提升的程度。同样地，I_e 也存在小于 0 的值，这意味着对该类型无人装备数量的增加不但不会提升任务可靠性，甚至还会产生相反的影响。

综上所述，决策者希望通过较小的投入来获得更高的任务可靠性，利用尽可能少的资源来尽可能多地提升任务完成的概率。借助重要度 $I(x)$，本书可以对同构集群的数量进行重要度分析，衡量无人装备初始数量变化对任务可靠性的提升程度；而重要度 $I_e(x_1, x_2, \cdots, x_e, \cdots, x_E)$ 可以帮助异构无人集群衡量各个类型无人装备数量变化对系统任务可靠性的影响程度。

对于同构无人集群而言，由于不需要资源的分配，重要度 I 更加侧重于分析投入的无人装备数量是否合理。当重要度 $I(x) < 0$ 时，$R(x)$ 为投入数量 x 的减函数。最优的集群规模 x 出现在 $I(x) = 0$ 处，但由于无人装备

数量整数特征约束，同构集群的最佳无人装备数量 x' 满足：
$$I(x'-1)>0 \text{ 且 } I(x')<0$$

在考虑资源约束条件下，决策者也可以依据该指标看到数量变动的影响，并通过结合一些实际因素做出较为合理的决策。

对异构无人集群而言，面临着资源分配问题，任何一架无人装备的出动都将产生资金成本和维护成本等。因此，在有限资源的约束下，针对异构无人集群提出基于重要度的初始规模确定方式。

目标函数：
$$\max R(x_1, x_2, \cdots, x_e, \cdots, x_E)$$

约束条件：
$$\sum_{i=1}^{E} c_i x_i \leq C \tag{9-32}$$

$$x_i \leq X_i \tag{9-33}$$

$$x_i \geq \max\{k_m^i, m=1,2,\cdots,M\} \tag{9-34}$$

$$x_i \text{ 为整数} \tag{9-35}$$

式中：c_i 为出动一架 i 型无人装备需要消耗的资源数，总资源数为 C，此处并没有确定这一变量的具体含义，在处理特定问题时可以赋予不同的含义，它可以表示人力、物力、财力等现实资源约束，也可以表示可操控的最大集群等技术约束；k_m^i 为在 m 阶段所需 i 类型无人装备的最低数量。

式（9-32）表示消耗资源不能超过规定资源数，式（9-33）表示某类型的无人装备数不能超过所拥有的无人装备总数，式（9-34）表示应具备完成任务的能力。

边际优化算法具有收敛速度快、计算准确等优点，所以被广泛应用于备件的最优库存以及可靠性分配等问题中。在面对这种资源条件限定下的最优决策问题时，相较于遗传算法、粒子群算法这类启发式算法，边际优化算法的求解过程更加直观，有利于决策者对整个优化过程的把握。针对本节中的离散优化模型，可利用边际优化算法进行求解。

借助边际分析的思想，首先在式（9-34）和式（9-35）的最低约束下得到一个初始可行解 $X=(x_1,x_2,\cdots,x_e,\cdots,x_E)$。由于 $I_e(x_1,x_2,\cdots,x_e,\cdots,x_E)$ 表示每增加一个 e 类型无人装备数量时对系统任务可靠性提升的程度，而 c_i 表示出动一架 i 型无人装备需要消耗的资源数，因此本节引入边际分析中消费比的思想。借助式（9-36）对该模型中的投入产出比进行计算：

$$V_e = \frac{I_e(x_1, x_2, \cdots, x_e, \cdots, x_E)}{c_e} \quad (9-36)$$

该式的含义为：增加一架 e 类型无人装备需投入 c_e 的资源，对任务可靠性提升程度为 $I_e(x_1, x_2, \cdots, x_e, \cdots, x_E)$，则投入单位资源对系统任务可靠性的提升程度为 V_e。由此可见，V_e 越大，投入单位资源所得到的提升就越多，管理者希望借助该指标使每次投入都发挥最大效用。特别地，当管理者对成本要求不严格或各机型之间差别不大时，可取 $c_e = 1$，即最终目的为最大化任务可靠度。基于该指标，可得到完整的优化模型求解方式。以无人机集群为例，具体求解过程如图 9.9 所示。

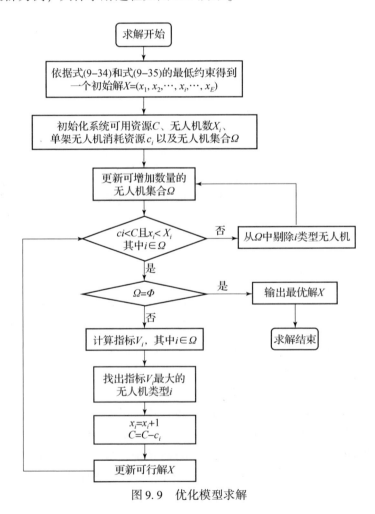

图 9.9 优化模型求解

其中，当 $c_e=1$ 时该求解过程就类似于学习率为 1 的梯度下降法，而寻优方向由重要度指标确定，通过优化模型的求解最终确定各种类型无人装备的初始数量来最大化任务可靠度。通过重要度或基于重要度的投入产出比指导寻优过程的优势在于：可以帮助管理者看到每增加一次投入所产生的效果，保证每步的投入都能效益最大化，整个分析优化过程都在管理者的掌控中。

9.3.4 案例分析

以典型的无人机集群为例，考虑集群任务过程，需要经历起飞、集结、巡航、侦察、打击、返航六个阶段，各个阶段的持续时间与最小无人装备要求数目如表 9.2 所列。

表 9.2 各个阶段数据

阶段	1	2	3	4	5	6
持续时间/s	10	22	24	25	16	8
要求数目/架	35	30	28	31	33	29

根据前文定义得到该情境下的一组记录值为：(35, 33, 33, 33, 33, 29)。假设集群中所有无人机均为同一类型，都由 S_1 无人机机体、S_2 飞控系统、S_3 发射收回系统、S_4 通信系统、S_5 续航系统，以及 S_6 有效负载组成。此处认为所有子系统的寿命服从威布尔分布，有

$$F(t;\alpha,\beta) = 1 - \exp\left\{-\left(\frac{t}{\beta}\right)^{\alpha}\right\}$$

其可靠性参数与所参与任务阶段如表 9.3 所列。

表 9.3 子系统相关信息

子系统	S_1	S_2	S_3	S_4	S_5	S_6
α	2.3	3	2.8	3.1	2	2.4
β	340	320	220	230	300	360
参与阶段	1~6	1~6	1,6	1~6	1~6	3,4

为探究无人机数量对任务可靠度的影响，在上述基础条件下，通过改变无人机数量，并计算集群的任务可靠度得到图 9.10。

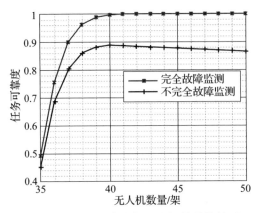

图 9.10 任务可靠度与无人机数量的关系

由图 9.10 可以看到,在完全故障监测条件下,随着无人机数量的增加其任务可靠度不断上升,并最终趋近 1,整个过程中期可靠度呈现上升趋势,上升速度越来越慢。而在不完全故障监测条件下($c=0.985$),随着无人机数量的增长集群的任务可靠度先上升并在无人机数量为 40 架时达到最大,随后不断下降。这是因为在不完全故障监测条件下,集群中因存在未发现的故障而导致任务失败,且随着无人机数目的增多,这类情况的发生概率增加。

因此,为探究故障监测机制对集群任务可靠度的影响,通过调整故障监测概率 c,计算不同监测能力下的任务可靠度变化,如图 9.11 所示。

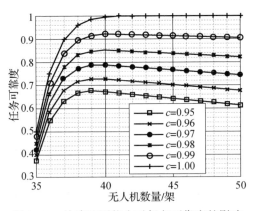

图 9.11 故障监测能力对任务可靠度的影响

由图9.11可知，随着故障监测机制的不断完善，集群的任务可靠度不断上升，可靠度的极值点越来越高。在极值点之后的下降程度越来越平缓，并在故障监测概率为1的时候不再下降。此外，可明显得到故障检测机制的微小改变，即可以对任务可靠度产生十分显著的影响，这直接影响着集群任务的成功概率，因此在设计过程中应在这方面给予重点关注。

然后，进一步了解在无人机数量的变化过程中重要度的变化趋势，以及故障监测的完善与否对这一指标的影响。为此，通过计算不同条件下重要度值得到图9.12。其中，0刻度线的存在是为了更直观地感受重要度值的正负。

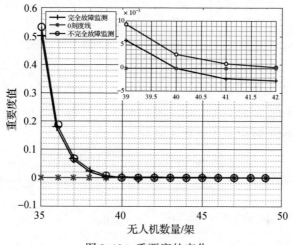

图9.12 重要度的变化

通过图9.12，可直观看到故障监测条件对重要度值的影响并不大，二者几乎重合，即在不同条件下虽然无人装备数量的改变对可靠度绝对值的提升有差别，但提升的程度较为接近，这也从侧面反映了重要度应用在这一条件下的合理性。随着无人机数量的增加，其对可靠度的提升程度越来越小。

但是二者又有着本质的区别。通过放大图可以看出，在集群数量为40时：在故障监测机制完善的条件下，虽然其重要度无限靠近0但始终处于0的上方，这表明虽然无人机数目的增多不能造成有效提升，此时增加投入已经不合理但并不会危害任务的完成。而在故障监测机制不完善时，存在重要度处于0下方的情况，这表明过多的无人机数量将造成任务成功概率的降低。

对于基于重要度的异构无人机数量分配，选取一个较小规模的集群任务作为案例进行分析。

设某一任务共经历发射、集结、侦察、打击、返航五个阶段，共需三种无人机参与。侦察型无人机负责探究战场状况，打击型无人机打击指定目标区域，反辐射无人机保证集群任务执行时不受电磁干扰，在任务执行的各个阶段均需要一定量无人装备参与任务。各个阶段需要的无人装备数如表9.4所列。

表9.4 各个阶段需要的无人装备数 （单位：架）

阶段	1	2	3	4	5
侦察型无人机	25	21	23	24	20
打击型无人机	23	17	20	22	19
反辐射无人机	8	4	5	6	5

假设故障检测机制完善，同一类型的无人机寿命规律相同，统计各个阶段内无人机的失效概率如表9.5所列。

表9.5 各个阶段内无人机的失效概率

阶段	1	2	3	4	5
侦察型无人机	0.0124	0.0157	0.0184	0.0205	0.0046
打击型无人机	0.0018	0.0037	0.0102	0.0139	0.0043
反辐射无人机	0.0046	0.0069	0.0124	0.0158	0.0097

该项任务中各类型无人机参与数目并不算多，此处以控制技术为限制，地面指挥中心最多可同时对59架无人机进行控制。

不同类型无人机的增长都会带来任务可靠度的增长，但是增长程度并不同，因此在确定无人机数量的时候，确实需要权衡到底将资源分配到何种无人机上。上文所提的优化方法对最优数目进行确定，并与给定初始解后的随机优化进行对比，优化结果与优化分析过程分别如表9.6和图9.13所示。

表9.6 优化结果

优化方法	重要度指导	随机1	随机2	随机3
无人机组成	[25,25,9]	[26,23,10]	[28,23,8]	[24,23,12]
任务可靠度	0.996118	0.912706	0.902262	0.883974

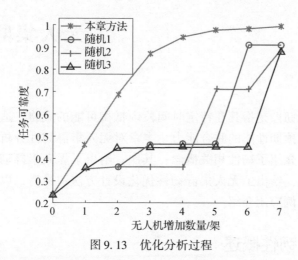

图9.13 优化分析过程

由表9.6可知不同优化方法的最终结果存在一定差距,在重要度指导下的寻优效果要好于随机增加无人机数量。值得一提的是,这一结果还是在初始解给定的条件下进行的,且优化的过程很短,已经产生了较为明显的差距。如果不给定初始解,且集群更加庞大的时候,将产生更多的无人机数量组合方式,两种方法的结果差距将更加明显。

本书所提方法的一个优势就在于确保优化的每一步都能保证资源的效益最大化,重要度指导下对任务可靠度的提升的每一步都要优于随机优化过程。同时,这有利于管理者清楚地知道投入带来的效益怎样,以及当前的集群任务可靠度已经到达何种程度。

第 10 章
无人集群韧性

　　无人集群韧性是指其在特定时间段内抵御可能的威胁、适应破坏性事件，并恢复其预期性能的联合能力。本章对无人集群韧性分析方法进行了介绍，首先，介绍了韧性相关概念；其次，给出了无人集群韧性建模与分析方法；再次，给出了无人集群韧性优化设计方法；最后，以无人机集群为例进行了案例应用介绍。

10.1　韧性概述

10.1.1　韧性定义

　　"韧性"一词源于拉丁语"resiliere"，意思是"反弹"。1973 年，Holing 率先提出了韧性的概念，将其作为系统吸收其状态和驱动变量变化的度量。随着全球化和连通性的发展，自然灾害和人为灾害的影响可能不再受地理因素限制。破坏变得更加频繁且不可预测。因此，韧性的概念也逐渐被应用到工程和其他商业领域，在生态学、心理学、社会学、公共管理等诸多研究领域得到了广泛应用。例如，Leveson 提出了基于系统安全工程的事故发生模型，奠定了韧性工程的基础。对于其内涵，Hosseini 从组织、社会、经济和工程四个领域描绘和定义了韧性的概念。此外，一些学者提出了跨学科韧性的普适定义。Pregenzer 将韧性定义为衡量系统吸收持续和不可预测变化并维持其重要功能的能力。Henry 和 Ramirez‐Marquez 将系统韧性定义为与时间相关的可量化度量。为了适应具体的系统和场景，一些作者对"韧性"做了进一步的丰富和解释。表 10.1 为韧性的一些典型定义，不难看出，对功能或性能的"抵抗"、"适应"和"恢复"是系统韧性的关键方面。因此，目前对韧性指标的研究主要集中在系统性能退化和恢复上，可分为两类：确定性指标和概率指标。对于韧性的定义，目前还没有达成共识。但是，关于韧性的优化、设计和分析的研究不断发展。

表 10.1　典型韧性定义

年份	研究人员	定义
1988	Wildavsky	韧性是在非预期危险出现之后予以应对并进行恢复的能力
1996	Grotberg	韧性是一种使得人员、组织或团体免受、减少或克服负面影响的通用能力
2003	Bruneau	定义了韧性的四个维度：(1) 鲁棒性，系统阻止伤害传播的能力；(2) 迅捷性，当破坏性事件发生后，系统恢复至初始状态或至少可接受的功能水平的速度；(3) 资源充沛性，利用物资与人力资源响应破坏性事件的能力水平；(4) 冗余性，系统为降低破坏性事件影响与发生概率所采取措施的程度与范围
2006	Hollnagel	韧性是系统在发生变化或扰动之前、之中或之后调整其功能，在即使是一个重大事故或持续的压力之下仍能维持所需运行能力的一种固有属性
2009	Woods	韧性作为适应能力的一种形式，是当发生信息改变、环境变更、新事件或任何对之前模型、假设提出挑战时，系统做出适应性动作的潜质
2015	Woods	四个方面定义韧性：(1) 从创伤中恢复到平衡态；(2) 与鲁棒性同义；(3) 作为脆性的对立面，即当意外影响到系统边界时仍具有良好的延展性；(4) 随着环境变化，网络架构能够保持适应意外情况发生的能力

10.1.2　无人集群韧性定义

无人集群是典型的具有动态重构特征的集群，随着其规模和能力需求的增加，其对组成系统的功能需求在不断提升。而且，随着无人集群各组件资源支撑对象的增多，以及相应的系统状态空间的大幅增长，其各个功能、资源之间的关联关系更为复杂。在系统工程或体系工程研究领域，动态重构更多地被理解为一种软/硬件冗余技术的拓展，即利用不同的集群结构和接口的重组能力来保障和支持系统或集群面对干扰的抵御和恢复能力。随着对动态重构技术的深入研究，越来越多的系统或者集群被发现具备该能力，它们能够在自身故障、失效或遭受人为的、有目的的、恶意的攻击等情况下，通过动态重构对集群资源和能力进行重构，使其在干扰情况下持续、良好、有效运行，并完成任务使命。因此，动态重构可以说是集群通过调整自身资源配置而面对故障或干扰的动态响应机制，也是集群实现韧性的手段之一。

综合上述分析，将动态重构定义为：集群或系统通过调整其自身资源和结构配置来响应环境中的不同情况以改变其状态的能力。

动态重构定义中的环境条件变化可以理解为集群的规定时间、规定条件、规定任务以及战场环境等的变化。将动态重构作为无人集群韧性研究的输入，分析无人集群在动态重构下的韧性是如何变化的。韧性主要源于集群的组织和拓扑的结构属性，它能够帮助集群规避致命损害、在扰动中存活、从故障和失效中恢复，从而继续完成集群的任务使命。可以说，无人集群韧性的本质就是其在遭受内外部干扰后的动态重构。根据集群结构特点与韧性机理，对集群韧性的定义如下：

无人集群在遭受内外部干扰（内部干扰是指系统或设备自身的故障、失效；外部干扰是指遭受人为的、有目的性的恶意攻击和环境条件变化）的情况下，通过动态重构调整集群的资源配置模式，从而保持继续完成任务使命的能力。

10.1.3 韧性评价方法

1. 定性评价方法

在进行韧性分析时，定性评价方法不借助具体数据，主要通过明确韧性研究的概念框架、分析韧性的影响要素对系统或社区的韧性进行定性分析，该方法目前常用于对社会生态系统和基础设施集群进行韧性分析。国外学者提出了一个用于分析社区或城市韧性的定性评估框架，并按照下述步骤对社区或城市进行韧性评估：①确定社区保持运行的基本需求；②确定社区可能遭遇的经济、技术、政治和社会环境等风险类型；③预判风险将如何影响社区，并明确预防或最大化降低风险影响的行动方案；④若无法规避风险，提前确定处理影响的应急预案。Baek 提出了分析社区韧性的社会技术框架，旨在通过设计技术系统来提升社会系统的韧性。在此基础上，韧性联盟建立了一个通用的社会生态系统韧性评估框架，该框架由 7 个步骤组成：①定义与了解评估对象；②明确韧性评估的范围与边界；

③明确系统驱动力与内外部干扰;④识别系统关键要素,包括人员与管理;⑤建立必要恢复活动的概念模型;⑥实施步骤⑤,并向决策者汇报;⑦合并先前步骤的发现。另外,Labaka 通过与多个管理组织紧密合作提出了一种全面韧性框架,该框架由两种韧性组成,即韧性策略及子策略的内部韧性和外部韧性。Patterson 则更进一步地明晰了实现药物输送系统韧性的三个关键要素:①先进的信息可视化技术;②基于场景的治疗与评估方案;③以需求为牵引的团队合作。综上所述,定性评价研究从关注辨析特定领域的概念框架,逐步转向关注通用的系统韧性评估框架流程和管理及技术解决方案的研究与应用。

2. 半定量评价方法

半定量评价是指以从主观的方式获取数据来进行韧性评价。半定量评价通常通过分析韧性的多个属性和维度,明确韧性的影响因素,然后利用问卷调查或领域专家评分得出各韧性要素或维度的评分,最后构建模糊数学或综合评价模型对韧性进行评价。

通过将韧性分析网格(analysis grid)与层次分析法相结合的方式评估复杂社会技术系统中的组织韧性。同时,建立一个结构框架来定义和衡量不同层次的韧性配置,以识别系统的优缺点,提高系统的适应性。总体来说,在多个领域中,通过对韧性的属性和影响因素进行赋分及建模统计的半定量评价,韧性评估的结果得以更直观、明确、方便地呈现和运用,但评价的结果受评价人员主观意志影响较大。

3. 定量评价方法

韧性定量评价方法通过构建系统或集群的韧性量化指标或结构模型,再利用实际或仿真得到的数据对韧性进行量化。主要通过通用韧性指标和基于结构模型的两种韧性定量评价方法,可以将韧性评价结果较为直观地呈现,也有利于对同类系统的韧性进行分析和对比。

Henry 等提出了一种经典韧性过程系统状态转移图,如图 10.1 所示,其揭示了系统在遭遇破坏性事件的事前、事中、事后的抵御、适应和恢复过程,十分恰当地阐述了系统的韧性过程。同时,他们将系统韧性定义为一个时间相关的函数 $я(t)$,并给出了韧性的计算公式。在已知系统性能函数 $F(t)$ 的情况下,利用系统状态转移过程对韧性进行量化,并根据系统性能状态变化将韧性过程分为三个阶段,即抵御阶段:从 t_0 到 t_e 为系统处于稳定工作状态、性能保持初始状态不变的阶段;适应阶段:从 t_e 到 t_d 为系统遭遇破坏性事件后进行性能降级,以及适应干扰带来的影响使系统性能先下降后保持稳定的阶段；恢复阶段：从 t_s 到 t_f 为系统适应干扰后采取恢复措施对系统性能进行恢复的阶段，性能可能恢复到初始值或低于初始值，最终达到新的稳态。针对此韧性过程，给出了韧性度量公式如下所示：

$$Я_F(t_r|e_j) = \frac{F(t_r|e_j) - F(t_d|e_j)}{F(t_0) - F(t_d|e_j)} \quad (\forall e_j \in D) \quad (10-1)$$

式中：$Я_F(t_r|e_j)$ 表示在 t 时刻系统所具有的韧性；$F(t_r|e_j)$ 表示在破坏性事件 e_j 下，系统在 t_r 时刻的性能；$F(t_0)$ 表示系统初始运行时刻的性能；D 为破坏性事件的集合。

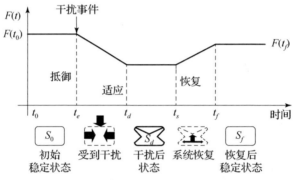

图 10.1　经典韧性过程系统状态转移图

Bruneau 于 2003 年提出了韧性三角形模型。基于韧性三角模型定义了民用基础设施韧性的鲁棒性、迅捷性、资源充分性和冗余性的四个特性，并提出了一种韧性的确定性静态度量方法，用于测量社区韧性在面临地震时的损失，如图 10.2 所示。目前，该模型已经被广泛应用到复杂交通网络韧性、组织机构韧性等众多领域。

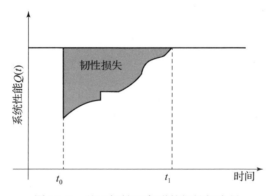

图 10.2　基于韧性三角形的韧性损失量

其后，Zobel 对原有的韧性三角形模型进行了扩展。当恢复速率为线性变化时，图 10.3 中面积表示因特定灾难发生而导致系统随时间变化的韧性损失量，则通过计算在时间间隔 $[0, T^*]$ 内的性能损失百分比来计算韧性，如下所示：

$$R(X, T) = \frac{T^* - XT/2}{T^*} = 1 - \frac{XT}{2T^*} \quad (X \in [0, 1], T \in [0, T^*]) \quad (10-2)$$

式中：$R(X, T)$ 表示系统韧性；X 为系统性能损失的百分比；T 表示恢复"正常"运行所需时间，不同 X 和 T 的组合可能会具有相同的面积，即可得到相同的韧性值。

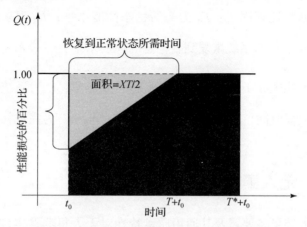

图 10.3　单次灾难性事件韧性三角形扩展模型

另外，Henry 等提出的与时间相关的可量化韧性度量方法对应于一个特定的度量图，并在破坏性事件下对某个时间段的韧性进行评估。Dessavre 等建立的新的韧性模型和可视化分析工具，通过扩展现有的与时间相关的韧性功能，提高了表征复杂系统韧性行为的能力。Hosseini 等使用静态贝叶斯网络模拟基础设施韧性，并以内陆水路港口为例来验证所提出方法的正确性与有效性。

冯强等提出了一种考虑内部退化和外部冲击情况下基于元结构的韧性设计方法。首先，该韧性设计方法提出了基于系统附加性能的韧性度量方法，然后引入 1 个一级元结构和 2 个二级元结构分别对同构系统单元和异构系统单元进行韧性建模，并在提出直接影响韧性的设计因素的同时给出元结构韧性评价方法。

Francis 等对韧性的各种定义和评估方法进行综述，并提出了一种韧性

分析指标和框架,其中包含三种韧性能力,即自适应能力、吸收能力和恢复能力。而动态韧性评价指标为

$$\rho_i(S_p, F_r, F_d, F_0) = S_p \frac{F_r}{F_0} \frac{F_d}{F_0} \quad (10-3)$$

其中

$$\begin{cases} S_p = \left(\dfrac{t_\delta}{t_r^*}\right) \exp[-a(t_r - t_r^*)] & (t_r \geqslant t_r^*) \\ S_p = \dfrac{t_\delta}{t_r^*} & (t_r < t_r^*) \end{cases} \quad (10-4)$$

式中:S_p 为恢复速率因子;F_0 为初始稳态性能水平;F_d 为系统遭遇干扰后的性能水平;F_r 为系统恢复到新稳态的性能水平;$\dfrac{F_r}{F_0}$ 表示系统自适应能力;$\dfrac{F_d}{F_0}$ 表示系统吸收干扰能力;a 为控制衰减参数;t_δ 为系统遭遇干扰后最大可接受恢复时间;t_r 为最终恢复至稳态时间;t_r^* 为完成初始恢复措施时间。

10.2 无人集群韧性分析

由于无人装备各要素及其通用质量特性对无人集群整体韧性贡献度有较大差距,且随着时间推移、空间变换,集群内部的薄弱环节和关键部件相应变化,遭受外部冲击导致性能下降的程度不同,这导致分析无人集群韧性以及相关的脆弱性、恢复性,进而改进或优化设计更加困难。以无人机集群为例,假设编队的无人装备数量为 N,第 i 架无人机位置特征表达式为

$$\begin{cases} \dot{x}_i = v_i \cos\gamma_i \cos\chi_i \\ \dot{y}_i = v_i \cos\gamma_i \sin\chi_i \\ \dot{z}_i = v_i \sin\gamma_i \end{cases} \quad (10-5)$$

式中:$\dot{x}_i$、$\dot{y}_i$、$\dot{z}_i$ 为第 i 架无人机位置坐标;v_i 为其飞行速度;γ_i、χ_i 分别为该无人机的飞行路角和航向角,运动特征的计算公式为

$$\begin{cases} \dot{v}_i = \dfrac{T_i - D_i}{m_i} - g\sin\gamma_i \\ \dot{\gamma}_i = \dfrac{g}{v_i}(n_i\cos\theta_i - \cos\gamma_i) \\ \dot{\chi}_i = \dfrac{gn_i\sin\theta_i}{v_i\cos\gamma_i} \end{cases} \quad (10-6)$$

式中：推力 T_i、载荷因子 n_i 和倾斜角 θ_i 表示外环变量并被选为各无人机的控制输入；D_i 为气动阻力；m_i 为第 i 个机质量；g 为重力加速度。考虑一个非线性系统，该系统以标准形式来描述第 i 个无人机的运动，可表示为 $\dot{x}(t) = f(t, x_i(t), u_i(t))$，其中状态变量 $\boldsymbol{x}_i = [v_i, \gamma_i, \chi_i, x_i, y_i, z_i]^{\mathrm{T}} \in \Re^6, \forall i \in \{1, 2, \cdots, N\}$，控制输入参数 $\boldsymbol{u}_i = [u_{i1}, u_{i2}, u_{i3}]^{\mathrm{T}} \in \Re^3, \forall i \in \{1, 2, \cdots, N\}$ 包括推力 T_i、载荷因子 n_i 和倾斜角 θ_i。因此，本章中无人集群数学模型采用复合状态空间形式描述为 $\dot{X}(t) = f(t, X_i(t), U_i(t))$。

编队结构的状态可表示为 $\boldsymbol{X} = [x_1, x_2, \cdots, x_N]^{\mathrm{T}} \in R^{6 \cdot N}$，连续控制输入因素 $\boldsymbol{U} = [u_1, u_2, \cdots, u_3]^{\mathrm{T}} \in \Re^{3 \times N}$。给定一组连续的控制输入 U 和初始状态 $X(0) = X_0$，在任何时间 $t \in (0, T]$ 内形成的状态都可确定为

$$X(t) = X(0) + \int_0^t f(\tau, X(\tau), U(\tau)) \mathrm{d}\tau \quad (10-7)$$

基于式（10-7），可以得到：在初始状态给定的条件下，任意时刻 t 的状态可由 U 单独表示为 $X(t \mid U)$。为最大化集群韧性，已有学者给出了无人机集群重构过程的轨迹优化方案，具体优化模型目标函数和约束条件标准形式如下所示：

$$J(U) = \Phi_0 X(T \mid U) + \int_0^T L_0(t, X(t \mid U), U(t)) \mathrm{d}t$$

同时，有

$$g_i(U) = \Phi_i X(\tau_i \mid U) + \int_0^T L_i(t, X(t \mid U), U(t)) \mathrm{d}t \quad (\forall i \in \{1, 2, \cdots, M\})$$

式中：T 为结构重组的时间，也就是系统维修的持续时间。因此，重构的优化问题可以表示为：以重要度为导向，设定最终的目标结构，并依据优化模型找到一组合适的连续控制输入 U 和结束时间 T 实现集群韧性 R 最大化：

$$\max R$$

s.t 以下约束条件需要满足：

$$\begin{cases} U_{\min} \leqslant U(t) \leqslant U_{\max}, \forall\, t \in [t_0, t), t > 0 \\ g_i(U, \Delta t) = \sum_{i=1}^{N} \left[\Delta x(T) - x_i^m \right]^2 + \left[\Delta y(T) - y_i^m \right]^2 + \left[\Delta z(T) - z_i^m \right]^2 \\ D_{\text{safe}} \leqslant d_{i,j} \leqslant D_{\text{comm}} \end{cases}$$

其中，$\Delta x(T) = x_i(T) - x_m(T)$，$\Delta y(T) = y_i(T) - y_m(T)$ 和 $\Delta z(T) = z_i(T) - z_m(T)$ 为节点 i 处的无人机与集群中心之间 m 的位置差，$m \in \{1, 2, \cdots, N\}$；$[x_i^m, y_i^m, z_i^m]$ 为修复过程结束后节点 i 处的无人机相对集群中心 i 的位置坐标；$d_{i,j} = \sqrt{[x_i(t) - x_j(t)]^2 + [y_i(t) - y_j(t)]^2 + [z_i(t) - z_j(t)]^2}$ 为任意两个节点 i 和 j 处无人机之间的距离；D_{safe} 和 D_{comm} 分别为安全的防撞距离和最大通信距离。通过对优化模型进行求解就可以得到集群结构的恢复过程。

上述分析给出了无人集群重构过程的仿真方法，在此基础上，给出基于整体性能变化的无人集群重要度分析方法。以无人机集群为例，具体分析过程如图10.4所示。

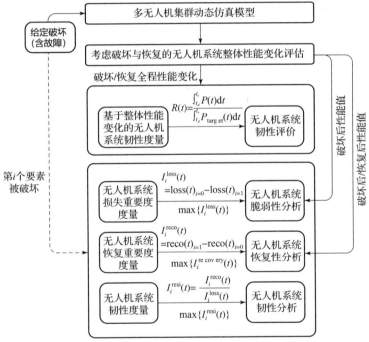

图10.4 基于整体性能的无人集群重要度分析技术方案

以无人机集群为例，若将无人机集群中的各个无人机看作节点，假设各节点之间的通信链路是双向的，可借助无向图对其集群结构进行描述，集群结构与无向图之间的映射关系如图 10.5 所示。

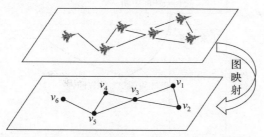

图 10.5　无人机集群结构与无向图之间的映射关系

所有无人机组成一个顶点集，即 $V=\{v_1,v_2,\cdots,v_n\}$，将不同无人机之间的关联关系抽象为边，定义边集合 E，如果 $\{v_i,v_j\}$ 之间存在连接关系则 $\{v_i,v_j\}\in E$，无人集群结构可抽象为一个无向无环的简单图 $G=\{V,E\}$。由于无人装备在任务执行过程中无法进行维修，因此当某一节点遭受扰动或打击导致无法继续执行任务时，便将相应节点看作故障并剔除。借助优化模型并通过结构重组方式，对无人集群中遭受损伤的节点进行维修，以最大限度保证集群性能，破坏与恢复过程如图 10.6 所示。其过程可描述为

无人集群在任务执行过程中面临着多种破坏方式，如敌人的随机打击和蓄意攻击、

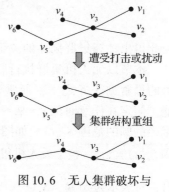

图 10.6　无人集群破坏与恢复过程

任务环境的变化以及自身部件的状态改变等都有可能造成无人装备的损毁或性能下降。无人集群韧性就是指在部分无人装备节点/链路发生毁伤或性能降级后，经过动态重构后仍然能恢复至可以完成任务的能力。因此，建立面向无人集群毁伤与恢复过程的韧性模型，如图 10.7 所示。式中：$P_{\text{target}}(t)$ 表示无人集群正常运行需达到的整体性能水平，在 t_d 时刻系统遭受攻击导致集群性能降低，并在 t_d 至 t_m 的破坏阶段下降至 $P(t_m)$；之后，以结构重组的方式对无人集群进行性能恢复，在 t_r 时刻恢复到 $P(t_r)$。一般来说，$P(t_m)\leqslant P(t_r)\leqslant P_{\text{target}}(t)$，此外，由于无人集群的时空动态特征，$P_{\text{target}}(t)$ 可能随时间、空间发生变化。

基于上述韧性模型，以性能变化为依据给出同时考虑破坏时间、破坏程度、恢复时间与恢复程度的韧性度量：

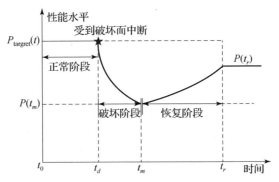

图 10.7 无人集群性能变化示意图

$$R(t) = \frac{\int_{t_d}^{t_r} P(t) \mathrm{d}t}{\int_{t_d}^{t_r} P_{\text{target}}(t) \mathrm{d}t} \quad (10-8)$$

由此得出计算集群韧性的关键为如何度量集群整体性能。

本节以无人机集群执行联合侦察任务为例，联合侦察任务作为无人集群的最常见任务之一，通常采用整个机群所覆盖侦察面积来表述集群性能。假定在任意时刻 t，某一无人机集群所能侦察到以自身为圆心，以 r 为半径的圆的范围 $S_i(t)$，如图 10.8 所示。

则 $S_i(t) = \pi r^2$，整个无人机集群的任务性能为集群所能侦察到所有面积的集合，可表示为 $S(t) = S_1(t) \cup S_2(t) \cup \cdots \cup S_n(t) = \bigcup_{i=1}^{N} S_i(t)$，如图 10.9 所示。

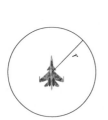
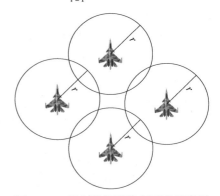

图 10.8 无人机侦察面积示意图　　图 10.9 无人机集群侦察面积示意图

因此，在这些情况下可将无人机集群性能定义为：当前覆盖区域与初始值的比例，计算公式为

$$P(t) = \frac{S(t)}{S(t_0)} \quad (t>0) \tag{10-9}$$

其中，$P(t)$ 的范围为 $(0,1]$，可以表述系统各个时刻的系统性能与初始值的差距。

进一步，关注系统哪些部分被破坏后，对其韧性影响最大，有时也会具有脆弱性分析（哪些节点更容易被破坏）和恢复性分析（哪些节点的恢复效果更佳）需求，从而实现韧性的设计改进。为此，本节给出了基于重要度的韧性提升分析方法。

假设无人机集群由 n 个无人机组成一个无向无环的图 $G = \{V, E\}$，则无人机集群性能水平由这 n 个无人机的侦察面积和通信状况决定。假设 $x_i(t)$ 为节点 i 处的无人机状态，则无人机集群性能水平可以表示为 $x_i(t)$ 的 n 元函数。把要素 i 划分为两个状态，$x_i(t) = 1$ 表示节点 i 处的无人机正常工作，$x_i(t) = 0$ 表示节点 i 处的无人机不可用。

整个韧性过程由破坏扰动阶段和恢复阶段两阶段组成，需要按时间段依次进行分析。首先，对扰动阶段分析系统的脆弱性；其次，对恢复阶段分析系统的恢复性；最终，对无人机集群韧性进行分析。

脆弱性：因节点 i 处的无人机遭受干扰而导致无人机集群整体性能下降时，系统在破坏阶段 $[t_d, t_m]$ 内的损失程度 $\text{loss}(t)$ 与破坏时间 t 可分别表示为

$$\begin{aligned}\text{loss}(t) &= P_{\text{target}}(t) - P(t_m) \\ &= f_l(x_1(t), x_2(t), \cdots, x_n(t))_{x_i(t)=1} - f_l(x_1(t), x_2(t), \cdots, x_n(t))_{x_i(t)=0}\end{aligned} \tag{10-10}$$

基于 Birnbaum 重要度的思想，节点 i 的损失重要度可按下式计算，该重要度表示节点 i 处无人装备状态变化对无人系统整体性能损失的影响程度。无人集群性能的总损失为

$$\text{LOSS} = \int_{t_d}^{t_m} [P_{\text{target}}(t) - P(t)] \mathrm{d}t \tag{10-11}$$

损失重要度计算公式为

$$I_i^{\text{loss}} = \frac{\int_{t_d}^{t_m} [P_{\text{target}}(t) - P(t)] \mathrm{d}t}{\int_{t_d}^{t_m} P_{\text{target}}(t) \mathrm{d}t} \tag{10-12}$$

因为脆弱性考虑破坏过程，即整体性能水平损失情况，可通过比较所有要素的损失重要度 I_i^{loss}，分析系统脆弱性，则 $\max\{I_i^{\text{loss}}, i=1,2,\cdots,n\}$ 表示对无人机集群脆弱性影响最大的要素。

恢复性：为了对无人机所处节点进行修复而进行集群结构重组时，集群在恢复阶段$[t_m, t_r]$内的恢复程度$\text{reco}(t)$与恢复时间可以分别表示为

$$\begin{aligned}\text{reco}(t) &= P(t_r) - P(t_d) \\ &= f_r(x_1(t), x_2(t), \cdots, x_n(t))_{x_i(t)=1} - f_r(x_1(t), x_2(t), \cdots, x_n(t))_{x_i(t)=0}\end{aligned} \quad (10-13)$$

同理，节点i的恢复重要度可按式（10-14）定义，该重要度表示在节点i遭受破坏后，通过运动轨迹调整和集群结构重组的方式进行非完好性修复时，修复与否对系统性能恢复的影响程度，无人机集群恢复的总性能可表示为

$$\text{RECO} = \int_{t_m}^{t_r} [P(t) - P_d(t)] \mathrm{d}t \quad (10-14)$$

恢复重要度为

$$I_i^{\text{reco}} = \frac{\int_{t_m}^{t_r} [P(t) - P_d(t)] \mathrm{d}t}{\int_{t_m}^{t_r} P(t) \mathrm{d}t} \quad (10-15)$$

恢复性主要考虑恢复过程，即整体性能恢复水平，可通过比较所有要素的恢复重要度I_i^{reco}，分析系统恢复性。则$\max\{I_i^{\text{reco}}, i=1,2,\cdots,n\}$表示对无人机集群恢复性影响最大的要素。

韧性重要度：在此基础上，同时考虑破坏和恢复过程，通过节点i的恢复重要度与损失重要度定义集群结构中节点i的韧性重要度为

$$I_i^{\text{resi}} = \frac{I_i^{\text{reco}}}{I_i^{\text{loss}}} = \frac{\int_{t_m}^{t_r} [P(t) - P_d(t)] \mathrm{d}t \cdot \int_{t_d}^{t_m} P_{\text{target}}(t) \mathrm{d}t}{\int_{t_m}^{t_r} P(t) \mathrm{d}t \cdot \int_{t_d}^{t_m} [P_{\text{target}}(t) - P(t)] \mathrm{d}t} \quad (10-16)$$

通过比较所有要素的韧性重要度I_i^{resi}，对系统韧性进行分析。$\max\{I_i^{\text{resilience}}(t), i=1,2,\cdots,n\}$表示对无人机集群韧性影响最大的要素。

综上所述，在进行无人集群损失重要度、恢复重要度和韧性重要度的仿真分析后，可得到无人集群中的薄弱环节和关键部件。在此基础上，综合考虑多种任务模式，给出无人装备在遭受敌方干扰、攻击造成部分节点毁伤或性能降级后的无人集群拓扑结构优化方案。

同时，在任务执行前对特殊位置的无人装备进行冗余设计、重点防护，在任务执行中进行重点观测；另外，在对敌机进行打击时，以这些指标为依据，可付出较小的攻击代价获得期望的杀伤效果。

10.3　无人集群韧性优化设计

10.3.1　无人集群关键节点防护

在无人装备执行任务之前的任务准备阶段，为提高无人集群任务完成的可能性，往往要对无人装备进行保障工作，但保障资源以及时间总是有限的，所以如何安排维护顺序并合理利用资源就成为一个关键问题。从韧性角度考虑，可利用有限资源对集群结构中关键节点进行预防性维护，提升其在任务执行过程中的抗干扰能力。针对该问题，可以利用韧性重要度挖掘集群关键节点，使有限的资源发挥最大的作用，较高程度地提升无人集群韧性。

假设，同一无人集群中的节点遭受扰动时的破坏规律相似，若借助指数分布描述该性能降级过程，在扰动阶段无人集群的性能可表示为

$$P_{\text{down}}(\lambda,t) = e^{-\lambda t} \quad (10-17)$$

预防性维护的作用就体现在对参数 λ 的改变上，在同一扰动的影响下，有效的预防性维护可以改变对无人装备的破坏速度。甚至在破坏较小或者脆弱性较好的情况下，扰动并不能对无人装备造成完全破坏，无人集群可以不进行修复而继续执行任务。

同样地，抗扰动能力较好的无人装备的韧性重要度会降低，进而降低对该无人装备维护的必要性。

定理 10-1　通过预防性维护使某一节点处无人装备在扰动阶段的破坏速率由 λ 减小至 λ_h 时，则该无人装备韧性重要度降低 $I^{\text{resi}}_{(i,\text{before})} > I^{\text{resi}}_{(i,\text{after})}$，无人集群韧性提升 $R(\lambda) < R(\lambda_h)$。

证明：在当前破坏规律条件下，设扰动持续时间 $T = t_m - t_d$ 无人集群的性能损失和损失重要度可分别表示为

$$\begin{cases} \text{LOSS}(t) = \int_{t_d}^{t_m} [P_{\text{target}}(t) - P(t)] \mathrm{d}t = \int_{t_d}^{t_m} [1 - e^{-\lambda(t-t_d)}] \mathrm{d}t \\ \qquad\qquad = \int_0^T (1 - e^{-\lambda t}) \mathrm{d}t = T + \dfrac{1 - e^{-\lambda T}}{\lambda} \\ I_i^{\text{loss}}(\lambda) = \dfrac{\int_{t_d}^{t_m} [P_{\text{target}}(t) - P(t)] \mathrm{d}t}{\int_{t_d}^{t_m} P_{\text{target}}(t) \mathrm{d}t} = 1 + \dfrac{1 - e^{-\lambda T}}{T\lambda} \end{cases}$$

$$(10-18)$$

对损失重要度求导可得

$$\frac{\partial I_i^{\text{loss}}}{\partial \lambda} = \frac{\lambda T e^{-\lambda T} - (1 - e^{-\lambda T})}{T\lambda^2} = \frac{(1+\lambda T)e^{-\lambda T} - 1}{\lambda^2} < 0 \quad (10-19)$$

即性能损失函数对破坏速率 λ 的一阶偏导数小于 0。

当在节点 i 处的无人装备所投入的预防性维护资源增多时，破坏速率 λ 降低至 λ_d，有

$$I_{(i,\text{before})}^{\text{loss}}(\lambda) < I_{(i,\text{after})}^{\text{loss}}(\lambda_d) \quad (10-20)$$

而预防性维护并不能改变任务过程中集群的恢复过程，有

$$\begin{cases} I_{(i,\text{before})}^{\text{reco}} = I_{(i,\text{after})}^{\text{reco}} \\ \dfrac{I_{(i,\text{before})}^{\text{reco}}}{I_{(i,\text{before})}^{\text{loss}}} > \dfrac{I_{(i,\text{after})}^{\text{reco}}}{I_{(i,\text{after})}^{\text{loss}}} \end{cases} \quad (10-21)$$

则

$$I_{(i,\text{before})}^{\text{resi}} > I_{(i,\text{after})}^{\text{resi}} \quad (10-22)$$

通过增加对某一无人装备预防性维护资源的投入，可在降低无人装备失效速率的基础上，降低该无人装备的韧性重要度。与此同时，恢复过程不变，假设恢复阶段 $t_r - t_m = T_0$，$\int_{t_m}^{t_r} P(t)\mathrm{d}t = E$ 都为定值，则可得韧性值为

$$R(\lambda) = \frac{\int_{t_d}^{t_r} P(t)\mathrm{d}t}{\int_{t_d}^{t_r} P_{\text{target}}(t)\mathrm{d}t} = \frac{\int_{t_d}^{t_m} P(t)\mathrm{d}t + \int_{t_m}^{t_r} P(t)\mathrm{d}t}{\int_{t_d}^{t_r} P_{\text{target}}(t)\mathrm{d}t} = \frac{\int_0^T e^{-\lambda t}\mathrm{d}t + E}{T + T_0}$$

$$= \frac{(1 - e^{-\lambda T}) + E\lambda}{(T + T_0)\lambda} \quad (10-23)$$

同样地，进一步给出 λ 改变对韧性性能的影响，对 $R(\lambda)$ 求导可得

$$\frac{\partial R}{\partial \lambda} = \frac{(Te^{-\lambda T} + E)(T + T_0)\lambda - (T + T_0)(E\lambda + 1 - e^{-\lambda T})}{[(T+T_0)\lambda]^2} = \frac{(T\lambda + 1)e^{-\lambda T} - 1}{(T+T_0)\lambda^2} < 0 \quad (10-24)$$

所以无人装备自身在面对扰动时的破坏速率 λ 降低至 λ_d 时，集群韧性会提高，有

$$R(\lambda) < R(\lambda_d) \quad (10-25)$$

综上所述，有效的预防性维护可降低无人装备在面对扰动时的破坏速率，降低该节点韧性重要度，提高集群韧性；韧性重要度在无人装备执行任务前，可有效表示某一无人装备的需要维护的必要程度，代表对集群韧性提升的重要性。

10.3.2 基于韧性的无人集群结构优化

无人集群任务执行过程中无法进行维修,可通过集群结构重组来提高集群整体性能。如前文所述,可通过对关键节点进行冗余设计来提升集群韧性。当关键节点处的无人装备遭受损伤后,调动冗余节点处的无人装备完成非完好性修复。同时,由于集群结构不同,不同位置的无人装备损毁将对整个集群韧性产生不同影响,此处以韧性重要度描述某一节点对集群韧性的贡献程度,并以此对任务执行过程中的无人集群进行重构指导。

在无人集群进行重构时,要满足以下三个原则:第一,要保证所有节点处于集群中,重组结果不能出现拓扑分割现象;第二,要尽快地确定修复方式,并通过特定节点移动完成自修复;第三,要较高程度地保障修复过程以及修复后恢复集群任务能力。其中,第一点是为了保证所有无人装备处于可控的通信范围之内,使得集群中所有节点成为一个整体来执行任务,该原则如图 10.10 所示。

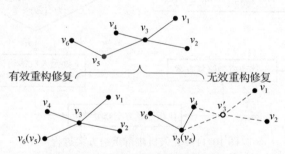

图 10.10 无人集群重构修复示意图

当节点 v_5 遭受扰动而被破坏后,利用其他无人装备移动可产生多种修复方案。如图 10.10 所示,将节点 v_6 处的无人装备移动到遭受破坏的节点 v_5 处,无人集群仍可正常运行,且所有节点处于同一通信拓扑结构中,是一种可行的修复方式;而若将 v_3 处的无人装备移至破坏节点进行修复,则产生拓扑分割现象,导致 v_1 和 v_2 处的节点成为独立个体,不能成为集群结构的一部分,是一种不可行的修复方式。

重构过程中的后两个原则均为集群韧性的表现与约束,而韧性重要度代表着集群结构中某一节点处的重要程度,因此,可以在该指标的指导下确定无人集群在任务执行过程中的修复方式是否合理。以无人机集群为例,形成重组方案过程如图 10.11 所示。

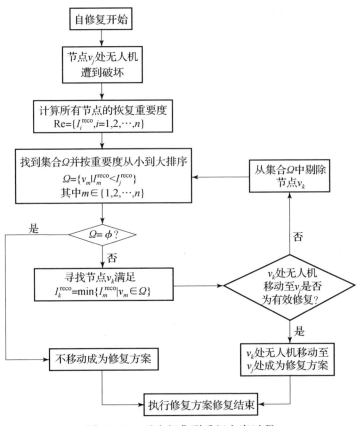

图 10.11　无人机集群重组方案过程

对任意集群结构 $G=(V,E)$，节点 v_j 处的无人机遭受到扰动或破坏时：

步骤 1：根据无人集群的性能变化特点来计算当前所有位置节点的恢复重要度 $Re=\{I_i^{reco}, i=1,2,\cdots,n\}$。

步骤 2：寻找韧性重要度小于节点 v_j 的所有节点，并按该指标从小到大进行排序形成集合 $\Omega=\{v_m\mid I_m^{reco}<I_j^{reco}\}$，且 $m\in\{1,2,\cdots,n\}$，若集合为空，则选择不移动为修复方案并跳至步骤 4。

步骤 3：在集合 Ω 中寻找节点 v_k 满足 $I_k^{reco}=\min\{I_m^{reco}\mid v_m\in\Omega\}$。

步骤 4：判断节点 v_k 处的无人机移动至破坏节点 v_j 处是否能够成为一种有效修复方式，如果可以则将这一移动方式确定为修复方案；否则从集合 Ω 中剔除节点 v_k 并返回步骤 3。

步骤 4：按照修复方案移动相应无人机完成重构自修复。

在无人装备的运行过程中，由于动力学约束，无人装备多趋近目标结果，很难到达精确位置。而该移动方案可尽量减少无人装备的移动距离，在一定程度上提升重构过程中无人集群的安全性和稳定性，并且在形成目标集群结构条件下找到更为合适的运动轨迹。

10.4 案例分析

本书以六架三角构型无人机集群执行侦察任务为例，定义破坏事件为对无人装备的扰动，导致集群性能降级。另外，为保证集群结构的稳定性，对该结构中的一架无人机进行破坏后，集群保持"V"字形结构，如图 10.12 所示。

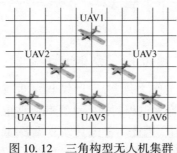

图 10.12 三角构型无人机集群

设定初始速度为 40m/s，各个节点的初始相对位置坐标如表 10.2 所列。

表 10.2 各个节点的初始相对位置坐标

无人机编号	X/km	Y/km	Z/km
UAV1	0	10	2.5
UAV2	-10	0	2.5
UAV3	10	0	2.5
UAV4	-20	-10	2.5
UAV5	20	-10	2.5
UAV6	0	-10	2.5

10.4.1 无人集群韧性分析

本节对上述无人机集群进行韧性分析，在设定安全距离、通信距离以及相关动力学参数后，对集群中无人机三维运动轨迹进行仿真，并分别对各节点进行破坏,在不进行结构变动指导的情况下,利用优化模型并借助粒子群算法(PSO)寻找最优控制参数、分析性能变化,进而提升集群韧性,并计算各节点的韧性重要度,仿真过程中无人集群性能变化如图 10.13 所示。

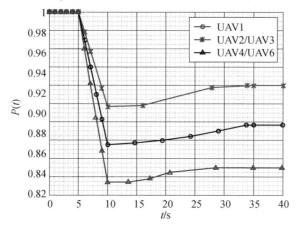

图 10.13 无人集群性能变化

特别地,因为 UAV5 作为维护 V 形结构的冗余节点,其损失不影响"V"字形结构,不存在恢复过程,故不计算其韧性重要度;同时,由于其作为冗余节点参与结构重组,因此不考虑其恢复重要度。依据仿真结果计算各个节点的损失重要度、恢复重要度和韧性重要度,具体排序如表 10.3 所列。

表 10.3 重要度值及排序

无人装备	损失重要度	损失重要度排序	恢复重要度	恢复重要度排序	韧性重要度	韧性重要度排序
UAV1	0.066343	2	0.010483	1	0.158012	2
UAV2	0.04711	3	0.008232	2	0.174749	1
UAV3	0.04711	3	0.008232	2	0.174749	1
UAV4	0.085943	1	0.007496	3	0.08722	3
UAV6	0.085943	1	0.007496	3	0.08722	3

各个节点无人机重要度差异条形图如图 10.14 所示。

通过图 10.14 可知,不同任务时间同一架无人机所表现出的重要程度也会发生改变。例如:在遭受打击时的破坏阶段,UAV4 和 UAV5 更为重要;在恢复阶段 UAV1 的恢复优先级更高;在整个韧性过程中,UAV2 和 UAV3 的脆

第 10 章 无人集群韧性

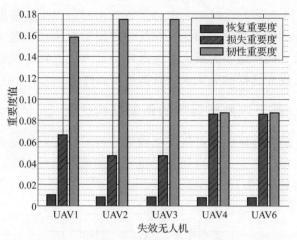

图 10.14 各个节点无人机重要度差异条形图

弱性和恢复优先级适中，但是遭到破坏时修复难度大，对无人集群韧性影响较大。因此，在不同任务阶段，需要重点关注的无人机节点也不尽相同。

10.4.2 基于损失重要度的关键节点防护

如图 10.15 所示，分别对各个节点处的无人机进行破坏，并统计各个节点处（除 UAV5）外遭受破坏后无人集群性能的降级程度，并与其损失重要度相比较。

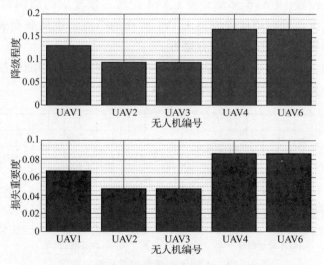

图 10.15 无人集群性能降级程度与其损失重要度对比

由图 10.15 可知，在对无人集群进行攻击时，损失重要度可很好地表示集群所遭受的损失程度。因此，在扰动阶段需对该指标较高的无人装备进行重点监管。同样地，为最大限度地降低敌方无人集群性能而进行蓄意攻击时，也可优先选择此类无人装备进行重点打击。

10.4.3 基于恢复重要度的集群结构优化

在 UAV1 遭受破坏后需对集群结构进行恢复，按照恢复重要度的排序结果结合上文所述恢复方式得到基于重要度的集群恢复方案，目标无人机集群恢复方案如图 10.16 所示。

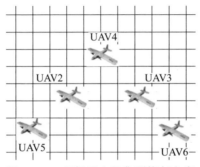

图 10.16 目标无人机集群恢复方案

根据目标无人机集群恢复方案，在 UAV1 遭受破坏后，由 UAV4 移动至原 UAV1 位置，UAV5 移动至原 UAV4 位置。恢复后的结构与常规"V"字形结构一致，并期望优先恢复 UAV1 所在的节点，也从侧面表明基于恢复重要度指导目标编队结构的合理性。

同样地，本书分别给出不给予指导的集群恢复方案和随机指导的集群恢复方案，分别如图 10.17 所示。

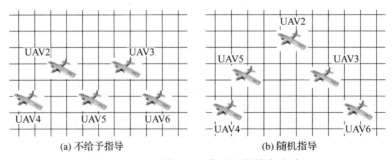

(a) 不给予指导　　　　　　　　(b) 随机指导

图 10.17 不同无人机集群重构恢复方案

为在实际集群控制条件下进行对比分析，本节利用优化模型以最大化韧性为目标，寻找最优控制参数与运动轨迹。重要度对集群的目标结构和移动具有指导作用，但并不能起到完全控制作用。本节通过使用粒子群算法（PSO）求解控制优化模型，得到三种指导方案下无人机运动轨迹如图 10.18 所示。

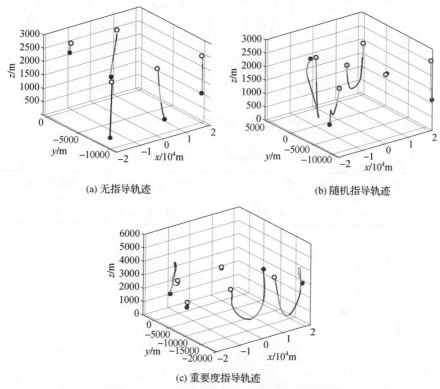

图 10.18　不同方案下无人机集群运动轨迹

通过统计恢复效果及恢复过程中的性能变化，得到无人机集群韧性变化过程如图 10.19 所示。

计算三种指导方案下的集群韧性值如表 10.4 所列。

由三种指导方案下的韧性计算结果可知，借助恢复重要度或韧性重要度进行无人机集群动态重构，可有效提升无人机集群韧性。

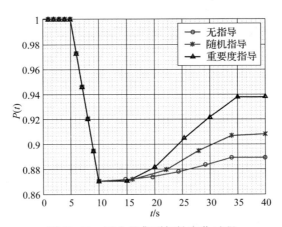

图 10.19 无人机集群韧性变化过程

表 10.4 不同指导方案下的集群韧性值

指导方案	无指导	随机指导	重要度指导
韧性值	0.887222	0.892799	0.913245

参 考 文 献

[1] 曹晋华,程侃. 可靠性数学引论[M]. 北京:高等教育出版社,2012.

[2] WEST D B. 图论导引[M]. 李建中,骆吉洲,译. 北京:机械工业出版社,2006.

[3] 李良巧. 可靠性工程师手册[M]. 北京:中国人民大学出版社,2012.

[4] 康锐. 可靠性维修性保障性工程基础[M]. 北京:国防工业出版社,2012.

[5] 张锦岚,徐巍,张文俊,等. 舰船通用质量特性体系及工程实践[M]. 北京:国防工业出版社,2023.

[6] 陈志伟,张罗庚,方晓彤,等. 装备体系可靠性概念、建模与预计方法研究[J]. 系统工程与电子技术,2024(6):1-14.

[7] CHEN Z, HONG D, CUI W, et al. Resilience evaluation and optimal design for weapon system of systems with dynamic reconfiguration[J]. Reliability Engineering & System Safety, 2023, 237: 109409.

[8] 陈志伟,焦健,赵廷弟,等. 武器装备体系弹性技术研究综述[J]. 系统工程与电子技术,2023, 45(7):7-15.

[9] CHEN Z, ZHOU Z, ZHANG L, et al. Mission reliability modeling and evaluation for reconfigurable unmanned weapon system-of-systems based on effective operation loop[J]. Journal of Systems Engineering and Electronics, 2023, 34(3):588-597.

[10] CHEN Z, ZHAO T, JIAO J, et al. Performance-threshold-based resilience analysis of system of systems by considering dynamic reconfiguration[J]. Proceedings of the Institution of Mechanical Engineers, Part B: Journal of Engineering Manufacture, 2022, 236(14):1828-1838.

[11] 崔巍巍,王德芯,李连峰,等. 流程驱动的导弹装备保障资源配置仿真与优化[J]. 系统工程与电子技术,2023:1-12.

[12] 兑红炎,司书宾. 系统综合重要度方法:基于可靠性和系统性能优化[M]. 北京:科学出版社,2022.

[13] 兑红炎,陈立伟,陶俊勇. 重要度驱动的维修和韧性管理[M]. 北京:科学出版社,2023.

[14] BIRNBAUM Z W. On the importance of different components in a multi-component system [M]. New York: Academic Press, 1969.

[15] DUI H, LIU M, SONG J, et al. Importance measure-based resilience management: Review, methodology and perspectives on maintenance[J]. Reliability Engineering & System Safety, 2023, 237: 109383.

[16] GRIFFITH W S. Multistate reliability models [J]. Journal of Applied Probability, 1980, 17(3): 735 – 744.

[17] PAPASTAVRIDIS S. The most important component in a consecutive – k – out – of – n: F system[J]. IEEE Transactions on Reliability, 1987, R – 36(2): 266 – 268.

[18] SI S, DUI H, ZHAO X, et al. Integrated importance measure of component states based on loss of system performance[J]. IEEE Transactions on Reliability, 2012, 61(1): 192 – 202.

[19] SI S, DUI H, CAI Z, et al. The integrated importance measure of multi – state coherent systems for maintenance processes[J]. IEEE Transactions on Reliability, 2012, 61(2): 266 – 273.

[20] ZIO E and PODOFILLINI L. Monte – Carlo simulation analysis of the effects on different system performance levels on the importance on multi – state components [J]. Reliability Engineering & System Safety, 2003, 82(1): 63 – 73.

[21] LIU T, BAI G, TAO J, et al. Modeling and evaluation method for resilience analysis of multi – state networks[J]. Reliability Engineering & System Safety, 2022, 226: 108663.

[22] HAN Q, PANG B, LI S, et al. Evaluation method and optimization strategies of resilience for air & space defense system of systems based on kill network theory and improved self – information quantity[J]. Defence Technology, 2023, 21: 219 – 239.

[23] ZAITSEVA E, LEVASHENKO V, MUKHAMEDIEV R, et al. Review of Reliability Assessment Methods of Drone Swarm (Fleet) and a New Importance Evaluation Based Method of Drone Swarm Structure Analysis[J]. Mathematics, 2023, 11(11): 2551.

[24] ZHANG C, LIU T, BAI G, et al. A dynamic resilience evaluation method for cross – domain swarms in confrontation[J]. Reliability Engineering & System Safety, 2024, 244: 109904.

[25] LIU T, BAI G, TAO J, et al. A Multistate Network Approach for Resilience Analysis of UAV Swarm Considering Information Exchange Capacity[J]. Reliability Engineering & System Safety, 2023, 241: 109606.

[26] SUN Q, LI H, ZHONG Y, et al. Deep reinforcement learning – based resilience enhancement strategy of unmanned weapon system – of – systems under inevitable interferences[J]. Reliability Engineering & System Safety, 2024, 242: 109749.

[27] UDAY P, MARAIS K. Designing Resilient Systems - of - Systems: A Survey of Metrics, Methods, and Challenges[J]. Systems Engineering, 2015, 18(5): 491 – 510.

[28] FENG Q, LIU M, SUN B, et al. Resilience Measure and Formation Reconfiguration Optimization for Multi – UAV Systems[J]. IEEE Internet of Things Journal, 2023, 11(6): 10616 – 10626.

[29] SUN Q, LI H, WANG Y, et al. Multi – swarm – based cooperative reconfiguration model for resilient unmanned weapon system – of – systems [J]. Reliability Engineering & System Safety, 2022, 222: 108426.